westermann

bioskop SII

Einführungsphase
Niedersachsen

Herausgeber

Jörn Peters
Dr. Christina Lamche

Autoren

Tatjana Decker
Julius Ecke
Daniel Klaßen
Dr. Christina Lamche
Jörn Peters
Martin Ratermann
Björn Toben

Unter Mitarbeit von

Andreas Bauer
Katharina Dornieden
Tjado Nußwaldt
Rüdiger Schmalz
Sandra Voß

bioskop SII

Einführungsphase
Niedersachsen

Zu diesem Schülerband sind lieferbar:
Lösungen Einführungsphase 978-3-14-**150804**-8

Vorbereiten. Organisieren. Durchführen.
BiBox ist das umfassende Digitalpaket zu diesem Lehrwerk mit zahlreichen Materialien und dem digitalen Schulbuch. Für Lehrkräfte und für Schülerinnen und Schüler sind verschiedene Lizenzen verfügbar. Nähere Informationen unter **www.bibox.schule**

BiBox - Digitale Unterrichtsmaterialien:

Einzellizenz für Lehrer/-innen (Dauerlizenz)	WEB-14-150805
Kollegiumslizenz für Lehrer/-innen (Dauerlizenz)	WEB-14-150806
Kollegiumslizenz für Lehrer/-innen (1 Schuljahr)	WEB-14-150807
Einzellizenz für Schüler/-innen (1 Schuljahr)	WEB-14-150808

westermann GRUPPE

Druck A^2 / Jahr 2022
Alle Drucke der Serie A sind inhaltlich unverändert.

Redaktion: Dr. Erik Lehmann
Satz: Satz und Grafik Walter Laß e.K., Meitingen
Illustrationen: Julius Ecke, Birgitt Biermann-Schickling, Satz und Grafik Partner GmbH, Birgit & Olaf Schlierf, Winfried Zemann
Layout: LIO Design GmbH
Druck und Bindung: Westermann Druck GmbH, Georg-Westermann-Allee 66, 38104 Braunschweig

ISBN 978-3-14-**150803**-1

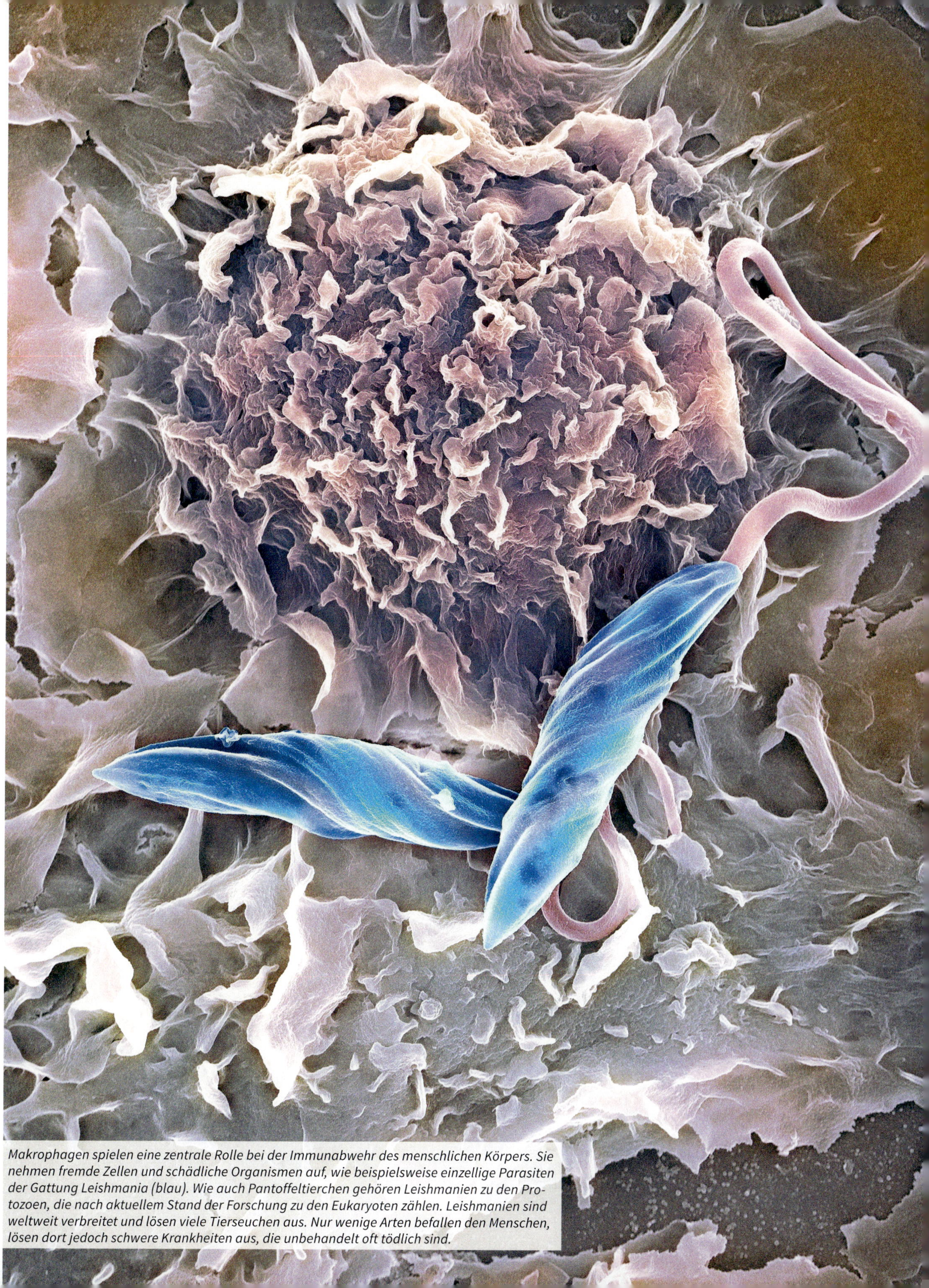

Makrophagen spielen eine zentrale Rolle bei der Immunabwehr des menschlichen Körpers. Sie nehmen fremde Zellen und schädliche Organismen auf, wie beispielsweise einzellige Parasiten der Gattung Leishmania (blau). Wie auch Pantoffeltierchen gehören Leishmanien zu den Protozoen, die nach aktuellem Stand der Forschung zu den Eukaryoten zählen. Leishmanien sind weltweit verbreitet und lösen viele Tierseuchen aus. Nur wenige Arten befallen den Menschen, lösen dort jedoch schwere Krankheiten aus, die unbehandelt oft tödlich sind.

Inhalt

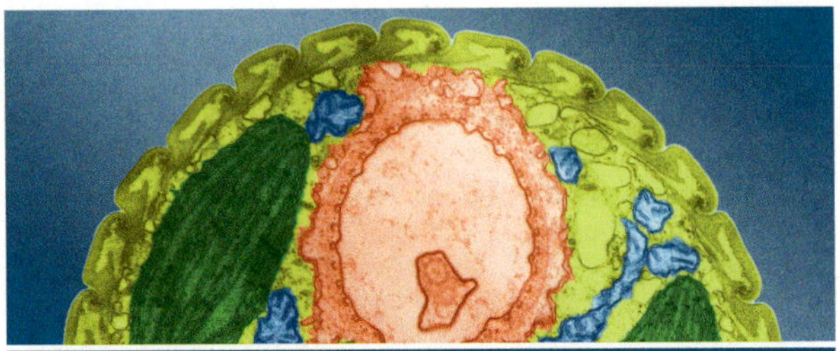

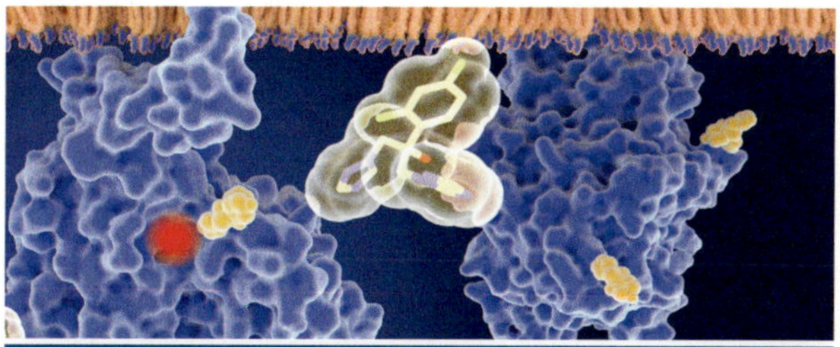

ENZYME STEUERN LEBENSVORGÄNGE — 86

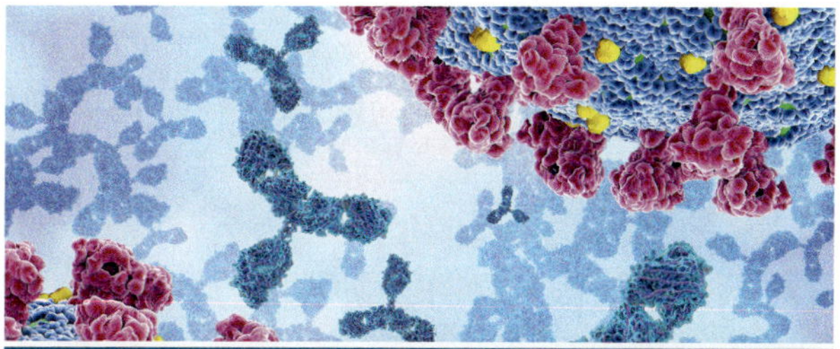

DIE IMMUNABWEHR DES KÖRPERS — 112

Die mit roten Ziffern markierten Abschnitte weisen eine besonders große Nähe zu den Kompetenzen auf, wie sie im Kerncurriculum als Kerninhalte formuliert sind.

In vielen Abschnitten befindet sich zusätzlich eine hellblau hervorgehobene Aufgabenstellung, die in der Regel mehr vernetztes Denken verlangt und im Lösungsweg offener ist, als der Rest der Aufgaben. Hierzu werden auf der „BiBox – Digitale Lehrermaterialien" gestufte Hilfen angeboten.

Zu allen Inhalten, die mit diesem Icon ▶ gekennzeichnet sind, steht Ihnen in unserem Online-Angebot das **GIDA-Medienpaket** mit Filmen zur Verfügung. Zusätzlich bieten wir Ihnen unter diesem Icon **Klausuraufgaben**.
Am Ende jedes Kapitels befinden sich Seiten mit Aufgaben, die behandelte Themen wiederholen und mit denen Sie Ihr Wissen überprüfen können. Diese Seiten sind mit dem folgenden Icon gekennzeichnet ☑. Für diese Aufgaben werden Lösungen online angeboten. Rufen Sie dazu die folgende Internetseite auf:
www.westermann.de/bioskop-150803 oder nutzen Sie den QR-Code vorn im Umschlag. Geben Sie anschließend den vorn im Umschlag angegebenen Online-Schlüssel ein.

Sicherheit beim Experimentieren

PHYSIKALISCHE GEFAHREN

GHS01

explosiv
Stoffe, die durch Feuer, Hitze Schlag, Reibung explodieren können

GHS02

entzündbar
Flüssigkeiten, die leicht entzündbare Gase bilden können

GHS03

brandfördernd
Stoffe, die Brände verstärken

GHS04

komprimierte Gase
Gase, die beim Erhitzen explodieren können

GHS05

ätzende Wirkung
Stoffe, die andere Stoffe und Oberflächen schädigen können

GESUNDHEITSGEFAHREN

GHS06

giftige und sehr giftige Stoffe
Stoffe, die in geringen Mengen schwere Schäden verursachen oder zum Tod führen können

GHS07

ätzende oder giftige Stoffe
Stoffe, die akute und chronische Gesundheitsschäden verursachen können

GHS08

Gesundheitsgefahr
Stoffe, die Organe schädigen, Allergien, Krebs, Fruchtschädigungen, Erbgutveränderungen auslösen können

GHS05

ätzende Wirkung
Stoffe, die Haut und Augen schädigen können

UMWELTGEFAHREN

GHS09

umweltgefährdend
Stoffe, die für Wasserorganismen giftig sind.

1 *Gefahrensymbole*

Damit bei der Durchführung von Experimenten möglichst keine Gefährdungen auftreten, müssen einige Regeln beachtet werden:
1. Die von der Lehrerin oder vom Lehrer ausgehändigte Schutzausrüstung (z. B. Schutzbrille, Schutzhandschuhe) muss beim Experimentieren benutzt werden.
2. Essen und Trinken ist in Unterrichtsräumen, in denen experimentiert wird, verboten.
3. Vor Beginn des Experiments muss man sich über den sicheren Umgang mit den Chemikalien und deren Entsorgung informieren. Bei Experimenten benutzt man manchmal auch Stoffe, von denen bei unsachgemäßem Gebrauch eine Gefährdung ausgehen kann. Diese Stoffe bezeichnet man als Gefahrstoffe. Um vor den Gefahren zu warnen, werden diese Stoffe gekennzeichnet. Schon auf den ersten Blick geben kleine Bilder in den Anleitungen zum Experimentieren, die sogenannten Piktogramme, wichtige Hinweise auf die Art der Gefährdung (Abb. 1).
4. Die Versuchsvorschriften und Hinweise der Lehrkräfte müssen genau befolgt werden.
5. Der Versuch darf erst durchgeführt werden, wenn die Lehrerin oder der Lehrer dazu aufgefordert hat.
6. Verschüttete und verspritzte Gefahrstoffe sind der Fachlehrerin oder dem Fachlehrer sofort zu melden.

Liste der zu beachtenden H-Sätze:
H225 Flüssigkeit und Dampf leicht entzündbar.
H290 Kann gegenüber Metallen korrosiv sein.
H302 Gesundheitsschädlich beim Verschlucken.
H314 Verursacht schwere Verätzungen der Haut und schwere Augenschäden.
H318 Verursacht schwere Augenschäden.
H319 Verursacht schwere Augenreizung.
H334 Kann beim Einatmen Allergie, asthmaartige Symptome oder Atembeschwerden verursachen.
H410 Sehr giftig für Wasserorganismen mit langfristiger Wirkung.

Liste der zu beachtenden P-Sätze:
P201 Vor Gebrauch besondere Anweisungen einholen.
P210 Von Hitze, Funken, offenen Flammen, heißen Oberflächen fernhalten.
P240 Behälter und zu befüllende Anlage erden.
P260 Staub, Rauch, Gas, Nebel, Dampf, Aerosol nicht einatmen.
P261 Einatmen von Staub/Rauch/Gas/Nebel/Dampf/Aerosol vermeiden.
P273 Freisetzung in die Umwelt vermeiden.
P280 Schutzhandschuhe, Schutzkleidung, Augenschutz, Gesichtsschutz tragen.
P301 + P310 BEI VERSCHLUCKEN: Sofort GIFTINFORMATIONSZENTRUM oder Arzt anrufen.
P301+P330+P331 BEI VERSCHLUCKEN: Mund ausspülen. KEIN Erbrechen herbeiführen.
P302+P352 Bei Kontakt mit der Haut mit viel Seife und Wasser waschen.
P303+P361+P353 BEI KONTAKT MIT DER HAUT (oder dem Haar): Alle kontaminierten Kleidungsstücke sofort ausziehen. Haut mit Wasser abwaschen oder duschen.
P304+P340 BEI EINATMEN: Die Person an die frische Luft bringen und für ungehinderte Atmung sorgen.
P305+P351+P338 Bei Kontakt mit den Augen: Einige Minuten lang behutsam mit Wasser spülen. Vorhandene Kontaktlinsennach Möglichkeit entfernen. Weiter spülen.
P308 + P311 Bei Exposition oder falls betroffen: GIFTINFORMATIONSZENTRUM / Arzt … anrufen.
P342+P311 Bei Symptomen der Atemwege: GIFTINFORMATIONSZENTRUM / Arzt … anrufen.
P403+P235 An einem gut belüfteten Ort aufbewahren. Kühl halten.
P501 Inhalt / Behälter … zuführen.

Liste der in Versuchen verwendeten Stoffe:

Stoffname	Gefahren-symbole	H-Sätze	P-Sätze	Entsorgung	Signalwort	Kapitel im Buch
Amylase	GHS 08	H334	P261; P284; P501; P304+P340; P342+P311	Waschbecken	Gefahr	2.4
Benedict-Reagenz	GHS 07	H302, H315, H318, H410	P260, P273, P305+P351+P338	Neutralisieren, Waschbecken	Achtung	2.4
Essigessenz (Essigsäure 25 %ig)	GHS05	H290, H314	P280; P308+P311 P301+P330+P331 P303+P361+P353 P305+P351+P338	Waschbecken	Gefahr	M4
Gelatine				Waschbecken		2.7
Harnstoff				Waschbecken		M9
Lecithin				Waschbecken		M4
Natriumchlorid				Waschbecken		M5, 1.18
Neutralrot-Lösung w=0,1% in Wasser, leicht angesäuert				Waschbecken		M5
N-Methylharnstoff				Waschbecken		M9
Phenolphthalein-Lösung (<1%ig in Ethanol)	GHS 02 GHS 07	H225, H319	P201, P210, P305+P351+P338	Waschbecken	Gefahr	M9
Pufferlösungen				Waschbecken		2.7
Saccharide: Stärke, Amylose, Amylopektin, Inulin				Waschbecken		2.4
Salzsäure (1 M) zum Ansäuern	GHS 05	H290		Neutralisieren, Waschbecken	Achtung	M4
Speiseöl				Waschbecken		1.10
Urease				Waschbecken		M9

In der Stoffliste finden sich genauere und ergänzende Informationen zu den eingesetzten Stoffen. Signalwörter geben Auskunft über den relativen Gefährdungsgrad, der einem Stoff oder Gemisch innewohnt und machen Personen, die Tätigkeiten mit dem Stoff oder Gemisch ausführen, auf eine potentielle Gefahr aufmerksam. Das Signalwort „Gefahr" weist darauf hin, dass beim Umgang mit dem Stoff ernsthafte Gefahren drohen. Bei weniger gefährlichen Stoffen lautet das Signalwort „Achtung". Genauere Gefahrenhinweise verbergen sich hinter den H-Sätzen (engl. *hazard statements*). Sicherheitshinweise geben als P-Sätze (engl. *precautionary statements*) an, wie man sich beim Umgang mit dem Stoff verhalten soll.

Hinweise zur Entsorgung: Gefährliche Abfälle, die nicht vermeidbar sind und nicht in ungefährliche Produkte umgewandelt werden können, werden getrennt gesammelt. Kleinere Mengen bestimmter Stoffe können verdünnt bedenkenlos in den Ausguss gegeben werden. Bei dem Behälter für halogenfreie organische Verbindungen erfolgt die endgültige Entsorgung durch ein zugelassenes Entsorgungsunternehmen.

Haftungsausschluss: Trotz sorgfältiger Recherche bei der Deklarierung der Chemikalien ist es möglich, dass bei der Zusammenstellung der Liste Fehler aufgetreten sind. Aus diesem Grund übernimmt der Verlag für die Deklarierung der Chemikalien keine Haftung.

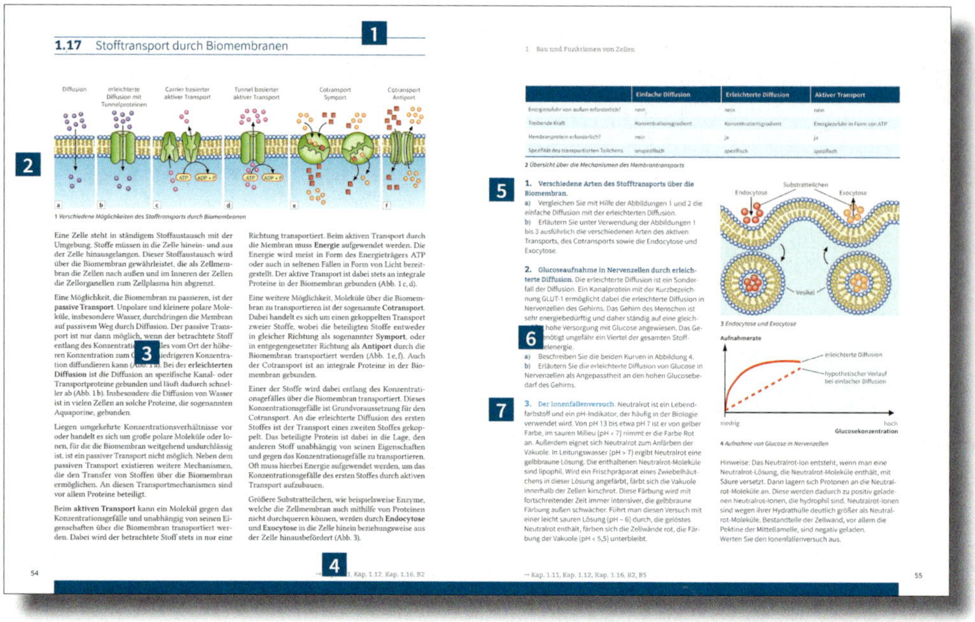

5 Die Aufgabenüberschriften geben in knapper Form den Inhalt der Aufgabenstellung wieder.

6 Aufgaben, in denen prozess- und inhaltsbezogene Kompetenzen miteinander verknüpft und geschult werden und in denen sich die offiziellen Operatoren konsequent wiederfinden

7 Aufgabe mit gestuften Hilfen: Zusätzlich befindet sich in vielen Abschnitten eine farblich hervorgehobene Aufgabenstellung, die in der Regel mehr vernetztes Denken verlangt und im Lösungsweg offener ist als der Rest der Aufgaben. Hierzu werden auf der „BiBox – Digitale Lehrermaterialien“ gestufte Hilfen angeboten.

1 An den Themenvorgaben des Kerncurriculum orientierte Überschriften, die den wesentlichen Inhalt zusammenfassen

2 Neue, auf den Text abgestimmte und in der Regel für die Lösung der Aufgaben relevante Bilder und Zeichnungen

3 Auf die Inhaltskompetenzen des Kerncurriculums zugeschnittener Grundwissen-Text

4 Verknüpfung mit anderen Abschnitten für kumulatives Lernen und den Aufbau vernetzter fachlicher Bezüge

1 *Grundwissen- und Arbeitsmaterial-Seite – eine geschlossene Einheit*

Bioskop ist modular aufgebaut und schafft Ihnen die Freiheit, Zugänge und Themenfolgen individuell zu bestimmen. Jede **Doppelseite** ist als in sich geschlossene Einheit aufgebaut – links Fachwissen, rechts Materialien, Aufgaben, Modelle, Experimente und Methoden. Auf diese Weise wird das Erlernen von inhalts- und prozessbezogenen Kompetenzen verknüpft und das Erkennen von Zusammenhängen gefördert. Dies erleichtert Ihnen das selbstständige Wiederholen und Vertiefen bekannter Inhalte sowie das Erarbeiten neuer Aspekte bekannter Themenbereiche.

Auf der linken **Fachwissenseite** befinden sich die grundlegenden Inhalte zur Erarbeitung, Vertiefung, Vor- und Nachbereitung oder Wiederholung. Alle verbindlichen Kompetenzen werden abgedeckt. So kann das geforderte Wissen durch das Studium der Grundwissentexte erlernt und anhand der vielfältigen Aufgaben angewendet, vertieft, gesichert und vernetzt werden. Auf diese Weise gelangen Sie zu einem nachhaltigen Kompetenzerwerb.

Die Materialien auf der, auf die Fachwissenseite abgestimmten, rechten **Arbeitsmaterialseite** können von Ihnen eigenständig bearbeitet und mithilfe der Fachwissenseite erfolgreich gehandhabt werden. Zahlreiche materialbezogene Aufgaben sowie Theorie- und Praxiselemente, die sich in ihrem Schwierigkeitsgrad sukzessive steigern, fördern das selbstständige Arbeiten. Die Aufgaben sind konsequent mit den offiziellen Operatoren formuliert und an den Kompetenzen des Kerncurriculums orientiert. Eine Liste der Operatoren finden Sie zu Beginn des Buches.

Die im **Inhaltsverzeichnis** besonders hervorgehobenen Abschnitte weisen eine besonders große Nähe zu allen FW-Kompetenzen und ausgewählten prozessbezogenen Kompetenzen des Kerncurriculums auf. Es wird empfohlen, diese Kernabschnitte als festen Bestandteil in den Biologieunterricht der Einführungsphase einzubeziehen. Für wiederholende Prüfungsvorbereitungen, insbesondere im Rahmen des Abiturs, sind Ihnen die markierten Abschnitte eine gute Hilfe.

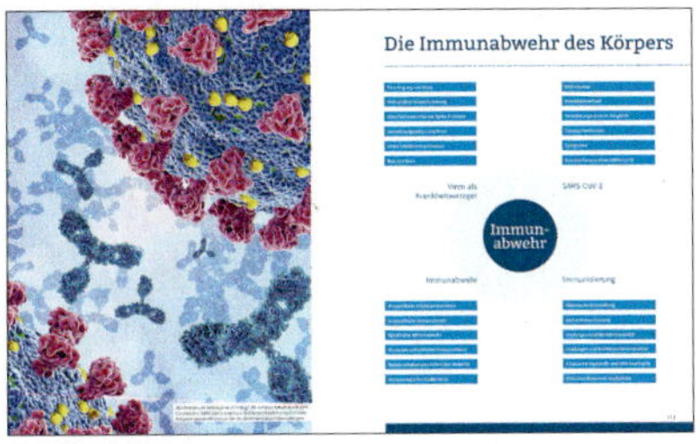

2 *Kapiteleinstieg*

Kapiteleinstieg Diese Seite gibt einen ersten Überblick über das Kapitel (Abb. 2). Der Advance Organizer ist der rote Faden innerhalb des Kapitels. Auf ihn kann jederzeit zur Wiederholung bereits behandelter Inhalte und als Ausblick für die kommenden Inhalte zurückgegriffen werden. Dies unterstützt Sie bei der Erschließung der neuen Sachverhalte.

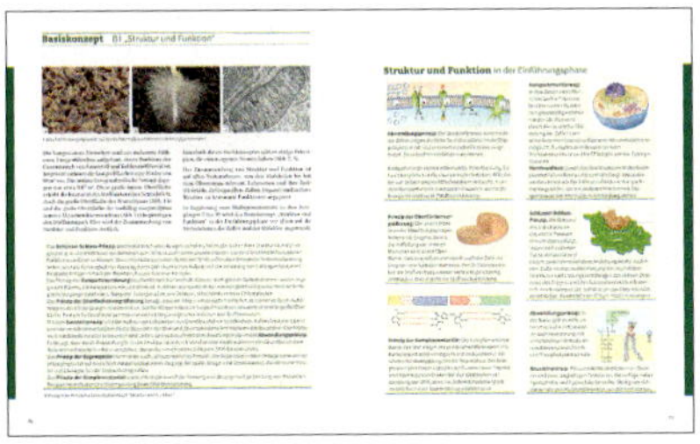

3 *Basiskonzept-Seiten*

Basiskonzepte Diese Seiten sind am grünen Design zu erkennen (Abb. 3). Neben der Beschreibung der einzelnen abiturrelevanten Basiskonzepte sind hier für Sie alle Basiskonzepte mit Beispielen aus der Einführungsphase angegeben. Aus dem Buch bekannte Abbildungen ergänzen die Erläuterungen und tragen zu ihrem Verständnis bei.

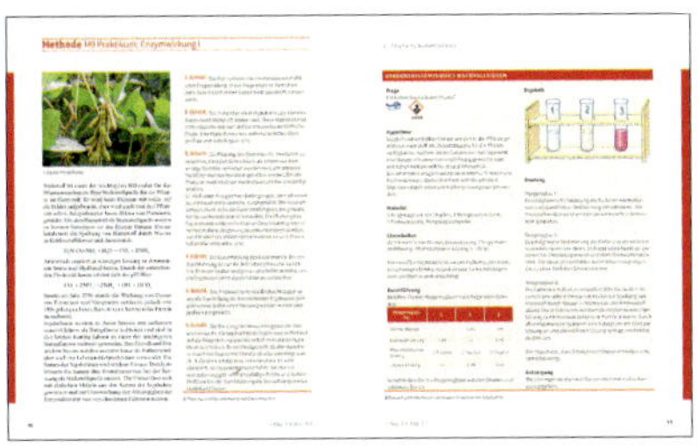

4 *Methoden-Seiten*

Methoden Auf eigenen Methoden-Seiten werden wichtige fachspezifische oder fachübergreifende Arbeitsmethoden vorgestellt und eingeübt (Abb. 4). Diese Seiten sind am roten Layout zu erkennen. Besonderes Augenmerk ist dabei auf Methoden zur Strukturierung von Gelerntem, zusätzlich auf die Durchführung von Experimenten, die Klausur- und Abiturvorbereitung, die Materialauswertung sowie auf die Überprüfung der erworbenen Kompetenzen (Selbsteinschätzung) gelegt.

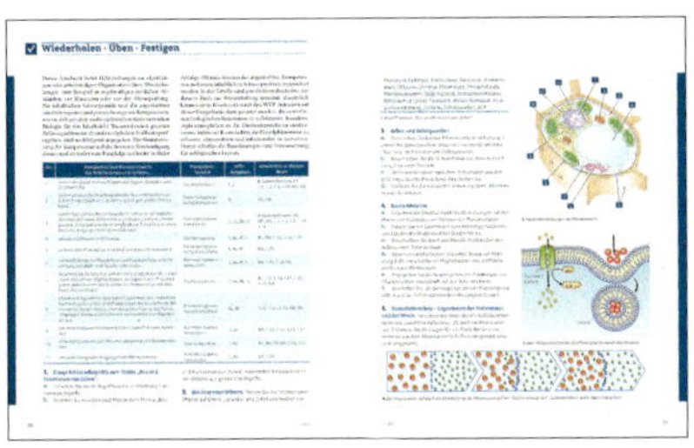

5 *Wiederholen-Üben-Festigen-Seiten*

Wiederholen-Üben-Festigen Die W-Ü-F-Seiten am Ende eines Kapitels bieten die Möglichkeit zur selbstständigen Überprüfung des Gelernten anhand der Bearbeitung der an Basiskonzepte gebundenen Aufgaben (Abb. 5). Hier werden alle Kompetenzen mit fachspezifischen Konkretisierungen wortwörtlich angegeben. Bei jeder Kompetenz wird auf die relevanten Abschnitte im Buch verwiesen. In Kombination mit den Materialien zur Selbsteinschätzung sind diese Seiten für eine nachhaltige Vorbereitung auf Klausuren besonders geeignet.

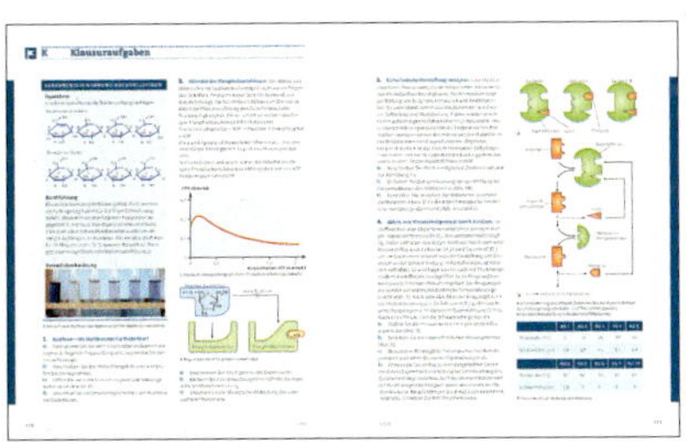

6 *Klausuraufgaben-Seiten*

Klausuraufgaben Die Klausuraufgaben-Seiten enthalten Aufgaben, wie sie auch in Klausuren und im Abitur vorkommen (Abb. 6). Sie sind nach prüfungsdidaktischen Vorgaben erstellt und weisen das gleiche Format wie die Abituraufgaben auf. So wird eine intensive Vorbereitung auf Klausuren ermöglicht.

Selbsteinschätzungsbögen Ein wesentliches Ziel dieser Bögen ist es, Ihnen Klarheit darüber zu geben, über welche Kompetenzen Sie tatsächlich verfügen. Durch den Einsatz von Selbsteinschätzungsbögen in Kombination mit speziell ausgewählten Aufgaben zum „Wiederholen – Üben – Festigen“ reflektieren Sie Ihre Kompetenzen, erkennen Ihre Stärken und Schwächen und leiten daraus Ihren individuellen Kenntnisstand und den weiteren Übungsbedarf ab. Die Selbsteinschätzungsbögen finden Sie auf den BiBoxen.

bioskop vernetzt Am unteren Rand jeder Seite finden Sie Hinweise auf die wesentlichen Vernetzungen zu anderen Abschnitten im Buch. Dies erleichtert Ihnen das selbstständige Wiederholen und Vertiefen bekannter Inhalte sowie das Erarbeiten neuer Aspekte.

Glossar Wichtige biologische Fachbegriffe und ihre Erklärung sind am Ende des Schulbuchs dargestellt. Sie dienen vor allem dem Nachschlagen und Erlernen wichtiger Fachbegriffe.

Methode M1 Aufgaben richtig verstehen – Operatoren

Im Unterricht, zu Hause oder in Klausuren werden Aufgaben bearbeitet. Sie beinhalten immer eine oder mehrere Arbeitsanweisungen, die sogenannten **Operatoren**, die auch für die Abiturklausuren verbindlich sind und einheitlich verwendet werden.

Ein Operator bestimmt die Art der Aufgabe und den Umfang der Bearbeitung. Er verdeutlicht, was man mit den angegebenen Materialien machen soll. Um Aufgaben richtig zu verstehen, ist es notwendig, die Bedeutung der Arbeitsanweisungen zu kennen.

In der unten stehenden Tabelle sind die aktuell gültigen Operatoren genannt. Damit wird die jeweils erwartete Leistung beschrieben.

In diesem Schulbuch finden sich zahlreiche verschiedene Beispiele zum Einsatz der Operatoren, sodass man sich mit der Bedeutung der Operatoren bei der Bearbeitung vielfältiger Aufgabentypen vertraut machen kann. Auf diese Weise lassen sich Fehlinterpretationen von Arbeitsanweisungen in Klausuren oder im Abitur verhindern.

Operator	Beschreibung der erwarteten Leistung
ableiten	auf der Grundlage von Erkenntnissen oder Daten sachgerechte Schlüsse ziehen
abschätzen	durch begründete Überlegungen Größenwerte angeben
analysieren	wichtige Bestandteile, Eigenschaften oder Zusammenhänge auf eine bestimmte Fragestellung hin herausarbeiten
anwenden	einen bekannten Sachverhalt oder eine bekannte Methode auf etwas Neues beziehen
aufbauen eines Experiments	Objekte und Geräte zielgerichtet anordnen und kombinieren
aufstellen / formulieren	chemische Formeln, Gleichungen, Reaktionsgleichungen (Wort- oder Formelgleichungen), Reaktionsmechanismen entwickeln
Hypothese aufstellen	eine Vermutung über einen unbekannten Sachverhalt formulieren, die fachlich fundiert begründet wird
angeben / nennen	Formeln, Regeln, Sachverhalte, Begriffe, Daten ohne Erläuterung aufzählen bzw. wiedergeben
auswerten	Beobachtungen, Daten, Einzelergebnisse oder Informationen in einen Zusammenhang stellen und daraus Schlussfolgerungen ziehen
begründen	Gründe oder Argumente für eine Vorgehensweise oder einen Sachverhalt nachvollziehbar darstellen
berechnen	die Berechnung ist ausgehend von einem Ansatz darzustellen
beschreiben	Beobachtungen, Strukturen, Sachverhalte, Methoden, Verfahren oder Zusammenhänge strukturiert und unter Verwendung der Fachsprache formulieren
bestätigen	die Gültigkeit einer Aussage (z.B. einer Hypothese, einer Modellvorstellung, eines Naturgesetzes) zu einem Experiment, zu vorliegenden Daten oder zu Schlussfolgerungen feststellen
beurteilen	das zu fällende Sachurteil ist mit Hilfe fachlicher Kriterien zu begründen
bewerten	einen Sachverhalt vor dem Hintergrund gesellschaftlicher Werte und Normen einschätzen und dadurch zu einem Werturteil gelangen
darstellen	Strukturen, Sachverhalte oder Zusammenhänge strukturiert und unter Verwendung der Fachsprache formulieren, auch mithilfe von Zeichnungen und Tabellen
diskutieren / erörtern	Argumente zu einer Aussage oder These einander gegenüberstellen und abwägen
dokumentieren (in Zusammenhang mit dem GTR / CAS)	Bei Verwendung eines elektronischen Rechners den Lösungsweg nachvollziehbar darstellen
durchführen eines Experiments	an einer Experimentieranordnung zielgerichtete Messungen und Änderungen vornehmen oder eine Experimentieranleitung umsetzen

Operator	Beschreibung der erwarteten Leistung
entwickeln	Sachverhalte und Methoden zielgerichtet miteinander verknüpfen: eine Hypothese, eine Skizze, ein Experiment, ein Modell oder eine Theorie schrittweise weiterführen und ausbauen
erklären	einen Sachverhalt nachvollziehbar und verständlich machen, indem man ihn auf Regeln und Gesetzmäßigkeiten zurückführt
erläutern	einen Sachverhalt veranschaulichend darstellen und durch zusätzliche Informationen verständlich machen
ermitteln	ein Ergebnis oder einen Zusammenhang rechnerisch, grafisch oder experimentell bestimmen
herleiten	mithilfe bekannter Gesetzmäßigkeiten einen Zusammenhang zwischen chemischen bzw. physikalischen Größen herstellen
interpretieren / deuten	naturwissenschaftliche Ergebnisse, Beschreibungen und Annahmen vor dem Hintergrund einer Fragestellung oder Hypothese in einen nachvollziehbaren Zusammenhang bringen
ordnen / zuordnen	Begriffe oder Gegenstände auf der Grundlage bestimmter Merkmale systematisch einteilen
planen	zu einem vorgegebenen Problem (auch experimentelle) Lösungswege entwickeln und dokumentieren
protokollieren	Beobachtungen oder die Durchführung von Experimenten zeichnerisch bzw. fachsprachlich richtig wiedergeben
prüfen / überprüfen	Sachverhalte oder Aussagen an Fakten oder innerer Logik messen und eventuelle Widersprüche aufdecken
skizzieren	Sachverhalte, Prozesse, Strukturen oder Ergebnisse übersichtlich grafisch darstellen
untersuchen	Sachverhalte oder Phänomene mithilfe fachspezifischer Arbeitsweisen erschließen
vergleichen	Gemeinsamkeiten und Unterschiede kriteriengeleitet herausarbeiten
zeichnen	Objekte grafisch exakt darstellen
zusammenfassen	das Wesentliche in konzentrierter Form herausstellen

Bei der Unterscheidung der häufig verwendeten folgenden Operatoren bestehen häufig Unsicherheiten.

Beim „**Angeben**" oder „**Nennen**" geht es ausschießlich darum, Formeln, Regeln, Sachverhalte, Begriffe, Daten ohne Erläuterung aufzuzählen bzw. wiederzugeben.

Beim „**Beschreiben**" sollen Beobachtungen, Strukturen, Sachverhalte, Methoden, Verfahren oder Zusammenhänge strukturiert und unter Verwendung der Fachsprache formuliert werden. Hier wird von Ihnen ein strukturierter, zusammenhängender Text unter Verwendung geeigneter Fachbegriffe erwartet, der nur beschreibend ausgerichtet ist und nicht auf Kausalitäten eingeht.

Beim „**Erklären**" wird von Ihnen erwartet, dass Sie einen Sachverhalt nachvollziehbar und verständlich machen, indem man ihn auf Regeln und Gesetzmäßigkeiten zurückführt. Es wird von Ihnen ein strukturierter, zusammenhängender Text unter Verwendung geeigneter Fachbegriffe erwartet, der jedoch nicht beschreibend ausgerichtet ist, sondern stärker auf Regeln und Gesetzmäßigkeiten eingeht. Beachten Sie dabei, die Sachverhalte möglichst in letzter Konsequenz zu erklären, ohne wichtige Erklärungszusammenhänge zu überspringen.

Bei dem Operator „**Erläutern**" sollen Sie einen Sachverhalt veranschaulichend darstellen und durch zusätzliche Informationen verständlich machen. Das „Erläutern" umfasst beim Veranschaulichen sowohl beschreibende als auch beim Verständlichmachen erklärende Aspekte. Der Hinweis „zusätzliche Informationen" bezieht sich dabei entweder auf gelerntes Grundlagenwissen oder auf Material, auf das in der Aufgabenstellung verwiesen wird.

Methode M2 Naturwissenschaftliches Arbeiten in der Biologie

1 *Der Rotaugenlaubfrosch – vom Aussterben bedroht?*

Amphibien existieren bereits seit rund 360 Millionen Jahren, das bedeutet, sie lebten bereits zur Zeit der Dinosaurier. Heute gehen die Amphibienpopulationen weltweit zurück. Mehr als ein Drittel der etwa 6600 bekannten Amphibienarten werden in der Roten Liste der Weltnaturschutzorganisation IUCN als vom Aussterben bedroht kategorisiert.

Die Ursachen für das Amphibiensterben sind vielfältig. Weltweit sterben zurzeit immer mehr Amphibien an der tödlichen Chytridiomykose. Diese von dem Pilz *Batrachochytrium dendrobatidis* ausgelöste Seuche befällt inzwischen Frösche, Kröten und Lurche auf fünf Kontinenten. Sie gilt als eine der Hauptursachen für den Amphibienschwund. Auch bestimmte Arten aus der Familie der Rotaugenlaubfrösche sind vom Aussterben bedroht (Abb. 1). Methoden, mit denen sich diese Infektion aufhalten lässt, werden dringend benötigt, um den Verlust der Artenvielfalt zu verhindern. In den letzten Jahren ist es Biologen erstmals gelungen, wildlebende Kröten von einer Infektion mit der Amphibienseuche zu befreien.

Die Biologie ist eine **empirische Wissenschaft** und nutzt den Weg der naturwissenschaftlichen Erkenntnisgewinnung (Abb. 2). Sie erzielt Ergebnisse mithilfe beobachtbarer Erfahrungen. Forschende machten zuerst **Beobachtungen** zur Heilung von Einzelfröschen im Labor, denn es gibt mittlerweile einige Versuche, infizierte Amphibien durch bestimmte mikrobiell wirkende Medikamente vom Pilz zu befreien. Doch dies funktionierte bis vor einigen Jahren nur in Gefangenschaft. Man stellte sich die **Frage**, ob der Einsatz der Medikamente auch in der freien Natur in abgeschlossenen Gewässern durchgeführt werden kann, denn nur so könnte man dem Amphibiensterben aktiv begegnen.

Diese Fragestellung hat sich aus der Beobachtung ergeben. Sie konnte geklärt werden, indem die Forscher zunächst **Hypothesen** aufgestellt haben. Hypothesen sind nicht spekulativ, sondern werden auf der Basis von Vorwissen entwickelt.

Der Befall mit dem Chytridpilz ist den Amphibien nicht anzusehen und auch die Krankheitssymptome sind zudem nicht eindeutig. Ausgehend von der Infektion durch einige wenige Pilzsporen breitet sich der Pilz auf der Froschhaut aus. Meist tritt der Tod erst mehrere Tage bis Wochen nach der Infektion ein. Es dauert einige Zeit, bis sich der Chytridpilz über große Teile der Haut ausgebreitet hat und die typischen Symptome verursacht. Fließgewässer wären aufgrund der ständigen Verdünnung nur sehr schwer mit einem Medikament zu entpilzen. Aus früheren Studien war den Forschenden jedoch bekannt, dass der Amphibienpilz eine Austrocknung nicht überlebt.

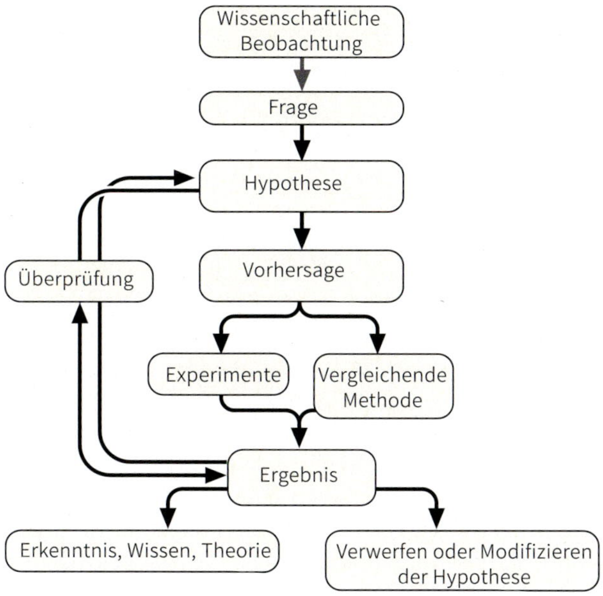

2 *Weg des naturwissenschaftlichen Erkenntnisgewinns*

Man stellte die Hypothese auf, dass man alle befallenen Frösche im Labor entpilzen und diese in vollständig sporenfreies Wasser wieder einsetzen kann. Die Anwendung des Medikaments im Gewässer wäre aufgrund der einzusetzenden Menge und der Nebenwirkungen erheblich schwieriger.

Für ihr **Überprüfungsexperiment** fingen die Forscher aus drei Tümpeln so viele Kaulquappen der Kröten, wie möglich und brachten sie ins Labor. Dort wurden die befallenen Tiere täglich in einem Antipilzmittel gebadet und anschließend in frisches Wasser umgesetzt. Zur gleichen Zeit pumpten die Wissenschaftler die kleinen Heimattümpel der Kaulquappen komplett leer und ließen sie abtrocknen. Weiterhin setzte man Desinfektionsmittel ein, um noch verbliebene Sporen, z. B. in Bodenritzen, unschädlich zu machen. Dann isolierte man die Tümpel, um eine erneute Ansteckung durch zuwandernde Tiere zu verhindern. Die Herbstregen füllten die Tümpel von allein mit frischem Wasser wieder auf. Als die Wissenschaftler den Zustand der Kaulquappen und der aus ihnen heranwachsenden Kröten in den nächsten Wochen regelmäßig überprüften, zeigte sich ein Erfolg. Bei keinem der Tiere war eine Infektion festzustellen. Auch im Jahr darauf fanden die Forscher an den drei behandelten Tümpeln keine mit dem Pilz infizierten Kaulquappen oder Kröten mehr.

Eine **Diskussion der Ergebnisse** ergab, dass die Kombination von antimikrobieller Behandlung der infizierten Tiere mit einer Desinfektion ihres Lebensraums nicht nur die Infektion beseitigt, sondern auch, zumindest für gewisse Zeit, eine Wiederansteckung verhindert. Durch die Überprüfung der Ergebnisse konnte die Hypothese der Forschenden **bestätigt** werden. Dieses Ergebnis ist jedoch nur ein erster Schritt zur Bekämpfung der Amphibienseuche. Selbst wenn der Einsatz eines Desinfektionsmittels im Freiland nicht unumstritten ist, kann diese Methode gerade bei stark bedrohten Arten das Überleben dieser Art sichern. Um jedoch der Bedrohung der Chytridiomykose effektiv zu begegnen, werden schnelle Strategien benötigt, die auf kostengünstige und überall anwendbare Weise die Infektion beseitigen können.

Im Jahr 2010 erreichte der Erreger der Chytridiomykose die Insel Madagaskar im indischen Ozean. Dort leben etwa 290 Amphibienarten, die nur dort vorkommen. Auf Madagaskar ist es jedoch bisher zu keinem Massensterben gekommen, obwohl sich der Erreger dort schnell ausbreitet. Möglicherweise entwickelten die Amphibienarten Madagaskars im Laufe der Evolution bereits **Angepasstheiten**. Dabei haben sich möglicherweise Resistenzen herausgebildet und die Frösche sind dadurch immun gegen die ansonsten tödlichen Auswirkungen des Pilzbefalls geworden. Dies muss jedoch erst noch durch weitere Untersuchungen bestätigt werden.

Die **Biologie** (griech. *bios:* Leben, *logos:* Lehre) ist die Erforschung des Lebendigen mit naturwissenschaftlichen Methoden. Zum Lebendigen gehören alle Lebewesen und ihre Wechselwirkungen. Die biologische Forschung untersucht die Merkmale des Lebens, die Unterschiede dieser Merkmale bei verschiedenen Organismen und wie diese Merkmale zusammenwirken und so das Überleben sichern. Die Biologie untersucht nicht nur Lebewesen, sondern auch die **Biosysteme**, die in ihrer Gesamtheit sämtliche Lebensprozesse erst ermöglichen. Das größte Biosystem ist die **Biosphäre**. In ihr haben die Vorgänge der **Evolution** die immense Vielfalt des Lebens hervorgebracht, das heute auf der Erde existiert. Sämtliche Lebewesen sind dabei an die unterschiedlichsten Bedingungen angepasst worden. Biologische Forschung umfasst daher Vorgänge von der Größe eines Moleküls bis hin zum System der Biosphäre unseres Planeten, Ereignisse von Millionstelsekunden Dauer bis hin zu Milliarden Jahren.

Methode M3 Mit wissenschaftlichen Daten umgehen

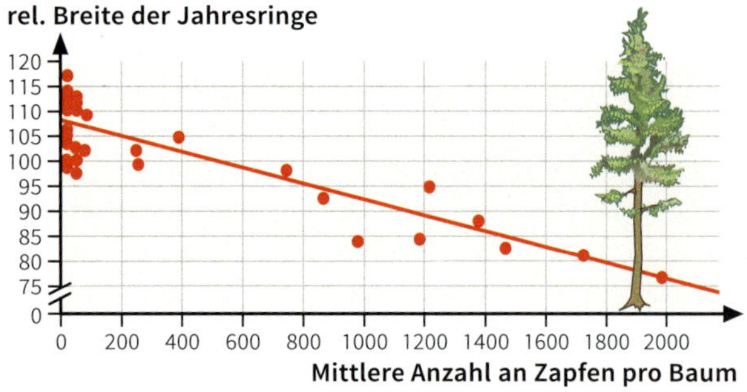

1 *Jährlicher Zuwachs und gebildete Zapfen innerhalb einer Douglasienpopulation*

Von Biologen werden im naturwissenschaftlichen Erkenntnisgewinnungsprozess sorgfältig geplante Experimente durchgeführt, in deren Verlauf eine Vielzahl von Messwerten erfasst wird. Zudem liegen in der Biologie weitere Arten von Daten vor, die zum Beispiel auf Beobachtungen in der Natur beruhen. Gemeinsam ist den erhobenen Daten, dass sie zur Überprüfung von Hypothesen und Theorie genutzt werden. Darüber hinaus präsentieren Biologen häufig Messdaten, die sie mithilfe von Tabellen und Diagrammen übersichtlich und verständlich darstellen.

Das Auswerten von Diagrammen umfasst verschiedene Schritte. Grundlage für die fachliche Auswertung von Diagrammen ist die richtige Beschreibung der Diagrammanlage sowie der im Diagramm dargestellten Inhalte. Entsprechend enthält eine Beschreibung keinerlei deutende Aspekte. Die Beschreibung der **Diagrammanlage** umfasst eine erste thematische Einordnung, die Nennung des Diagrammtyps, die Koordinatenachsen, deren Einheiten sowie die Skalierung. Die Einteilung der Achsen muss nicht immer linear sein, sie können auch unterbrochen oder logarithmisch ausgeführt sein. Die **unabhängige Variable**, wird zumeist auf der X-Achse aufgetragen. Die **abhängige Variable**, also diejenige Größe die in ihrer Ausprägung von der unabhängigen Variablen bestimmt wird, ist entsprechend auf der Y-Achse abgetragen.

Beispiel: Abbildung 1 zeigt die mittlere Zahl der gebildeten Zapfen pro Douglasie für eine Douglasienpopulation. Die Anzahl ist in 200er Schritten von 0 bis 2200 Zapfen aufgetragen. In Abhängigkeit der Zapfenzahl ist der Zuwachs an Biomasse für die Bäume anhand der relativen Breite der Jahresringe dargestellt. Deren relative Breite ist beginnend bei 75 relativen Einheiten in 5er-Schritten bis zu 120 relativen Einheiten abgetragen.

Nachfolgend werden die Aspekte des **Diagramminhaltes** beschrieben. Dabei ist eine erste Einordnung des Diagrammtyps günstig, da so die Verteilung der Daten besser nachvollziehbar ist (Abb. 2). Wesentlich für eine gelungene inhaltliche Beschreibung ist, dass bei den Formulierungen immer Bezug auf die inhaltlichen Größen genommen wird und nie auf deren zeichnerische Darstellung. Zumeist bietet es sich an, mit dem Startpunkt zu beginnen und konsequent die Beschreibung fortzuführen. Wenn es die Möglichkeit gibt, mehrere Phasen zu beschreiben, können logisch zusammenhängende Einheiten dargestellt werden, sodass die Auswertung eine nachvollziehbare Struktur aufweist. Markante Punkte in Diagrammen bieten sich an, in die Beschreibung der Daten aufgenommen zu werden. Die Daten hierfür werden überwiegend experimentell oder durch Beobachtung erhoben.

Hierzu zählen beispielsweise Hoch- und Tiefpunkte, Wendepunkte, Anfangs- und Endpunkte oder Punkte, bei denen auffällige Änderungen im Kurvenverlauf eintreten. Es sollte jedoch nicht jede kleine Änderung im Kurvenverlauf beschrieben werden, da in biologischen Systemen leichte Schwankungen häufig gemessen werden, diese jedoch einem allgemeinen Trend unterliegen. Auch hier ist es günstig, sich an typischen Kurvenverläufen zu orientieren, da so die Beschreibung der Diagramminhalte eindeutiger nachvollziehbar ist.

Beispiel: Die in Abbildung 1 abgetragenen Messwerte zeigen, dass es einen linear abnehmenden Zusammenhang zwischen der durchschnittlichen Zapfenanzahl und der relativen Breite der Jahresringe bei Douglasienbäumen gibt. Bilden Douglasienbäume wenige Zapfen, misst man im Durchschnitt eine relative Jahresringbreite von 110 Einheiten, wobei die Werte um ca. +/- 15 Einheiten schwanken. Mit zunehmender durchschnittlicher Zapfenzahl nimmt die relative Breite der Jahresringe linear ab, bis sie bei 2 000 Zapfen noch 80 Einheiten der durchschnittlichen Jahresringbreite beträgt. Die gemessenen Daten schwanken um die errechneten Gerade. Vereinfacht kann man formulieren, dass dies für den dargestellten Wertebereich einer Abnahme von 15 Einheiten des relativen Wachstums pro 1 000 gebildeter Zapfen entspricht.

Sind in einem Diagramm unterschiedliche Messwerte miteinander verknüpft, werden oft mehrere Y-Achsen eingezeichnet, sodass die abhängigen Variablen nachvollziehbar in Beziehung zueinander gesetzt werden. Dabei kann jede Y-Achse eine eigene Einheit und Skalierung aufweisen. Für die Auswertung ist es wichtig, dass die Bezüge auf die Y-Achsen immer richtig gewählt werden. Um Verwechslungen zu vermeiden bietet es sich daher an, die Y-Achsen nacheinander konsequent zu beschreiben.

Abhängig von den Daten können auch **andere Diagrammtypen** verwendet werden (Abb. 2). Liegen beispielsweise keine kontinuierlichen Daten vor, sind die Datenpunkte nicht miteinander verbunden sondern werden in Form eines Punkte- oder Balkendiagramms dargestellt. Sind hingegen beispielsweise prozentuale Anteile darzustellen, eignen sich Tortendiagramme oder Stapeldiagramme, da diese gut und verständlich die Relation zur Gesamtmenge verdeutlichen.

Liniendiagramme sind ein häufig genutzter Diagrammtyp, der immer dann sachgerecht ist, wenn es zwischen den Daten kontinuierliche Übergänge gibt (Abb. 2). Messwerte sind oft nicht direkt nacheinander erhoben worden, sodass das Zeichnen eines Kurvenverlaufes streng genommen schon einer Deutung der Messdaten gleichkommt. Zudem dürfen etwaige Ausreißer nicht aus der Darstellung entfernt werden.

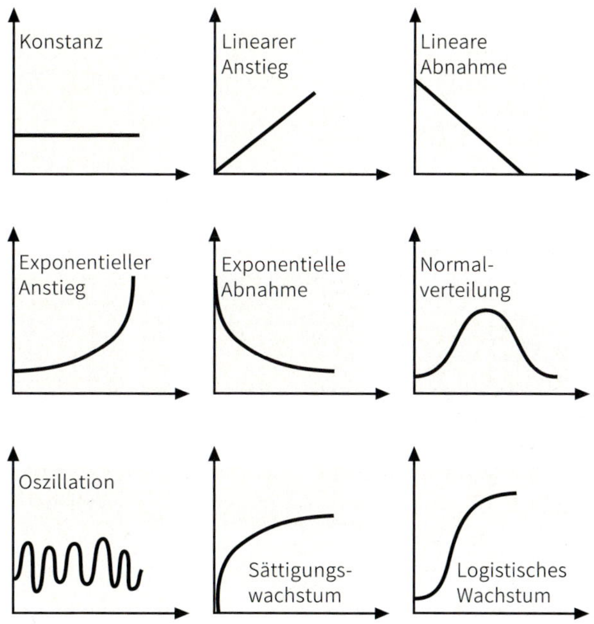

2 *Kurvenverläufe bei Liniendiagrammen*

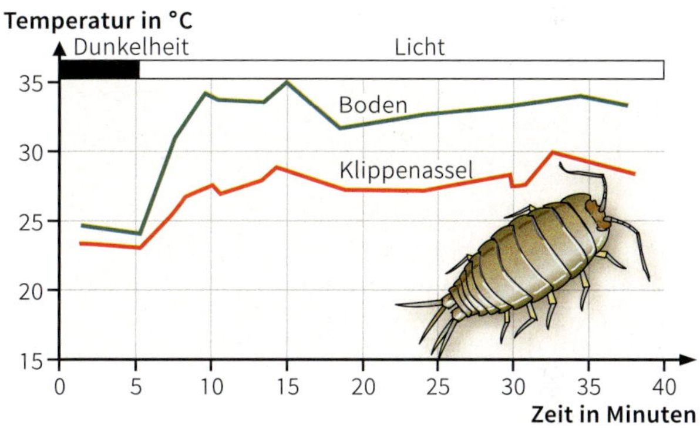

3 *Körpertemperatur von Klippenasseln*

1. Messung der Körpertemperatur von Klippenasseln.

In einer Messreihe wurden die Temperaturen von an der Küstenlinie lebenden Klippenassel sowie ihrer Umgebung gemessen (Abb. 3). Klippenasseln weiden in trockengefallenen Gezeitenbereichen Algen ab und können an Land durch Verdunstung ihre Körpertemperatur absenken.

a) Begründen Sie die Auswahl eines Liniendiagramms zur Darstellung der beobachteten Daten in Abbildung 3.

b) Gliedern Sie den Kurvenverlauf in Abbildung 3 und erklären Sie Ihre Gliederung.

c) Beschreiben Sie ausführlich die Messergebnisse in Abbildung 3.

2. Räumliche Verteilung von Schwalbenschwanz-Schmetterlingen.

a) Erstellen Sie ein Balken- und ein Liniendiagramm zur Artenzahl der Schwalbenschwanz-Schmetterlinge (Abb. 4).

b) Nehmen Sie Stellung zu den Aussagen der Diagrammtypen.

	Nördliche Breite							Südliche Breite				
Geografische Breite in °	70 – 60	< 60 – 50	< 50 – 40	< 40 – 30	< 30 – 20	< 20 – 10	0	> 0 – 10	> 10 – 20	> 20 – 30	> 30 – 40	> 40 – 50
Artenzahl	9	24	62	121	127	161	239	60	160	91	22	1

4 *Muster der Artenverteilung entlang der Breitengrade*

Ebenen der biologischen Organisation – Systemebenen

1 *Ebenen biologischer Organisation*

Ein Merkmal des Lebens auf der Erde ist die riesige Vielfalt. Um die Vielfalt biologischer Phänomene und Sachverhalte zu ordnen, sind verschiedene Ordnungssysteme entwickelt worden. Biologische Sachverhalte können nach den Ebenen biologischer Organisation, den **Systemebenen**, sinnvoll geordnet werden (Abb. 1). Dabei baut jede Ebene auf den vorherigen Ebenen auf. Unter einem System versteht man in der Biologie ein gegen die Umwelt abgegrenztes, geordnetes Ganzes aus untereinander in Beziehung stehenden und sich wechselseitig beeinflussenden Teilen, das zur Selbstregulation fähig ist. Jede der Systemebenen beinhaltet neue Eigenschaften, die zuvor nicht vorhanden waren. Das „Leben“ ist beispielsweise die charakteristische neue Eigenschaft der Systemebene der Zellen.

Zur Ebene der **Moleküle** gehören unter anderem die biologisch bedeutsamen Proteine, Fette, Kohlenhydrate und Nucleinsäuren. Chlorophyll ist ein Molekül, das Licht absorbiert und für die Fotosynthese wichtig ist. Die Moleküle des Chlorophylls bestehen aus Kohlenstoff-, Wasserstoff-, Sauerstoff- und Stickstoffatomen sowie aus einem zentralen Magnesiumion. Verschiedene Moleküle sind im Organismus nicht zufällig verteilt. Sie ordnen sich zu besonderen Strukturen, zum Beispiel Membranen, an. Diese Strukturen bilden **Zellorganellen** wie beispielsweise Chloroplasten, die Orte der Fotosynthese. Die Zellorganellen sind Kompartimente innerhalb von **Zellen**, die bestimmte Funktionen haben. Durch das Zusammenwirken der Zellorganellen innerhalb einer Zelle wird das Leben erst ermöglicht. Die Zelle ist daher die einfachste Organisationsform des Lebens. Vielzeller besitzen in der Regel verschiedene Zelltypen, die jeweils auf eine bestimmte Funktion spezialisiert sind. Gleichartige Zellen schließen sich zu **Geweben** zusammen, verschiedene Gewebe zu einer Funktionseinheit, einem **Organ**. Das Laubblatt ist ein Beispiel für ein Organ, in dem unter anderem Gewebe für Fotosynthese und für die Leitung von Stoffen enthalten sind. Neben Blättern sind Wurzeln und Sprossachse Organe einer Blütenpflanze. Diese verschiedenen Organe wirken in einem einzelnen Lebewesen, einem **Organismus**, zusammen, zum Beispiel einer Rotbuche.

Alle Rotbuchen gehören zu einer **Art**, alle Fichten zu einer anderen Art. Mit Art wird die Gesamtheit der Lebewesen bezeichnet, die sich untereinander fortgesetzt fruchtbar fortpflanzen können. Diejenigen Lebewesen einer Art, die in einem bestimmten Gebiet leben, bilden eine **Population**. Populationen verschiedener Arten in einem abgrenzbaren Lebensraum werden als **Lebensgemeinschaft** oder auch Biozönose bezeichnet. Die Wechselwirkungen einer Lebensgemeinschaft untereinander und mit den unbelebten Umweltfaktoren ihres Lebensraumes bilden ein **Ökosystem**, beispielsweise einen mitteleuropäischen Buchenwald. Die **Biosphäre** umfasst alle Bereiche der Erde, die von Lebewesen bewohnt sind.

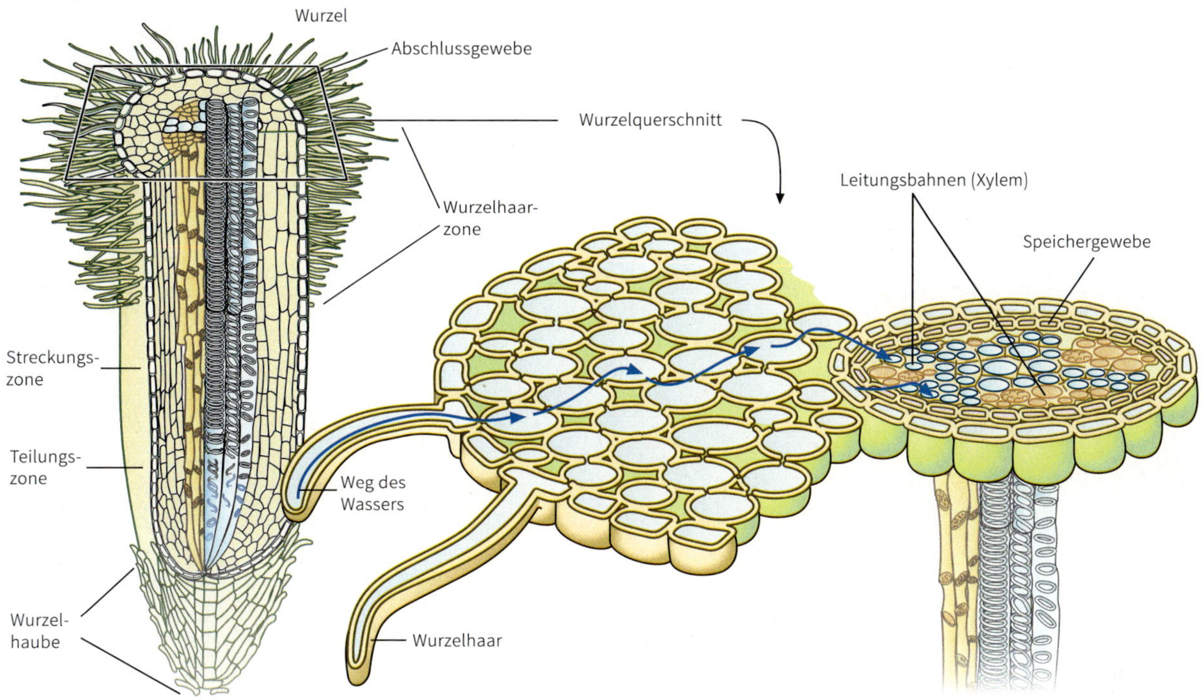

2 *Wasseraufnahme in die Wurzel (symplastischer Transportweg)*

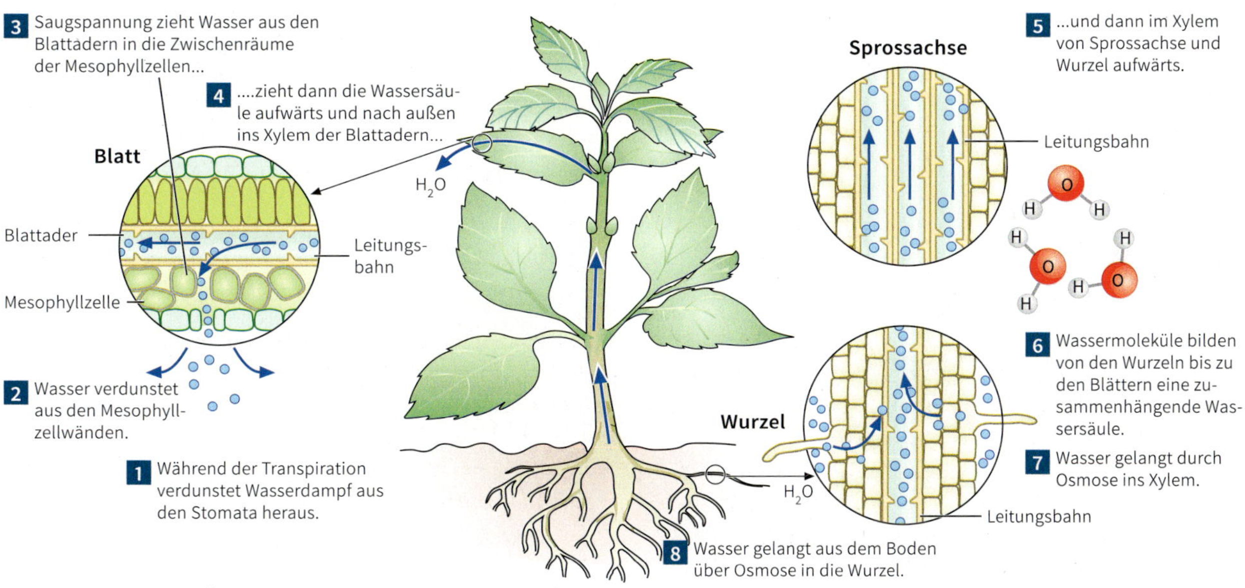

3 *Wassertransport in Pflanzen*

1. Die Struktur einer Pflanze. Stellen Sie anhand der Abbildungen 2 und 3 die Struktur einer Pflanze auf Organ-, Gewebe- und Zellebene unter Verwendung der Fachsprache dar.

2. Systemebenen bei Pflanzen. Jede Systemebene weist neue Eigenschaften auf, die in der darunter liegenden Ebene nicht vorhanden waren. Erläutern Sie dies anhand der Abbildungen 2 und 3.

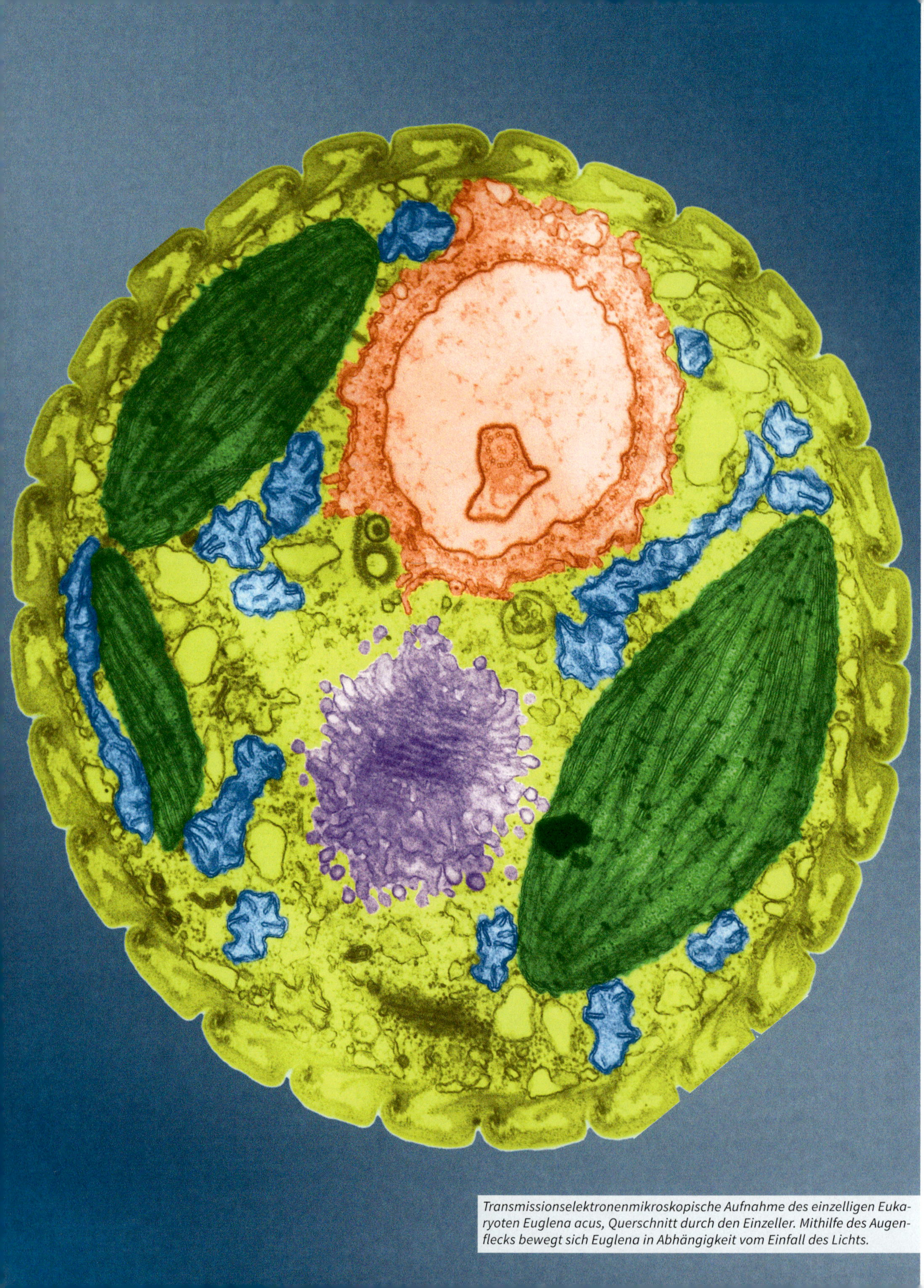

Transmissionselektronenmikroskopische Aufnahme des einzelligen Eukaryoten Euglena acus, Querschnitt durch den Einzeller. Mithilfe des Augenflecks bewegt sich Euglena in Abhängigkeit vom Einfall des Lichts.

Die Erforschung der Zelle

Zellen

Typen von Zellen

- Multi-, pluri- und totipotente Zellen
- Zelldifferenzierung
- Tier- und Pflanzenzelle
- Einzellige Lebewesen
- Eukaryotische Zelle
- Prokaryotische Zelle

Bestandteile von Zellen

- Endosymbiose
- Kompartimentierung
- Zellplasma
- Organellen ohne Membran
- Organellen mit einfacher Membran
- Organellen mit Doppelmembran

Biomoleküle in Zellen

- Chemische Bindungen
- Wasser
- Lipide
- Phospholipide
- Membranproteine
- Energieübertragung durch ATP

Transportvorgänge in Zellen

- Biomembranen
- Diffusion und Osmose
- Aktiver und passiver Transport
- Membranfluss
- Plasmolyse und Deplasmolyse
- Osmotische Regulation

1.1 Erkenntnis zum Zellaufbau durch technischen Fortschritt

1 *Skizze des von Hooke mikroskopierten Flaschenkorks*

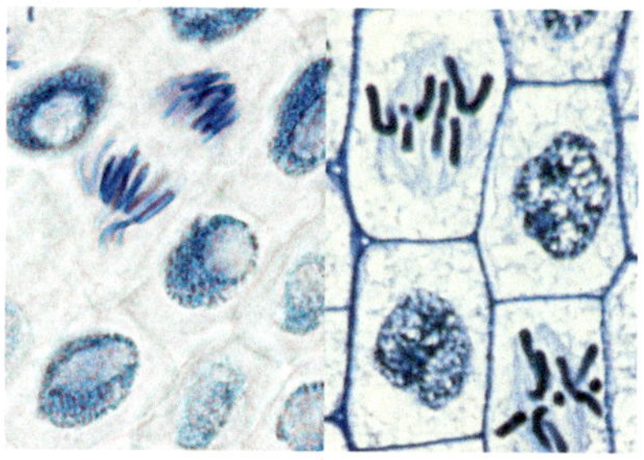

2 *Mitosephasen*

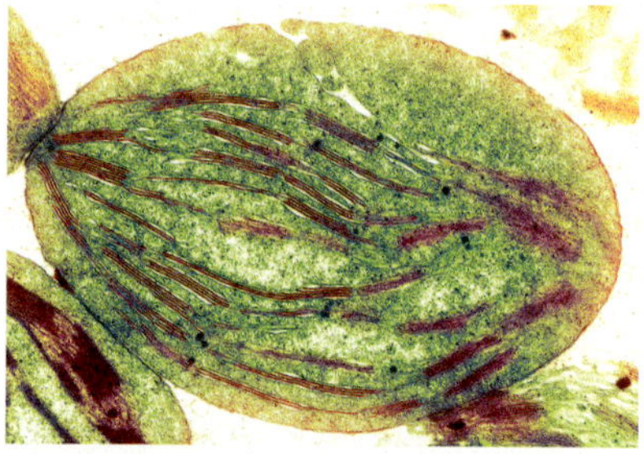

3 *Rasterelektronenmikroskopisches Bild eines Chloroplasten, gefärbt*

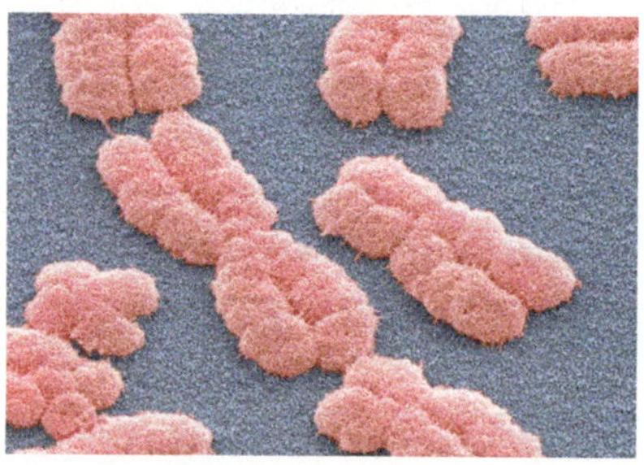

4 *Rasterelektronenmikroskopisches Bild von Chromosomen, gefärbt*

Was Biologen heute über Zellen wissen, ist das Ergebnis eines 400 Jahre langen Forschungsprozesses. Neue Erkenntnisse hängen jeweils mit Entwicklungen immer leistungsfähigerer Mikroskope zusammen.
Die Entdeckung und Erforschung von Zellen wurde durch die zu Beginn des 17. Jahrhundert entwickelten einfachen **Lichtmikroskope** ermöglicht. Als eigentlicher Beginn der Zellforschung wird das Jahr 1665 angesehen. ROBERT HOOKE untersuchte dünne Schnitte der Rinde von Korkeichen. Er entdeckte kästchenförmige Strukturen, die ihn an Kammern in Bienenwaben erinnerten. Diese Strukturen nannte er Zellen (Abb. 1). Der Niederländer ANTONI VAN LEEUWENHOEK baute die leistungsfähigsten Mikroskope im 17. Jahrhundert. Diese erreichten eine 270-fache Vergrößerung. Mit diesen Mikroskopen entdeckte LEEUWENHOEK Einzeller in Wassertropfen, zahlreiche Bakterien im Zahnbelag und Spermazellen bei Säugetieren und Insekten. Die Entdeckung dieser zum damaligen Zeitpunkt völlig unbekannten Mikrowelt war eine wissenschaftliche Sensation.

In der Folgezeit wurden mit leistungsfähigeren Mikroskopen detailliertere Beobachtungen möglich. Dabei stellte sich heraus, dass alle pflanzlichen und tierischen Gewebe aus Zellen aufgebaut sind und dass deren Zellen einen prinzipiell gleichen Aufbau haben. Die Biologen MATTHIAS SCHLEIDEN und THEODOR SCHWANN formulierten aufgrund dieser Beobachtungen 1838/39 die **allgemeine Zelltheorie.** RUDOLF VIRCHOW hatte Zellteilungen beobachtet. Daraus schlussfolgerte er 1855 „**Omnis cellula e cellula**", was soviel bedeutet wie: Jede Zelle entsteht aus einer Zelle.

Mit der Entwicklung der ersten synthetischen Farbstoffe ergaben sich auch für die Mikroskopie neue Möglichkeiten. Einzelne Zellstrukturen konnten gezielt angefärbt werden. Dadurch gelang es WALTER FLEMING 1879 erstmals Chromosomen und deren Gestaltwandel während der Zellteilung sichtbar zu machen (Abb. 2).

Die Erforschung der Feinstruktur von Zellen und Zellbestandteilen erforderte eine neue Technologie. Mit Lichtmikroskopen kann man Objekte sichtbar machen, die mindestens so groß sind wie die halbe Wellenlänge des verwendeten sichtbaren Lichtes. Objekte, die kleiner sind als 200 nm, z. B. Viren oder kleine Zellorganellen, können so nicht sichtbar gemacht werden. Seit 1931 gibt es **Elektronenmikroskope**. Statt mit Licht werden die Objekte mit Elektronen bestrahlt. Damit werden sehr hohe Auflösungen erreicht und auch sehr kleine Zellstrukturen bis zu einer Größe unter 1 nm werden sichtbar (Abb. 3). Elektronenmikroskope liefern ein Schwarzweißbild, das nachträglich gefärbt werden kann (Abb. 3). Mit Rasterelektronenmikroskopen lassen sich Oberflächen mit Elektronenstrahlen sehr fein abtasten. Bei der **Rasterelektronenmikroskopie (REM)** wird das Untersuchungsobjekt im Vakuum zunächst mit Schwermetallatomen bedampft und diese oberflächliche Schwermetallschicht dann mit einem sehr feinen Elektronenstrahl bestrahlt. Je nach Oberflächenstruktur sendet die Schwermetallschicht Elektronen aus, die von einem Detektor registriert und von einem Computer in ein exaktes, dreidimensionales Bild mit Graustufen verrechnet werden. Oft wird dieses Bild nachträglich gefärbt (Abb. 4).

→ Kap. 1.2, Kap. 1.3, Kap. 1.4, B Systemebenen

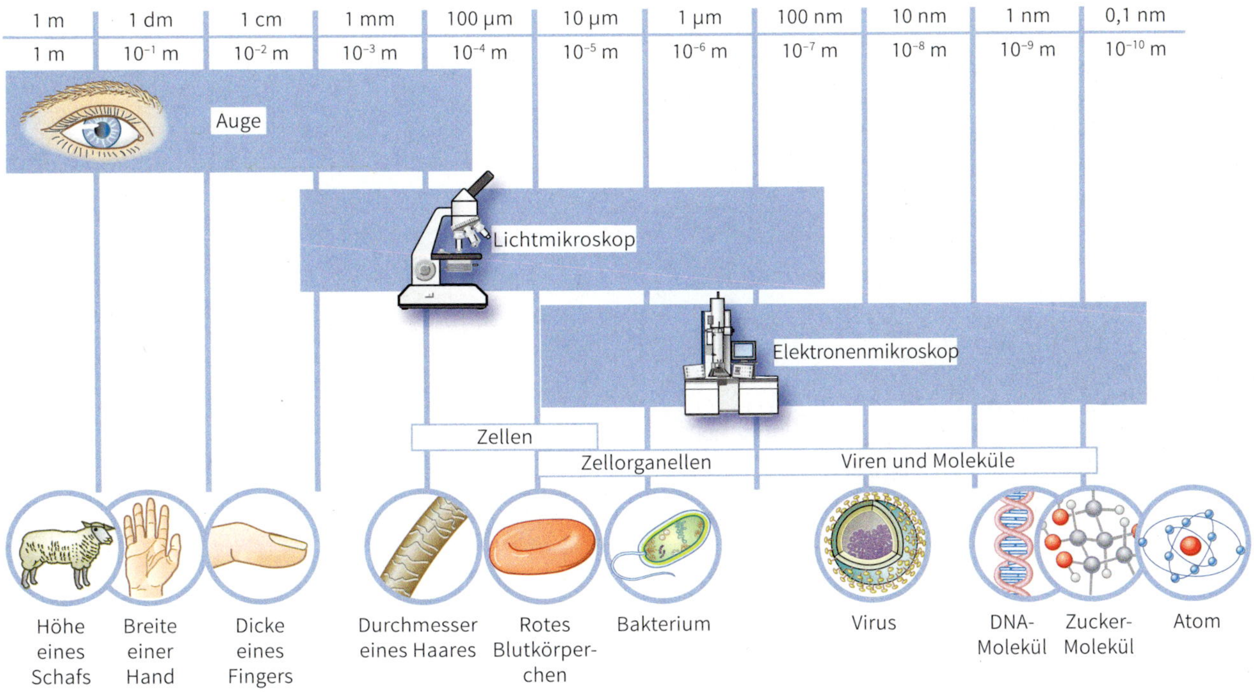

5 *Auflösungsvermögen von Mikroskopen*

1. Erkenntniszuwachs in der Zellbiologie.
a) Beschreiben Sie Abbildung 5. Erläutern Sie mithilfe der Abbildung Zusammenhänge zwischen technischen Entwicklungen und Erkenntniszuwächsen in der Zellbiologie.
b) Ordnen Sie die in Abbildung 6 genannten erstmaligen Erkenntnisse in der Zellbiologie in der zeitlich richtigen Reihenfolge. Dafür stehen Ihnen folgende Jahreszahlen zur Verfügung: 1675, 1828, 1877, 1931, 1945.

2. Mikroskopische Aufnahmen.
Erläutern Sie, mit welcher Methode die Aufnahmen in den Abbildungen 7 und 8 entstanden sein könnten.

3. Lebende Organismen im elektronenmikroskopischen Bild?
Erklären Sie, dass mit einem Elektronenmikroskop keine lebenden Organismen untersucht werden können.

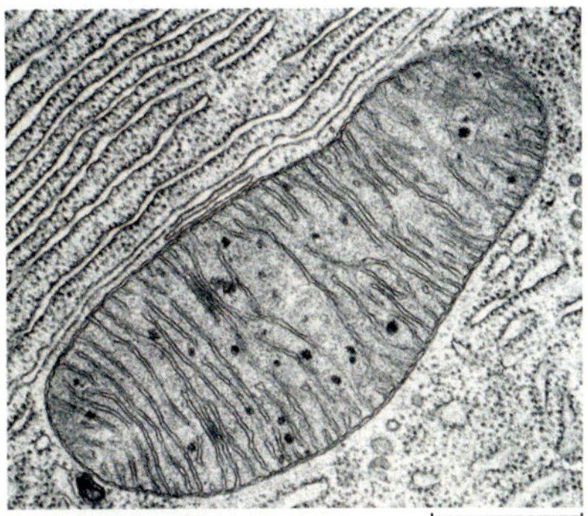

7 *Mitochondrium* 1 µm

(A) Das erste Elektronenmikroskop wird von ERNST RUSKA gebaut.
(B) EDUARD STRASSBURGER und OSKAR HERTWIG erkennen im Mikroskop, dass bei der Befruchtung Geschlechtszellen verschmelzen und ihre Zellkerne sich vereinigen; (C) ANTONI VAN LEEUWENHOEK erkennt erstmals winzige Lebewesen im Teichwasser; (D) Das erste elektronenmikroskopische Bild einer ganzen Zelle wird von KEITH PORTER und seinem Forschungsteam veröffentlicht; (E) HUGO VON MOHL beobachtet mithilfe eines Mikroskops erstmals die Zellteilung bei Pflanzen.

6 *Erkenntniszuwachs in der Zellbiologie – zeitlich ungeordnet*

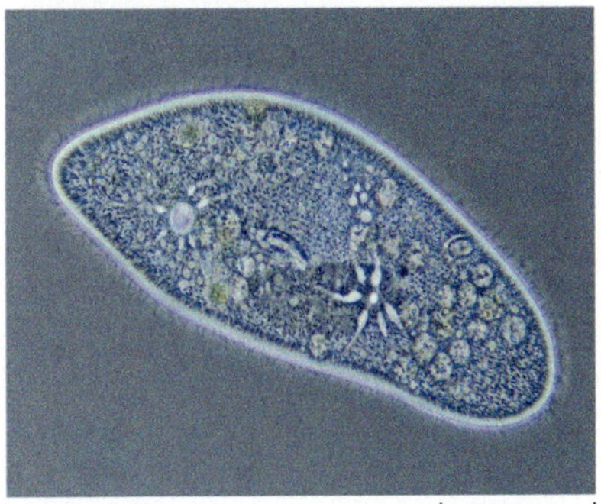

8 *Pantoffeltierchen* 10 µm

→ Kap. 1.2, Kap. 1.3, Kap. 1.4, B Systemebenen

1.2 Prokaryoten und Eukaryoten

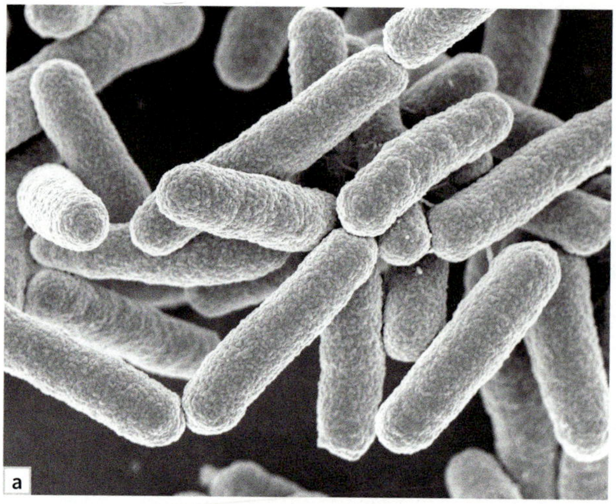

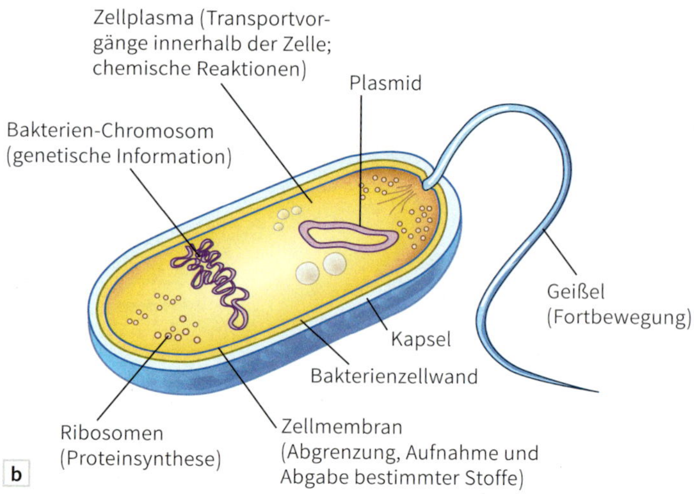

1 *a) Bakterien (länglich, oval; Escherichia coli, abgekürzt E. coli), mit einem Elektronenmikroskop aufgenommen; b) Schema eines Bakteriums (in Klammern ist bei einigen Zellbestandteilen die Funktion angegeben)*

Escherichia coli (kurz: *E. coli*) ist ein im Menschen und in vielen Tieren vorkommendes Darmbakterium (Abb. 1a). Es ist eines der am besten erforschten Bakterien und gehört zur Gruppe der Prokaryoten. Man unterscheidet zwei Grundtypen von Organismen, die **Prokaryoten** und die **Eukaryoten**. Zu den Prokaryoten (griech. *pro*: vor; *karyon*: Kern) gehören Bakterien (Abb. 1b). Sie sind von einer Zellmembran und einer Zellwand umgeben, besitzen aber keinen Zellkern und keine weiteren **Zellorganellen**. Zellorganellen sind, mit Ausnahme der Ribosomen, durch Membranen abgetrennte Reaktionsräume in Zellen. Anders als bei Pflanzenzellen besteht die **Bakterienzellwand** nicht aus Zellulose, sondern aus Murein (lat. *murus*: Mauer), einem Makromolekül aus Kohlenhydraten und Aminosäuren. Es verleiht Festigkeit und Stabilität. Manche Bakterien sind von einer schleimigen Kapsel umgeben. Diese schützt die Zellwand und ermöglicht es den Bakterien, sich in ihrer Umgebung anzuheften. Die Erbinformation liegt meist in Form eines ringförmigen DNA-Moleküls, dem Bakterien-Chromosom, und in kleinen DNA-Ringen, den **Plasmiden**, im Cytoplasma (Zellplasma) vor. Viele Bakterien besitzen Geißeln zur Fortbewegung. Für die Energiebereitstellung sorgen bei Prokaryoten Enzyme, die in die Zellmembran eingelagert sind.

Zu den Eukaryoten (griech. *eu*: echt; *karyon*: Kern) zählen neben vielen Einzellern wie Hefezellen und *Euglena* (Abb. 2) auch alle Vielzeller, also alle Pflanzen, Pilze und Tiere sowie der Mensch. Eukaryotische Zellen besitzen einen Zellkern, der die Erbinformationen in Form von DNA auf den Chromosomen enthält. Zudem beinhalten Eukaryotenzellen weitere durch eine oder mehrere Membranen abgegrenzte Zellorganellen, wie zum Beispiel Mitochondrien oder Vakuolen. Diese räumliche Unterteilung bezeichnet man als **Kompartimentierung**. Sie ermöglicht es, dass verschiedene chemische Reaktionen ungestört voneinander innerhalb der Zelle ablaufen können. Spezialisierte eukaryotische Zellen erfüllen die verschiedensten Aufgaben in einem Organismus.

Bei dem eukaryotischen Einzeller *Euglena* wird in den membranumgrenzten Chloroplasten unter Lichteinfluss in der Fotosynthese die energiereiche Verbindung Glucose aufgebaut (Abb. 2). Sind die Lichtverhältnisse ungünstig, bewegt sich *Euglena* in die Richtung, in der es heller ist. Man spricht in diesem Zusammenhang von **Fototaxis** (griech. *photos*: Licht; *taxis*: Ausrichtung). Mithilfe des Augenflecks ist der Einzeller in der Lage, die Richtung, aus der das Licht kommt, wahrzunehmen und bewegt sich, angetrieben durch die Geißel, in diese Richtung. Die in der Fotosynthese gebildete Glucose wird in den Mitochondrien abgebaut. Hier finden die wesentlichen Schritte der Zellatmung statt. Dabei wird die in der Glucose gespeicherte Energie für *Euglena* freigesetzt. *Euglena* ist auch in der Lage, organische Stoffe aus der Umgebung aufzunehmen. Diese werden dabei über die Zelloberfläche oder mithilfe von Nahrungsvakuolen aufgenommen.

→ Kap. 1.1, Kap. 1.3, Kap. 1.4

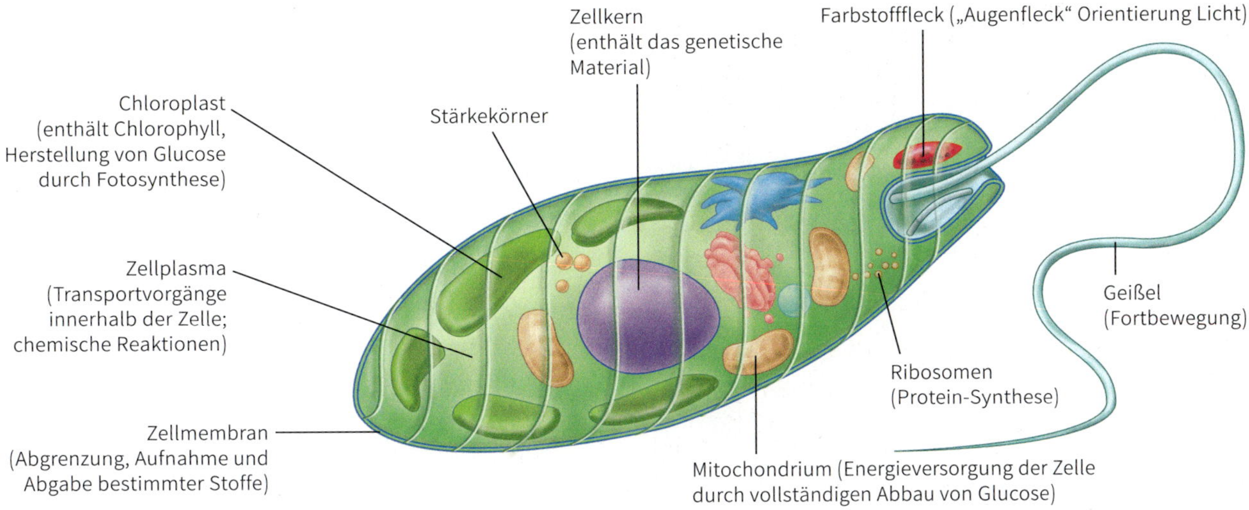

2 *Schema des eukaryotischen Einzellers Euglena viridis*

1. Vergleich von Prokaryoten mit dem eukaryotischen Einzeller *Euglena*. Vergleichen Sie mithilfe des Grundwissentextes und den Abb. 1 b und 2 den Aufbau eines Prokaryoten mit dem des eukaryotischen Einzellers *Euglena*.

2. Struktur und Funktion der Zellbestandteile von Prokaryoten und Eukaryoten. Stellen Sie in zwei Tabellen – entsprechend dem Basiskonzept „Struktur und Funktion“ – die Struktur und die jeweilige Funktion der Zellbestandteile von Prokaryoten und von Pflanzen- und Tierzellen (Eukaryoten) dar. Berücksichtigen Sie für eine genauere Betrachtung der Zellbestandteile von Pflanzen- und Tierzellen die nächste Doppelseite.

3. Organisationsebenen eines Prokaryoten. Biologische Sachverhalte kann man nach den Ebenen biologischer Organisation ordnen. In der Abbildung 3 sind die Organisationsebenen eines Eukaryoten dargestellt. Skizzieren Sie in Anlehnung an diese Abbildung ein Schema zu den Organisationsebenen eines Prokaryoten.

4. *Euglena* – Pflanze oder Tier? Beurteilen Sie anhand der Informationen im Grundwissentext, den Abbildungen 1 b und 2 sowie der Informationen auf der nächsten Doppelseite, ob es sich bei *Euglena* um einen tierischen oder einen pflanzlichen Einzeller handelt.

5. Angepasstheiten bei Extremophilen. Entwickeln Sie eine Hypothese zur Entstehung der Angepasstheiten bei Extremophilen (Abb. 4).

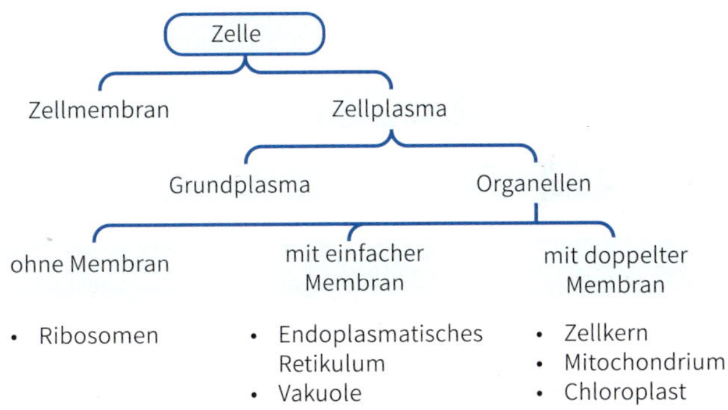

3 *Organisationsebenen eines Eukaryoten*

Prokaryoten waren die ersten Lebewesen auf der Erde. Unter den heute lebenden Bakterien gibt es einige, die auch unter extremen Bedingungen leben und sich vermehren können. Diese werden als extremophile (lat. *extremun:* das Äußerste; griech. *philos:* Freund) Bakterien bezeichnet.
Das kugelförmige Bakterium ***Deinococcus radiodurans*** kann unter einer radioaktiven Strahlung leben, die das 3000-fache der für Menschen tödlichen Dosis beträgt.
Picrophilus oshimae wurde erstmals in Japan in 60 °C heißen Quellen gefunden und lebt bei einem pH-Wert von 0,03 (bei dem sich Edelstahl auflöst).
Pyrobaculum islandicum wurde erstmals in sulfathaltigem und geothermischem Wasser in Island identifiziert und wächst optimal in 100 °C heißem Wasser.

4 *Extremophile Bakterien*

1.3 Zellorganellen und die Endosymbiontentheorie

1 *EM-Bild einer Pollenzelle in Teilung*

Bei Betrachtung von Zellen unter dem Elektronenmikroskop können leicht die großen Zellkerne innerhalb der Zellen erkannt werden. Daneben werden jedoch auch viele andere Strukturen sichtbar (Abb. 1).

Pflanzen, Tiere und Menschen besitzen ähnlich aufgebaute Zellen. Sie besitzen alle einen Zellkern. Es sind daher **eukaryotische Zellen** oder **Eucyten**. Neben dem Zellkern besitzen Eucyten weitere Zellbestandteile, die **Zellorganellen**. Die Zellen der Prokaryoten werden als **Protocyten** bezeichnet. Protozyten besitzen keinen Zellkern.

Die räumliche Unterteilung oder **Kompartimentierung** ermöglicht es, dass innerhalb der Zelle verschiedene chemische Vorgänge nebeneinander ablaufen können. Alle Zellen sind von einer Zellmembran umgeben, die das **Zellplasma** umschließt. Das Zellplasma ist zähflüssig und besteht hauptsächlich aus Wasser und den darin gelösten Stoffen. Im Zellplasma finden viele Stoffwechselvorgänge statt.

Das größte Zellorganell innerhalb der Eucyte ist, neben der Vakuole bei Pflanzen, der **Zellkern**. Er ist von zwei Membranen umgeben, zwischen denen sich ein Hohlraum befindet. Diese Doppelmembran ist von vielen kleinen Öffnungen, den **Kernporen**, durchsetzt. Durch sie können Stoffe aus dem Zellplasma in den Zellkern gelangen und aus ihm heraus. Im Zellkern ist die Erbinformation gespeichert. Er steuert alle wesentlichen Stoffwechselvorgänge innerhalb der Zelle.

Die bohnenförmigen **Mitochondrien** sind ebenfalls Zellorganellen, die von einer Doppelmembran umgeben sind. Die innere Mitochondrienmembran ist stark gefaltet. An ihr finden einige Teilreaktionen der Zellatmung statt. Im Raum zwischen den beiden Membranen, dem Intermembranraum, laufen andere Teilreaktionen der Zellatmung ab. In der Zellatmung wird die in der Glucose gespeicherte Energie für die Zelle verfügbar gemacht und es entsteht ATP. In Pflanzenzellen sind zudem **Chloroplasten** enthalten, die ebenfalls von einer Doppelmembran umgeben sind. Im Inneren des Chloroplasten befinden sich Membranstapel, sodass eine große innere Oberfläche entsteht. Aufgrund dieser **Oberflächenvergrößerung** können chemische Reaktionen, die an den Membranstapeln stattfinden, vielfach gleichzeitig ablaufen. In den Chloroplasten findet die Fotosynthese statt, bei der Lichtenergie in chemische Energie umgewandelt wird.

Manche Organellen sind nur von einer einfachen Membran umgeben. Eucyten besitzen ein netzartiges System aus feinen Kanälchen, die das Zellplasma durchziehen. Dieses Netzwerk wird von einer einfachen Membran begrenzt und als **endoplasmatisches Reticulum**, abgekürzt **ER**, bezeichnet. Dabei werden das glatte und das raue ER unterschieden. Das glatte ER ist frei von Ribosomen und spielt eine wichtige Rolle bei verschiedenen Stoffwechselprozessen. Am rauen ER befinden sich Ribosomen an der Membran und die so gebildeten Proteine gelangen in das ER. Von dem ER schnüren sich Membranbläschen, sogenannte **Vesikel**, ab und wandern anschließend zu membranumhüllten Hohlräumen, die als **Zisternen** bezeichnet werden. Mehrere Zisternen bilden übereinander gestapelt ein **Dictyosom**, die in ihrer Gesamtheit den **Golgi-Apparat** bilden. Dort werden die Vesikel mit Signalstoffen angereichert. Vom Golgi-Apparat werden Verdauungsvesikel gebildet, die **Lysosomen.** Sie sind am Abbau von Molekülen oder defekten Zellorganellen beteiligt.

Es gibt auch Zellorganellen ohne Membran. So sind Eucyten von einem Netzwerk aus Proteinen durchzogen, dem **Cytoskelett.** Dieses gibt den Zellen eine gewisse Festigkeit, da ihnen die stabilisierende Zellwand der Pflanzenzellen fehlt. Auch die **Ribosomen** besitzen keine Membran. Sie sind kleine, kugelförmige Organellen, an denen die Proteinbiosynthese stattfindet. Sie kommen frei im Zellplasma vor oder können am rauen ER gebunden sein.

→ Kap. 1.2, Kap. 1.3, Kap. 1.4, B1

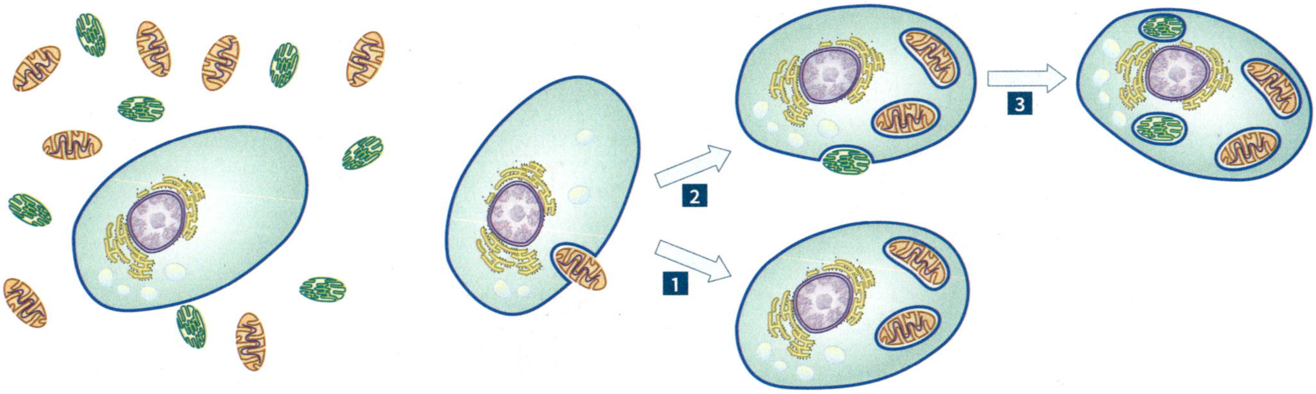

Die **Endosymbiontentheorie** geht davon aus, dass Zellorganellen wie die Chloroplasten und Mitochondrien der Eukaryoten, im Laufe der Erdgeschichte aus frei lebenden Protocyten entstanden sind. Dieser Vorgang kann sich so vorgestellt werden, dass die Vorläufer von Chloroplasten und Mitochondrien durch Endozytose von einem Ur-Eukaryoten aufgenommen worden sind. Sie wurden in Vesikel eingeschlossen, aber nicht verdaut. Dies erklärt die Doppelmembran um diese beiden Organellen. Die aufgenommenen Vorläufer von Chloroplasten und Mitochondrien lebten in dem Ur-Eukaryoten weiter. Die Vorläufer von Chloroplasten und Mitochondrien hatten genauso wie derUr-Eukaryot Vorteile durch diese Aufnahme. Im Laufe der Evolution konnten sie nicht mehr unabhängig voneinander leben. Es hat sich eine **Endosymbiose** entwickelt.

Mitochondrien und Chloroplasten vermehren sich durch einfache Teilung. Sie besitzen eine eigene ringförmige DNA, die einen Teil der Erbinformationen der Chloroplasten- und Mitochondrienproteine enthält. Viele Proteine von Mitochondrien und Chloroplasten werden im Zellplasma gebildet und danach in die Zellorganellen aufgenommen. Mehrere der Gene im Zellkern ähneln stark den Genen von Bakterien.

2 *Entstehung von Vorläufern von Tier- und Pflanzenzellen durch Endosymbiosen.*

1. Endosymbiontentheorie

a) Erläutern Sie anhand der Abb. 2 die Entstehung von Tier- und Pflanzenzellen.

b) Erläutern Sie, welche Konsequenzen sich aus den jeweiligen Entwicklungsschritten für den Stoffwechsel der Wirtszelle ergeben.

c) Erläutern Sie, welche wechselseitigen Vorteile sich für den Ur-Eukaryoten und die aufgenommenen Bakterien durch Endosymbiose ergeben haben könnten.

2. *Hatena* – ein Modellorganismus? Vergleichen Sie die Situation bei Hatena mit dem Endstadium der Endosymbiose (Abb. 2, 3).

3. Organellen mit drei Membranen. Die Chloroplasten von Braunalgen besitzen drei Membranen. Die beiden äußeren Membranen haben die typische Zusammensetzung der Membranen von Eukaryotenzellen, die innere Membran ähnelt der von Prokaryoten. Entwickeln Sie eine Hypothese zur Erklärung dieser Phänomene.

Ein kleiner Einzeller bietet Einblick in eine Entwicklung auf der Erde, die vor einer Milliarde Jahren stattgefunden hat: Die Evolution von Pflanzen und Algen. Der Einzeller ***Hatena*** ernährt sich in einer Phase seines Lebens von kleineren Einzellern. Nimmt er jedoch die grüne Alge ***Nephroselmis*** auf, verdaut er sie nicht. Die Alge lebt im Zellinnern von *Hatena* weiter und vergrößert ihren Fotosyntheseapparat auf das Zehnfache seiner ursprünglichen Größe. Zahlreiche Zellstrukturen der aufgenommenen Alge entwickeln sich zurück. Sie versorgt ihren Wirt mit Fotosyntheseprodukten. *Hatena* ernährt sich in der Folge ausschließlich von diesen Fotosyntheseprodukten. Bei Zellteilungen von *Hatena* entstehen Tochterzellen mit und ohne symbiontisch lebende Alge. Die farblosen Tochterzellen ernähren sich, indem sie kleinere Einzeller aufnehmen. Die Alge *Nephroselmis* teilt sich also nicht synchron mit ihrem Wirt *Hatena*.

3 *Informationen zum Einzeller Hatena*

→ Kap. 1.2, Kap. 1.3, Kap. 1.4, B1

1.4 Zellbestandteile von Pflanzen- und Tierzellen

Der **Zellkern** ist von einer Doppelmembran, der Kernhülle, umgeben, enthält die DNA in Form von Chromosomen und steuert die Lebensvorgänge der Zelle.

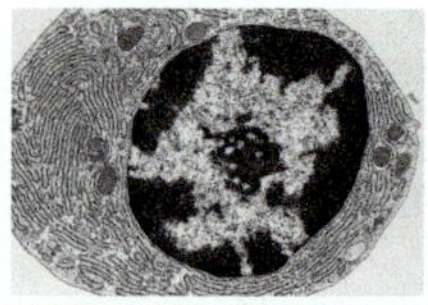

Das **Endoplasmatische Retikulum** (ER) gehört zum Membransystem der Zelle Man unterscheidet das glatte und das raue ER. Am rauen ER findet ein Großteil der Proteinsynthese statt. Das glatte ER wirkt an einer Vielzahl von Stoffwechselprozessen mit. Beide sind von einer Einzelmembran umgeben.

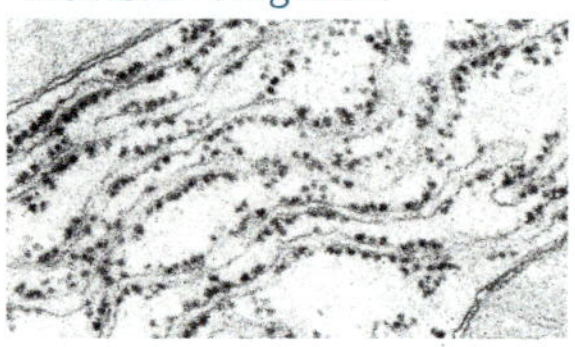

Vakuolen sind typisch für Pflanzenzellen. Sie sind von einer Membran umgeben und spielen für den Wasserhaushalt der Zelle eine wichtige Rolle. In dem enthaltenen Wasser können beispielsweise Farbstoffe, gelöst und gespeichert werden.

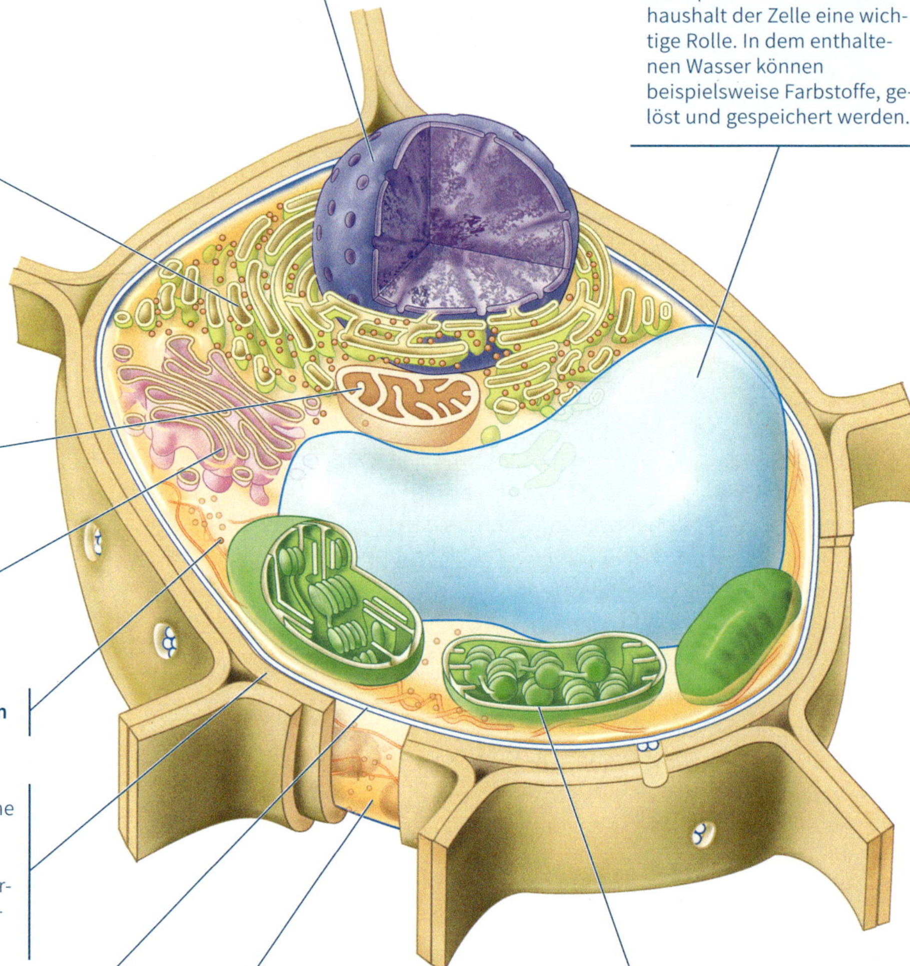

Pflanzliche Zellen haben eine **Zellwand**. Sie besteht aus Cellulose und schützt die Pflanzenzelle. Außerdem verleiht die Zellwand der Pflanzenzelle ihre Stabilität.

Chloroplasten finden sich in grünen Pflanzenzellen. Sie sind von einer Doppelmembran umgeben. Die innere Membran weist zahlreiche Einstülpungen auf. In den Chloroplasten findet die Fotosynthese statt.

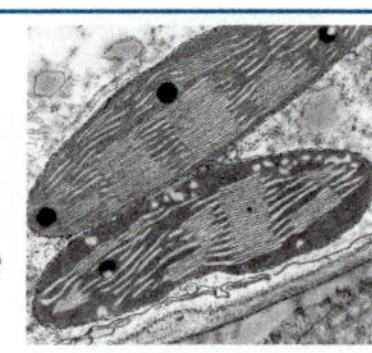

1. Bau einer Pflanzenzelle

a) Beschreiben Sie den Bau einer Pflanzenzelle anhand der Schemazeichnung.

b) Eläuteren Sie, was man unter einem Zellorganell versteht.

c) Stellen Sie die Funktion der Zellorganellen einer Pflanzenzelle in Form einer Tabelle dar.

d) Erläutern Sie anhand der dargestellten Pflanzenzelle die besondere Bedeutung der Kompartimentierung für das System Zelle.

→ B Systemebenen, Kap. 1.3, B1

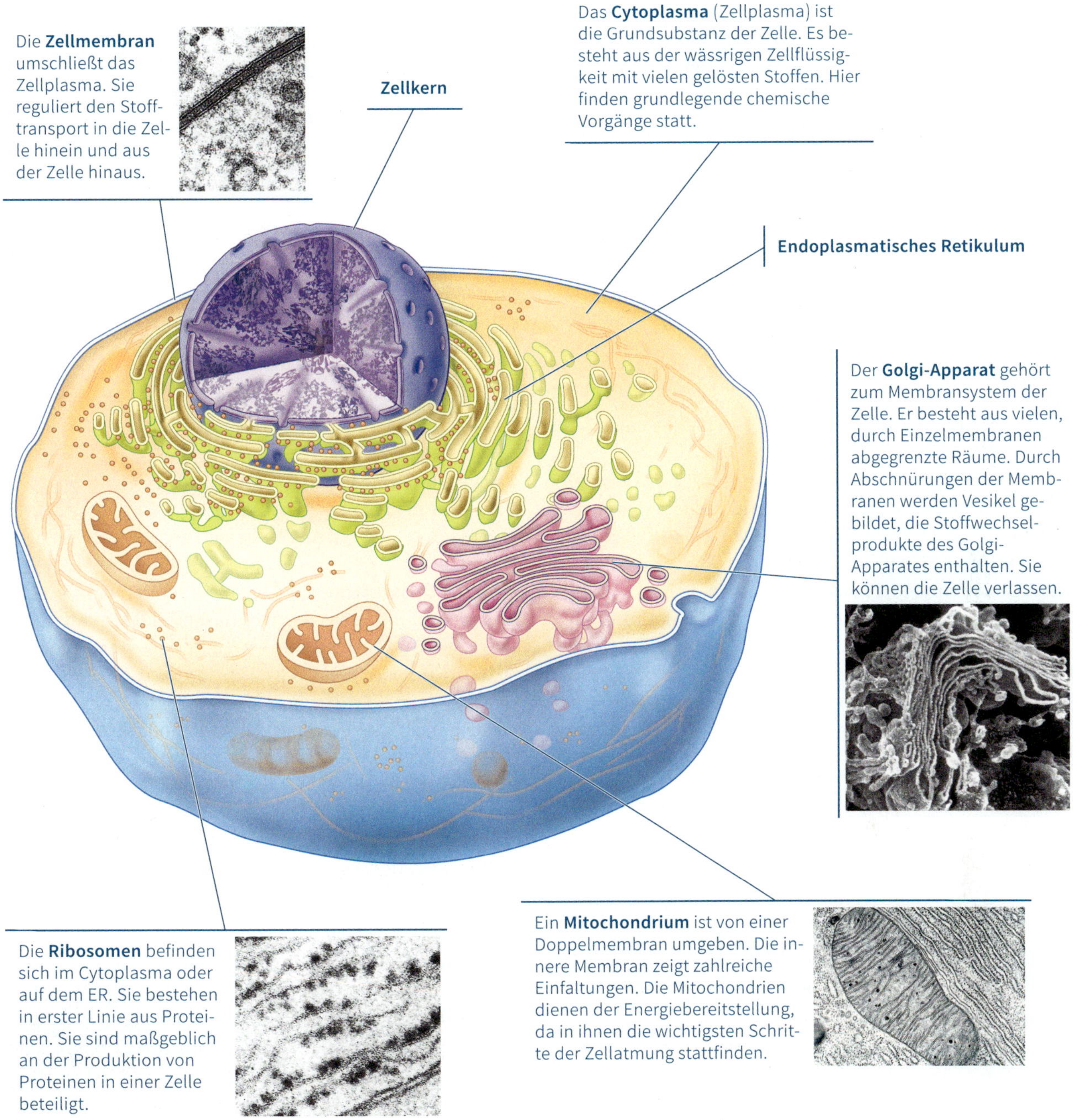

2. Bau einer Tierzelle

a) Beschreiben Sie den Bau einer Tierzelle anhand der Schemazeichnung.

b) Erläutern Sie die Bedeutung der großen inneren Oberfläche für die Funktion des Mitochondriums.

c) Geben Sie in Form einer Tabelle an, welche Zellorganellen eine doppelte Membran, eine einfache Membran oder keine Membran besitzen.

d) Vergleichen Sie den Bau einer grünen Pflanzenzelle mit dem Bau einer Tierzelle.

→ B Systemebenen, Kap. 1.3, B1

1.5 Exkurs: Zellkern – Chromosom– DNA

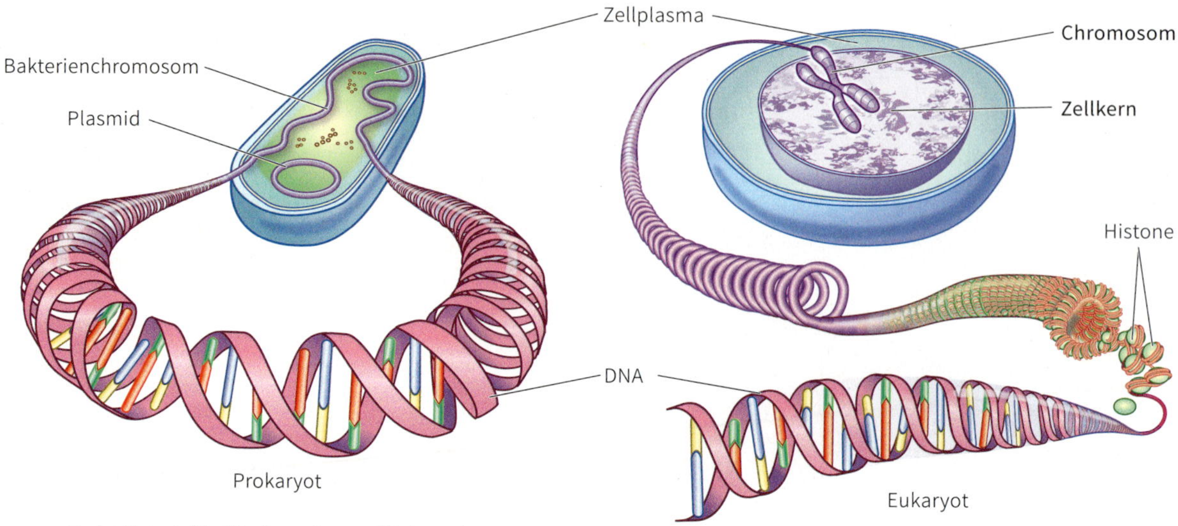

1 *Das genetische Material bei Prokaryoten und Eukaryoten*

Die gesamte genetische Information eines Lebewesens ist in der **DNA** (engl. **d**esoxyribo**n**ucleic **a**cid: Desoxyribonukleinsäure) gespeichert. Diese enthält beispielsweise Informationen zur Bildung der Augenfarbe und zum Ablauf von Stoffwechselprozessen. Jedes einzelne Chromosom besteht aus einem DNA-Molekül (Abb. 1). Es ist aus vielen Bausteinen, den **Nukleotiden**, aufgebaut. Jedes Nukleotid besteht aus einer Phosphatgruppe, dem Zucker Desoxyribose und einer Base (Abb. 2). Im Modell lässt sich die DNA als Strickleiter beschreiben. Dabei sind die beiden Seile jeweils aus Zucker- und Phosphatmolekülen zusammengesetzt, die abwechselnd angeordnet sind. An jedes Zuckermolekül ist eine Base gebunden. Die beiden gegenüberliegenden Basen bilden eine Sprosse der Strickleiter. Im Modell ist erkennbar, dass jedes Zuckermolekül mit einer von vier Basen verbunden ist. Je zwei Basen bilden gemeinsam eine „Sprosse" der Strickleiter. Dabei ist immer die Base **Adenin** mit der Base **Thymin** und die Base **Guanin** mit der Base **Cytosin** kombiniert. Diese Kombination von Adenin mit Thymin und von Guanin mit Cytosin bezeichnet man als **Basenpaarung**. In Prokaryoten befindet sich die DNA als ringförmiges Bakterienchromosom frei im Zellplasma. Einen Zellkern gibt es nicht. Die DNA liegt auch hier als Doppelstrang vor. In Bakterienzellen können zusätzlich kleine ringförmige DNA-Moleküle auftreten. Diese bezeichnet man als **Plasmide**.

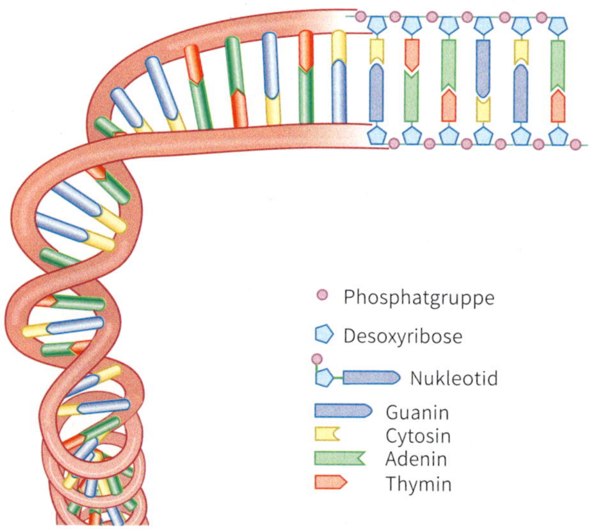

2 *Der Bau der DNA*

Während die DNA bei Eukaryoten im Zellkern lokalisiert ist, findet die Herstellung der Proteine, die auch **Proteinbiosynthese** genannt wird, an den Ribosomen im Zellplasma statt (Abb. 3). Die Information muss aus dem Zellkern zu den Ribosomen transportiert werden. Ein Gen wird abgelesen und eine Kopie in Form eines Boten-Moleküls angefertigt. Diese Kopie wird **messenger-RNA**, kurz **mRNA**, genannt. Sie verlässt durch Poren den Zellkern und gelangt zu den Ribosomen. Dort findet die Übersetzung der genetischen Information statt. Nach Anleitung der mRNA erfolgt die Bildung eines Proteins aus den verschiedenen Aminosäuren.

→ Kap. 1.2, Kap. 1.3, Kap. 1.4, Basiskonzept B1, Kap. 2.2

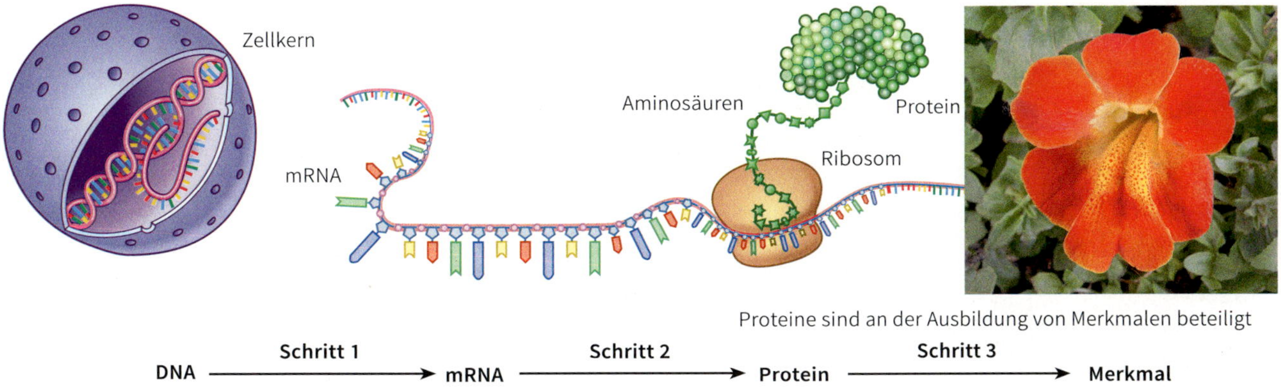

3 *Aus der genetischen Information der DNA werden Proteine gebildet*

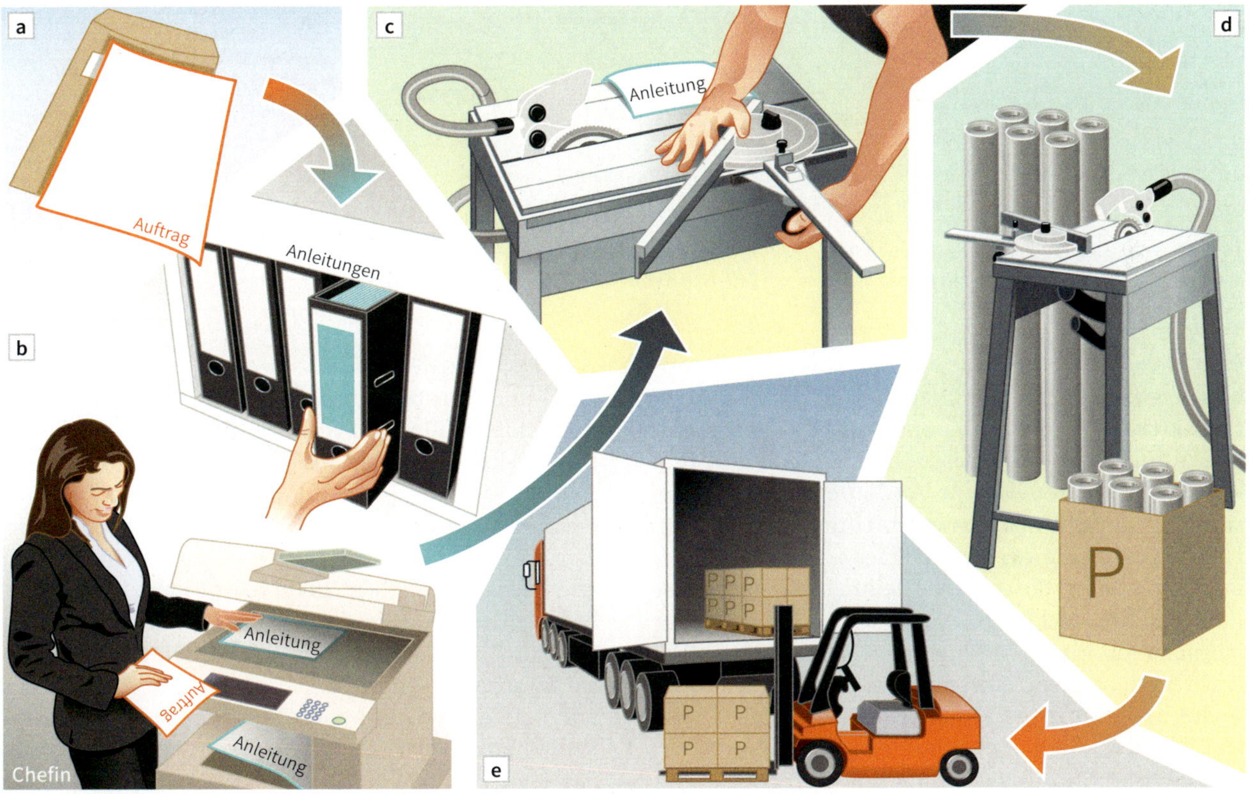

4 *Die Produktion in einer Fabrik – ein Modell für die Bildung von Proteinen*

1. Bau der DNA

a) Beschreiben Sie den Bau der DNA (Abb. 2).

b) Vergleichen Sie genetisches Material bei Prokaryoten und Eukaryoten (Abb. 1).

2. Bildung von Proteinen. Die Bildung von Proteinen ausgehend von der DNA wird als Proteinbiosynthese bezeichnet. Diese kann mit einem Gedankenmodell veranschaulicht werden. Als Modell dient der Ablauf der Produktion von Werkstücken in einer Fabrik. Die Abbildungen 4 a bis e stellen verschiedene Schritte bei der Herstellung eines Werkstückes dar. Erläutern Sie, inwiefern die Bilder zur Herstellung der Werkstücke als Modell für die Schritte bei der Proteinbiosynthese geeignet sind (Abb. 3, 4).

→ Kap. 1.2, Kap. 1.3, Kap. 1.4, Basiskonzept B1, Kap. 2.2

1.6 Differenzierte Zellen

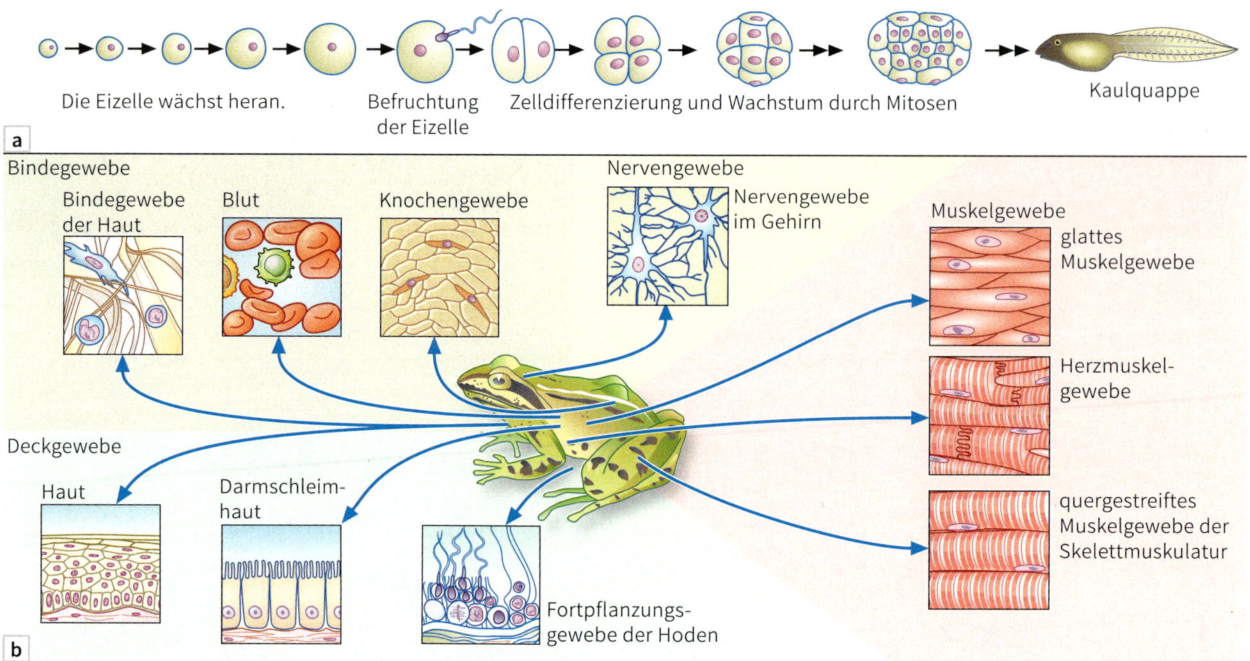

1 *Entwicklung eines Frosches und die Vielfalt der spezialisierten Zellen.a) Entwicklung eines Frosches aus der befruchteten Eizelle bis zur Kaulquappe. Aus der befruchteten Eizelle gehen durch Zell- und Kernteilungen (Mitosen) erblich gleiche Körperzellen hervor. b) Verschiedene Gewebe mit differenzierten Zellen beim Frosch*

Der Frosch ist ein vielzelliges Lebewesen mit unterschiedlichen Zelltypen. Jeder Zelltyp weist einen charakteristischen Bau mit ganz spezifischen Aufgaben auf. Nervenzellen besitzen einen Zellkern und haben lange und vernetzte Ausläufer. Nervenzellen sind auf die Informationsweiterleitung spezialisiert. Diese **Spezialisierung** in verschiedene Zelltypen ermöglicht eine effektive Arbeitsteilung. Zu Beginn der Embryonalentwicklung kommt es, ausgehend von der befruchteten Eizelle, zu mehreren Zellteilungen. Die dabei entstandenen Zellen sehen noch völlig gleich aus. In der weiteren Entwicklung beginnen sich die Zellen zu verändern. Sie nehmen ihre endgültige Gestalt an und verlieren ihre Teilungsfähigkeit. Jetzt übernimmt die ausgereifte Zelle ihre spezifische Aufgabe. Den Prozess der Spezialisierung von Zellen in ihre spezifische Struktur und Funktion nennt man **Zelldifferenzierung**. In diesem Prozess werden lediglich die Strukturen vermehrt ausgebildet, mit denen die Zelle ihre spezifischen Aufgaben erfüllt. Im Zellkern liegt in allen Zellen die gleiche Erbsubstanz vor. Es werden jedoch nur die Bereiche in der Erbsubstanz abgelesen, die zum Erhalt der Struktur und Funktion der Zelle notwendig sind.

Alle Körperzellen eines Vielzellers entstehen durch Zell- und Kernteilungen (Mitosen) letztlich aus der befruchteten Eizelle. Die stark differenzierten Zellen sind in der Regel nicht mehr teilungsfähig. Sie lassen sich in mehrere Gewebetypen einteilen: zum Beispiel Deck- und Drüsengewebe, Binde- und Stützgewebe, Nervengewebe und Muskelgewebe. Darüber hinaus gibt es noch das Blutgewebe. In diesem besonderen Gewebe befinden sich die verschiedenen Typen von Blutzellen in einer Flüssigkeit, dem Blutplasma. Die Erythrocyten transportieren Sauerstoff.

Die Leukocyten sind vor allem für die Abwehr von Krankheitserregern verantwortlich. An vielen Stellen des menschlichen Körpers müssen alte, nicht mehr funktionstüchtige Zellen ersetzt werden. Die Zellteilung ist der Vorgang, durch den sich Zellen bilden und vermehren. Dabei teilen sich nicht alle Zellen, sondern nur die, die ihre Teilungsfähigkeit bewahren. Diese teilungsfähigen **Stammzellen** durchlaufen immer wieder den Zellzyklus. Die entstehenden Tochterzellen entwickeln sich zu ausdifferenzierten Zellen. Der Vorgang dieser Neubildung von Zellen wird als **Regeneration** bezeichnet.

→ B Systemebenen, B5, Kap. 3.3

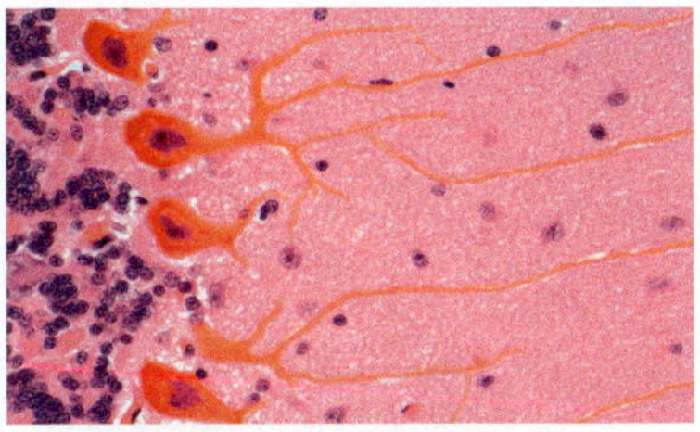

Nervenzellen besitzen einen Zellkern und haben lange und vernetzte Ausläufer. Nervenzellen sind auf die Informationsweiterleitung spezialisiert.

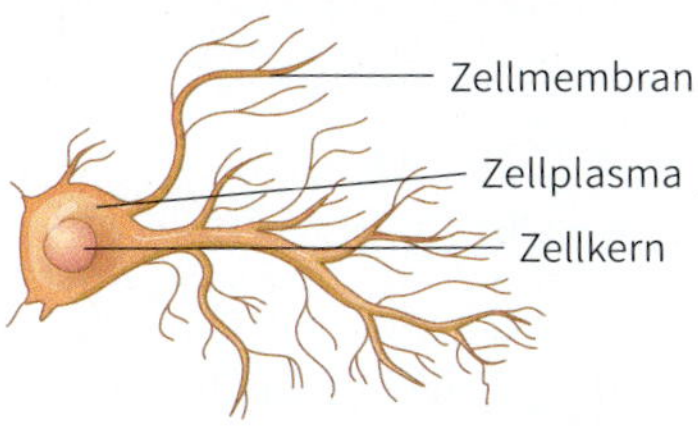

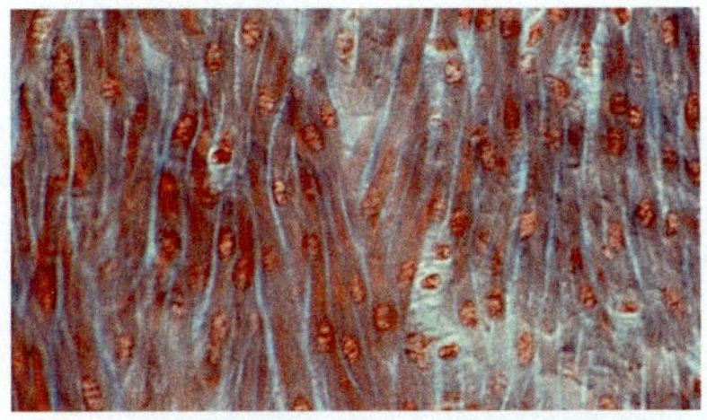

Muskelzellen sind längliche Zellen. Muskelzellen sind darauf spezialisjert, sich auf Nervenimpulse hin zusammenzuziehen (zu kontrahieren). Muskeln ermöglichen zusammen mit Sehnen, Knochen und Gelenken Bewegungen.

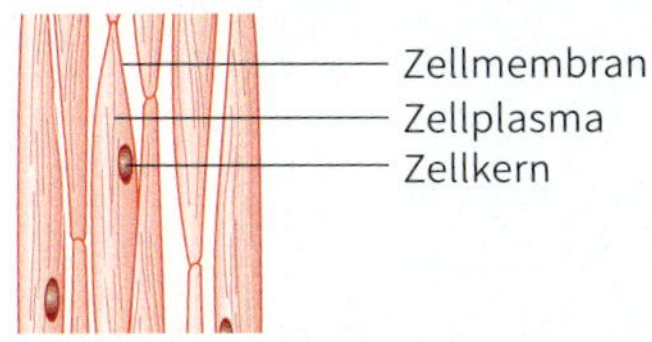

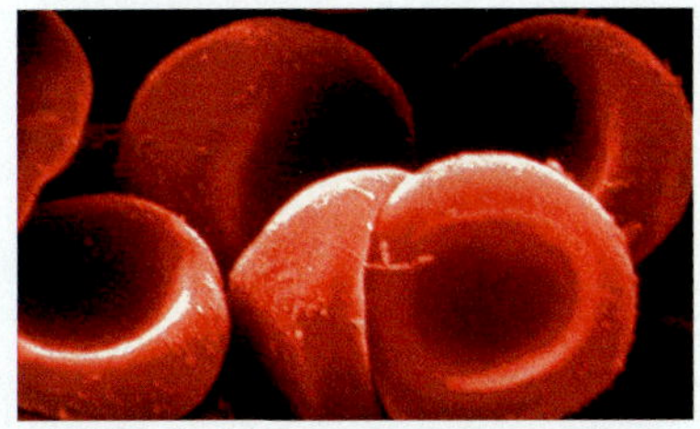

Rote Blutzellen des Menschen sind auf Sauerstofftransport spezialisiert. Sie haben keinen Zellkern und keine Mitochondrien. Sie sind angefüllt mit dem Protein Hämoglobin, dem roten Blutfarbstoff, der Sauerstoff transportiert

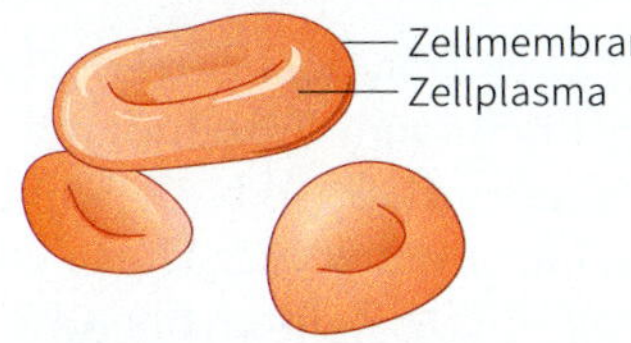

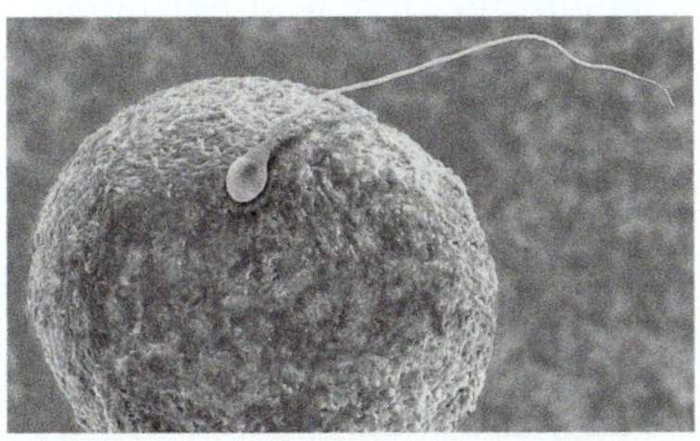

Geschlechtszellen sind auf Fortpflanzung spezialisiert. In den Zellkernen der Geschlechtszellen befinden sich die Erbinformationen väterlicher bzw. mütterlicher Herkunft.

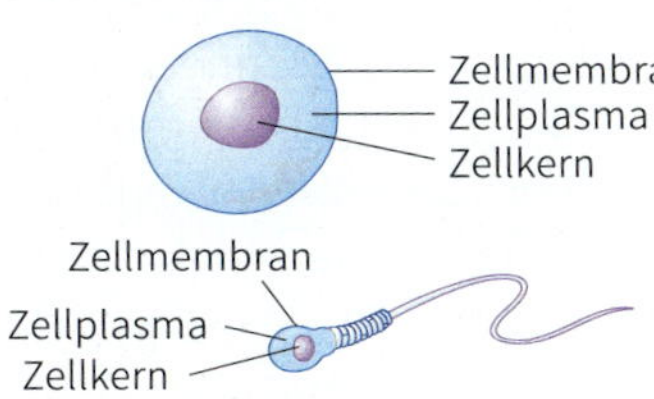

Sehsinneszellen der Netzhaut sind auf die Aufnahme von Lichtreizen spezialisiert. Sie besitzen lichtempfindliche Moleküle.

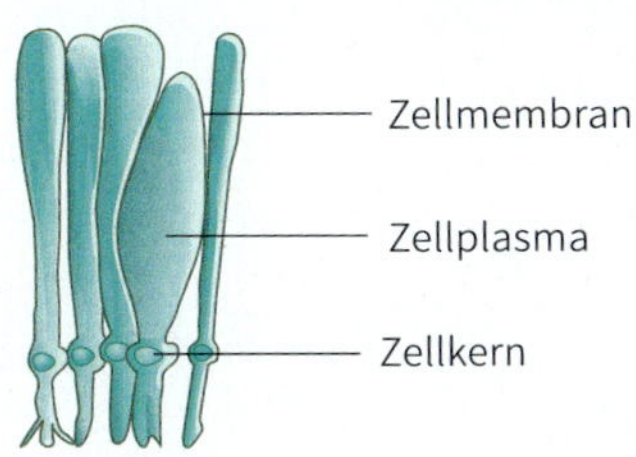

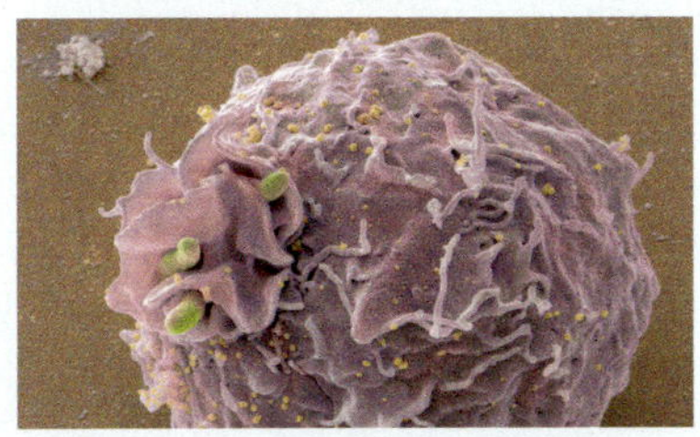

Weiße Blutzellen sind auf die Abwehr von Krankheitserregern, zum Beispiel bestimmte Bakterien spezialisiert. Manche Weiße Blutzellen können ihre Form verändern und Krankheitserreger fressen.

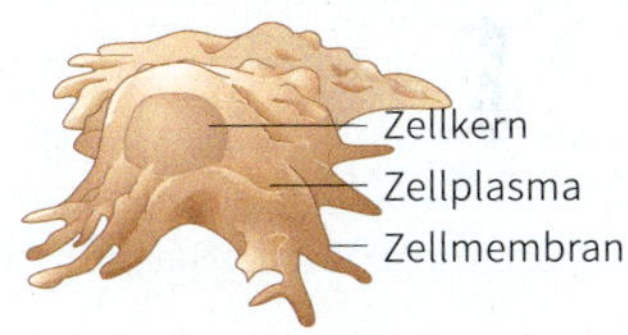

2 *Verschiedene spezialisierte Zellen des Menschen (nachträglich gefärbt)*

1. Gemeinsamkeiten und Unterschiede differenzierter Zellen.

a) Beschreiben Sie mit Hilfe von Abbildung 2 die Gemeinsamkeiten und die Unterschiede von differenzierten Zellen.

b) Erläutern Sie anhand von selbst gewählten Beispielen den Zusammenhang von Struktur (Bau) und Funktion (Aufgabe) einer differenzierten Zelle.

2. Zelldifferenzierung in der Individualentwicklung. Erläutern Sie anhand von Abb. 1a und b die Differenzierung von Zellen in der Entwicklung. Benennen Sie die Funktionen der in Abb. 1b genannten Gewebe.

3. Lebensdauer roter Blutzellen. Entwickeln Sie eine Hypothese, weshalb die roten Blutzellen des Menschen eine so kurze Lebensdauer von nur 120 Tagen haben.

→ B Systemebenen, B5, Kap. 3.3

1.7 Apoptose – der programmierte Zelltod

1 *a) Kaulquappe mit Schwanz, b) Kaulquappe ohne Schwanz*

Der Schwanz eines jungen Frosches bildet sich bei der Entwicklung zum Frosch durch gezieltes Absterben von Zellen zurück (Abb. 1 a,b). Voraussetzung für die Entwicklung eines vielzelligen Organismus ist dieser **programmierte Zelltod**, die **Apoptose** (Abb. 3).

In gealterten oder fehlerbehafteten Zellen findet ebenso eine Apoptose statt. Die betroffenen Zellen werden dabei aus dem Zellverbund entfernt. Die Apoptose dient im embryonalen und heranwachsenden Organismus der Formbildung und Funktionsreifung von Geweben. Im ausgewachsenen Organismus unterstützt die Apoptose die Zustandserhaltung und Wiederherstellung von Geweben. Der programmierte Zelltod läuft in mehreren Schritten ab (Abb. 3).

In einem menschlichen Körper sterben täglich um die zehn Milliarden Zellen durch Apoptose. Je nach Zelltyp variiert die Lebensdauer: einige Zellen verbleiben ein Leben lang im Organismus, wie beispielsweise Nervenzellen. Andere haben eine kurze Lebensdauer, so leben beispielsweise Hautzellen 20 Tage und Darmwandzottenzellen drei bis fünf Tage. Danach setzt die Apoptose ein und die Zelle wird entzündungsfrei entsorgt.

Eine Zygote stellt für den Menschen sowie die meisten Tiere und Pflanzen den Beginn ihres Daseins dar. Durch anschließende Zellteilungen vermehrt sich die Anzahl der Zellen von zwei auf vier, von vier auf acht, von acht auf sechzehn usw. **Stammzellen** sind Körperzellen, aus denen unterschiedliche differenzierte Zellen hervorgehen können. Die Zygote und etwa die ersten acht Zellen besitzen die Fähigkeit, einen vollständigen Organismus hervorzubringen. Deshalb werden sie als **totipotente** (lat. *totus:* ganz) Stammzellen bezeichnet. Anschließend verlieren sie diese Fähigkeit, können jedoch noch jeden Zelltyp des Organismus ausbilden. Daher werden sie als **pluripotent** (lat. *pluriens:* vielfach) bezeichnet.

Bei den Zellteilungen werden Signalstoffe, die den Stoffwechsel der jeweiligen Zelle beeinflussen, unterschiedlich auf die neu entstehenden Tochterzellen verteilt. Die Tochterzellen lassen sich äußerlich, also in ihrem Aufbau, jedoch nicht unterscheiden. Nach einigen Zellteilungen wird durch die fortschreitend ungleiche Verteilung der Signalstoffe die zukünftige Aufgabe der Zelle bestimmt. Diese Festlegung der zukünftigen Aufgabe wird **Determination** genannt. Die umgebenden Zellen beeinflussen durch Wechselwirkungen zudem die Determination.

Der durch die Determination beeinflusste Stoffwechsel führt dazu, dass sich die Struktur und die Funktion der Zelle verändert. Im Laufe der Zelldifferenzierung kommt es bis auf sehr wenige Ausnahmen zu keinem Verlust an genetischer Information. Vielmehr werden durch die in der Zelle vorhandenen Signalstoffe nicht alle Informationen im Zellkern abgelesen, sondern nur diejenigen, die für die Zelldifferenzierung entscheidend sind. Die Gestaltung der Körperform des Organismus erfolgt über ein komplexes Wechselspiel aus Zellvermehrung, Zelldifferenzierung und Zellkommunikation. Zudem verändern Zellen durch Wanderung ihre Lage im Embryo.

In einer Vielzahl verschiedener Gewebe des bereits geborenen Organismus finden sich Zellen, die ständig neue Zellen bilden. Diese Stammzellen können die abgestorbenen Zellen ersetzen und das jeweilige Gewebe, z. B. das Hautgewebe, erneuern. Manche dieser Stammzellen können verschieden differenzierte Zelltypen hervorbringen. Sie sind **multipotent** (lat. *multus:* viel).

→ B Systemebenen, Kap. 1.6, B5, Kap. 3.4, Kap. 3.6

1 Die betroffene Zelle erhält ein intrazelluläres oder extrazelluläres Todessignal. Sie löst sich aus dem Gewebeverband und verliert den Kontakt zu den Nachbarzellen.
2 Die Oberfläche der Zelle wirft Bläschen und der Zellkern zerfällt in Bruchstücke.
3 Die gesamte Zelle zerfällt in kleine apoptotische Körperchen.
4 Diese Zellreste werden vollständig von den Nachbarzellen und von Fresszellen aufgenommen und abgebaut.

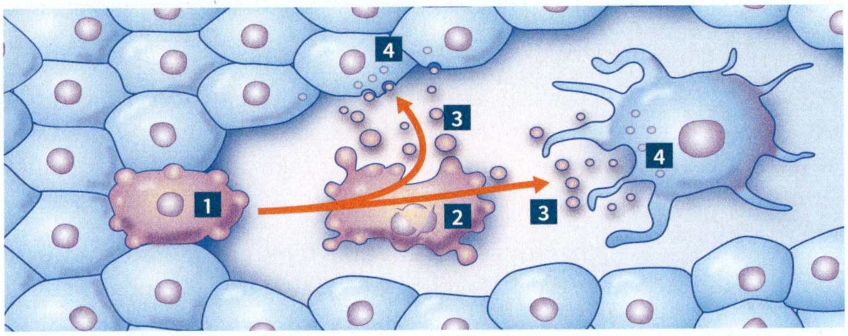

2 *Ablauf des programmierten Zelltodes*

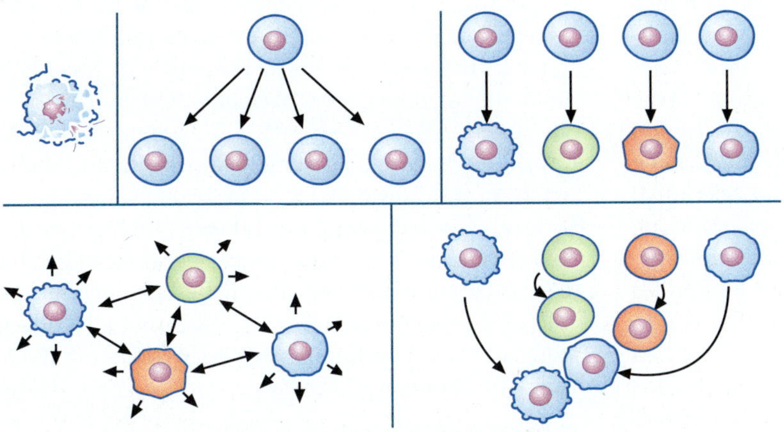

3 *Fünf Prozesse führen zur Entwicklung eines vielzelligen Organismus aus einer Zygote*

1. Apoptose – programmierter Zelltod.
a) Erläutern Sie die biologische Bedeutung der Apoptose (Abb. 2).
b) Beschreiben Sie die Entwicklung eines menschlichen Fußes (Abb. 5, 6).
c) Erklären Sie das Phänomen der Syndaktylie (Abb. 7).

2. Multi-, pluri- und totipotente Zellen. Erläutern Sie die Unterschiede zwischen multi-, pluri- und totipotenten Zellen.

3. Teilung von Stammzellen. Beschreiben Sie Abbbildungen 3 und 4. Erklären Sie, inwiefern sich die Teilung einer Stammzelle von einer gewöhnlichen Zellteilung unterscheidet.

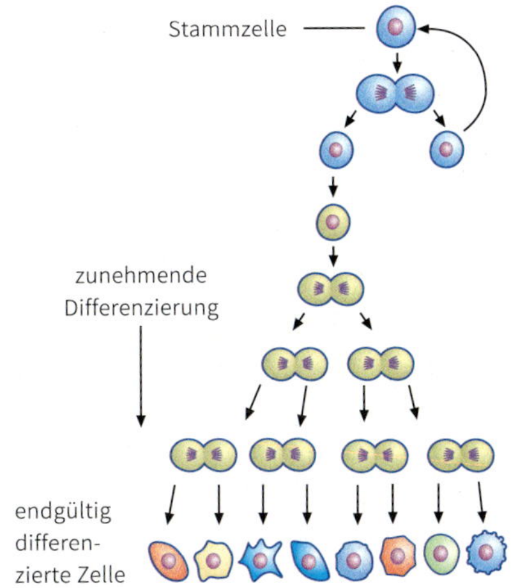

4 *Stammzellen und Entwicklung differenzierter Zellen*

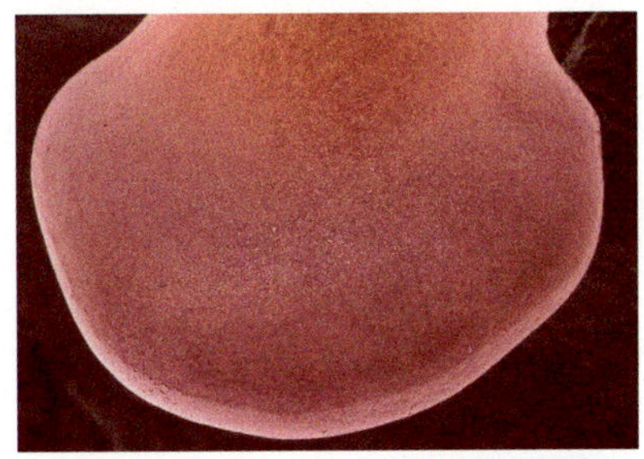

5 *Hand eines 35 Tage alten menschlichen Embryos*

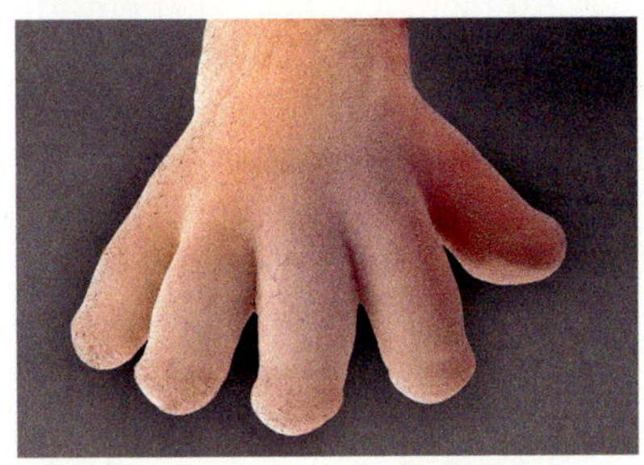

6 *Hand eines 77 Tage alten menschlichen Embryos*

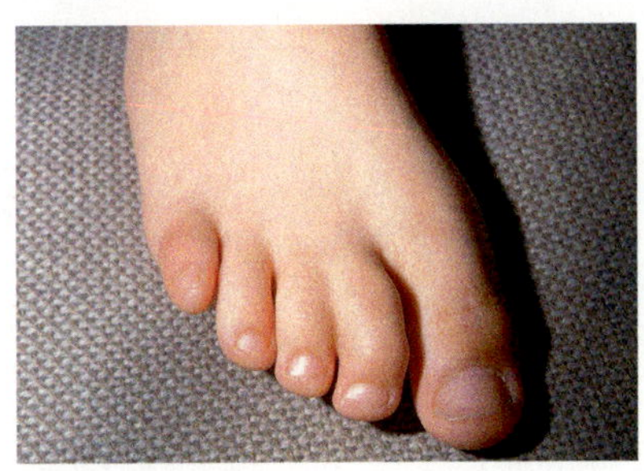

7 *Syndaktylie: Verwachsung menschlicher Zehen*

→ B Systemebenen, Kap. 1.6, B5, Kap. 3.4, Kap. 3.6

1.8 Exkurs: Chemische Bindung

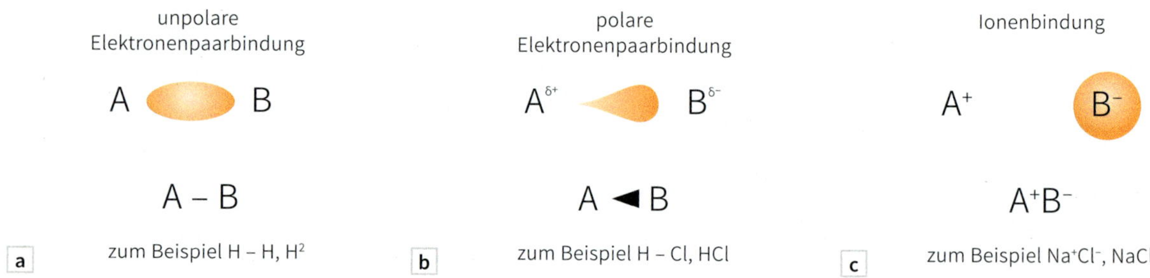

1 *Bindungstypen in Molekülen (a, b) und Ionenverbindungen (c)*

Die **Atome** aller chemischen Elemente bestehen aus einem Atomkern und einer Atomhülle. Der Atomkern ist positiv, die Atomhülle negativ geladen. Die Atomhülle enthält negativ geladene Elektronen, die eine kaum messbare Masse besitzen. Man kann sich die Atomhülle als eine Wolke aus negativen Ladungen vorstellen. Atome kommen in der Natur meistens als Bestandteile von **Verbindungen** vor. Dabei sind, wie beim Kohlenstoffdioxid (CO_2), mehrere Atome miteinander verbunden.

Zwischen Atomen können sich unterschiedliche Bindungstypen ausbilden: Verbinden sich Nichtmetallatome miteinander, vereinigen sich einige ihrer Elektronen zu gemeinsamen Elektronenpaaren. Diese Elektronenpaare bewirken die Bindung zwischen den Atomen. Es bildet sich ein **Molekül**. Eine solche Bindung wird als **Elektronenpaarbindung** oder auch Atombindung bezeichnet. Eine Elektronenpaarbindung wird als Strich zwischen zwei Atomsymbolen dargestellt (Abb. 1a). Modellhaft kann sich ein bindendes Elektronenpaar als negative Elektronenwolke vorgestellt werden, die sich zwischen den beiden Atomkernen befindet. Ziehen beide Atome die Bindungselektronen gleich stark an, ist die Ladungsverteilung symmetrisch.

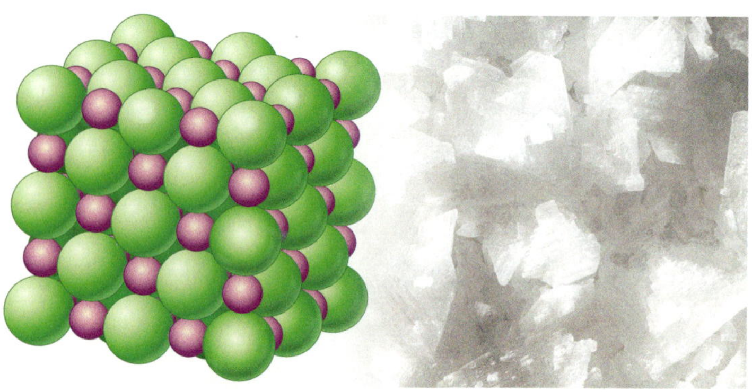

2 *Ionengitter und Salzkristalle*

Dies wird dann als unpolare Elektronenpaarbindung bezeichnet (Abb. 1a). Das entsprechende Molekül ist unpolar. Unpolare Elektronenpaarbindungen bilden sich zwischen gleichartigen Atomen aus.

Zieht eines der Atome die Bindungselektronen stärker an, wird die Ladungsverteilung im Molekül unsymmetrisch. Dies wird als polare Elektronenpaarbindung bezeichnet (Abb. 1b). Die Bindungselektronen verschieben sich zum stärker Elektronen anziehenden Atom, dem Atom mit der größeren Elektronegativität. Dadurch hat dieses Atom einen größeren Anteil der Bindungselektronen; es hat somit eine negative Teilladung. Diese wird mit δ^- (delta minus) gekennzeichnet. Entsprechend hat das andere Atom eine positive Teilladung (δ^+). Ist die Ladungsverteilung im gesamten Molekül nicht symmetrisch, so wird dies als Dipol bezeichnet. Eine polare Elektronenpaarbindung wird daher durch einen Keil gekennzeichnet. Polare Elektronenpaarbindungen bilden sich zwischen unterschiedlichen Atomen aus. So sind beispielsweise die Bindungen zwischen Kohlenstoff- und Sauerstoffatomen (O) oder Wasserstoff- (H) oder Chloratomen (Cl) polar.

Entsteht eine Verbindung aus Nichtmetallatomen und Metallatomen, bilden sich **Ionen**. Nichtmetallatome ziehen Elektronen viel stärker an als Metallatome. Es bildet sich somit kein gemeinsames Elektronenpaar aus, sondern das Nichtmetallatom nimmt Elektronen des Metallatoms auf. Dadurch entsteht aus dem Nichtmetallatom ein negativ geladenes Ion und aus dem Metallatom ein positiv geladenes Ion (Abb. 1c). Die unterschiedlich geladenen Ionen ziehen sich gegenseitig stark an. Diese Anziehung wird als **Ionenbindung** bezeichnet. Salze sind Ionenverbindungen. Sie bilden Kristalle, in denen sich die unterschiedlich geladenen Ionen abwechselnd anordnen. So bildet sich ein räumliches Ionengitter (Abb. 2).

→ Kap. 1.9, Kap. 1.10, Kap. 2.2

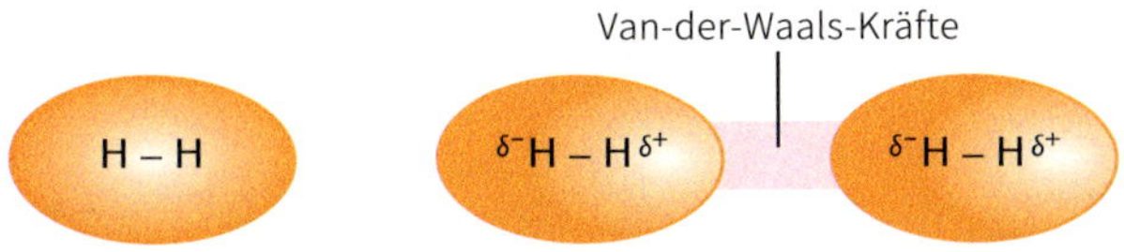

3 *Ausbildung von Van-der-Waals-Kräften zwischen zwei Molekülen*

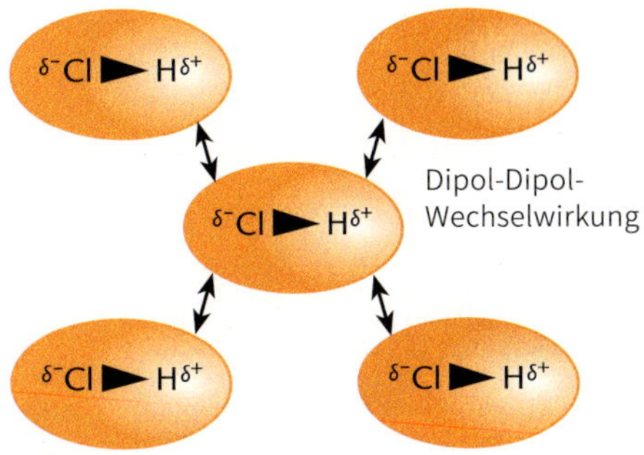

4 *Dipol-Dipol-Wechselwirkungen*

Auch zwischen unpolaren Molekülen wirken schwache Anziehungskräfte, die **Van-der-Waals-Kräfte** (Abb. 3). Wenn sich zwei Moleküle nähern, verschieben sich kurzzeitig die Bindungselektronen in den Molekülen. Die Ladungsverteilung wird unsymmetrisch. Es entsteht zeitweilig ein Dipol. Diese Dipole ziehen sich gegenseitig an. Je größer die Moleküle und damit ihre Berührungsflächen miteinander sind, desto stärker sind die Van-der-Waals-Kräfte. Zwischen Dipolmolekülen bilden sich außerdem **Dipol-Dipol-Wechselwirkungen** aus (Abb. 4). Diese beruhen auf der gegenseitigen Anziehung der ungleichen Teilladungen der polaren Moleküle. Dipol-Dipol-Wechselwirkungen sind stärker als Van-der-Waals-Kräfte.

Wenn in einem Molekül eine polare Elektronenpaarbindung zu einem Wasserstoffatom vorliegt und ein weiteres Molekül mit Sauerstoffatomen oder Stickstoffatomen dazukommt, können sich zwischen den Molekülen **Wasserstoffbrücken** ausbilden (Abb. 5). Wasserstoffbrücken sind stärker als Van-der-Waals-Kräfte und Dipol-Dipol-Wechselwirkungen.

Die bei weitem stärksten Anziehungskräfte sind aber die Anziehungskräfte zwischen verschieden geladenen Ionen (Abb. 7). Die besonderen Eigenschaften des Wassers lassen sich mit Wasserstoffbrücken erklären. Wenn Wasser gefriert, ordnen sich die Wassermoleküle so regelmäßig an, dass sich zwischen ihnen besonders gut Wasserstoffbrücken ausbilden können (Abb. 6). Dabei entfernen sich die Wassermoleküle etwas voneinander und die Dichte des Eises wird etwas geringer als die des flüssigen Wassers.

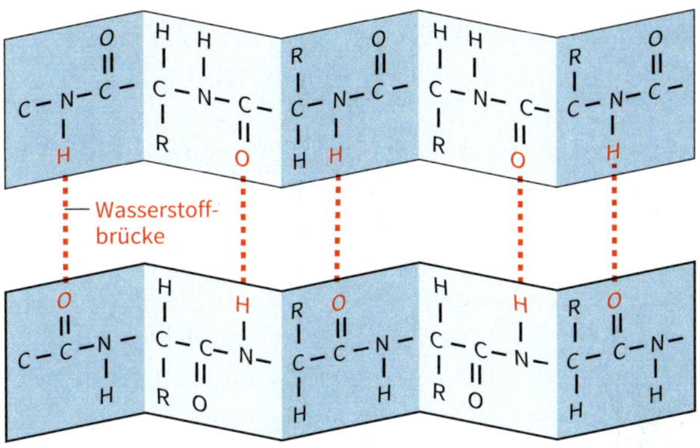

5 *Wasserstoffbrücken*

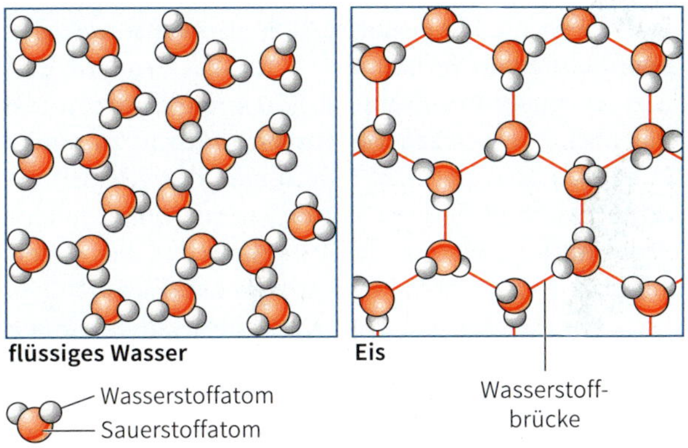

6 *Anordnung der Wassermoleküle in Wasser und Eis*

Teilchensorte	unpolare Moleküle	polare Moleküle	Ionen
Bindungstyp	reine Elektronenpaarbindung	polare Elektronenpaarbindung	Ionenbindung
zwischenmolekulare Kräfte	Van-der-Waals-Kräfte	Van-der-Waals-Kräfte (1) Dipol-Dipol-Wechselwirkungen (2) Wasserstoffbrücke (3)	ionische Wechselwirkungen
Stärke der zwischenmolekularen Kräfte	schwach	schwach (1), mittel (2), stark (3)	sehr stark

7 *Bindungen, Teilchensorten und zwischenmolekulare Kräfte*

→ Kap. 1.9, Kap. 1.10, Kap. 2.2

1.9 Wasser

1 *Wasserläufer*

2 *Schwimmender Eisberg*

Wasser ist die Grundlage des Lebens auf der Erde. Das Wasser ist unverzichtbar für den Ablauf biologischer Lebensvorgänge als Reaktionspartner, als Lösungsmittel und als Transportmittel. Aufgrund seiner ungewöhnlichen Eigenschaften können sich zum Beispiel Wasserläufer auf der Wasseroberfläche bewegen, ohne unterzugehen (Abb. 1). Genauso eindrucksvoll ist ein schwimmender Eisberg, der nur teilweise aus dem Wasser ragt (Abb. 2). Diese Phänomene basieren auf der Struktur des Wassermoleküls.

Ein Wassermolekül besteht aus Wasserstoff- und Sauerstoffatomen im Verhältnis 2 : 1. Im Wassermolekül ist ein Sauerstoffatom mit zwei Wasserstoffatomen fest über jeweils eine **Elektronenpaarbindung** zu einem H_2O-Molekül verbunden. Die bindenden Elektronen verteilen sich nicht gleichmäßig, sondern halten sich aufgrund der höheren Elektronegativität des Sauerstoffs bevorzugt am Sauerstoffatom auf. Es entstehen polare Bindungen. Da das Wassermolekül gewinkelt gebaut ist, entstehen im Molekül unterschiedlich geladene Pole beziehungsweise Ladungsschwerpunkte. Das Wassermolekül ist ein Dipolmolekül (Abb. 3a). Es handelt sich hier nicht um echte Ladungen, sondern um Teilladungen, die mit δ^+ und δ^- gekennzeichnet werden.

Beim flüssigen und festen Wasser gibt es schwache Anziehungskräfte zwischen den Molekülen. Diese werden als zwischenmolekulare Wechselwirkungen bezeichnet. Sie kommen dadurch zu Stande, dass sich die positiven und negativen Ladungsschwerpunkte der jeweiligen Moleküle anziehen (Abb. 3b). Zwischen den Sauerstoff- und Wasserstoffatomen unterschiedlicher Moleküle ist diese Anziehung sehr stark. Es bilden sich zwischen den partiell negativ geladenen Sauerstoffatomen eines Wassermoleküls zusätzliche **Wasserstoffbrücken** zu den partiell positiv geladenen Wasserstoffatomen eines benachbarten Wassermoleküls aus. Dadurch werden viele Wassermoleküle untereinander vernetzt. Der Zusammenhalt der Wassermoleküle bewirkt, dass Wasserläufer sich auf der Wasseroberfläche bewegen können.

Ähnlich lässt sich der schwimmende Eisberg auf dem Wasser erklären. Im flüssigen Zustand bewegen sich die Wassermoleküle aneinander vorbei. Gefriert das flüssige Wasser, ordnen sich die Moleküle aufgrund der Wasserstoffbrücken regelmäßig an und benötigen mehr Raum. Da die Dichte von Eis geringer als die des flüssigen Wassers ist, schwimmen Eisberge auf dem Wasser. Im Unterschied zum Wasser nimmt die Dichte der meisten Stoffe mit abnehmender Temperatur zu. Diese Eigenschaft des Wassers wird als **Dichteanomalie** bezeichnet.

Aufgrund der Polarität der Wassermoleküle lösen sich manche Stoffe besser in Wasser als andere. Stoffe, die sich gut in Wasser lösen werden als **hydrophil** (griech. *hydro:* Wasser; griech. *philos:* liebend), also wasseranziehend, bezeichnet. Hydrophile Stoffe sind meist Substanzen mit polaren Eigenschaften oder Salze, die als Ionenverbindung vorliegen. Wird beispielsweise Kochsalz in einen Topf Wasser gegeben, bilden die Wassermoleküle um die frei beweglichen Ionen des Salzes jeweils eine **Hydrathülle** (Abb. 3c). Stoffe, die sich in Wasser nicht lösen, werden **hydrophob** (griech. *phobos:* Furcht), also wassermeidend, genannt. Viele hydrophobe Stoffe haben unpolare Eigenschaften wie beispielsweise Lipide.

→ Kap. 1.8, Kap. 1.10

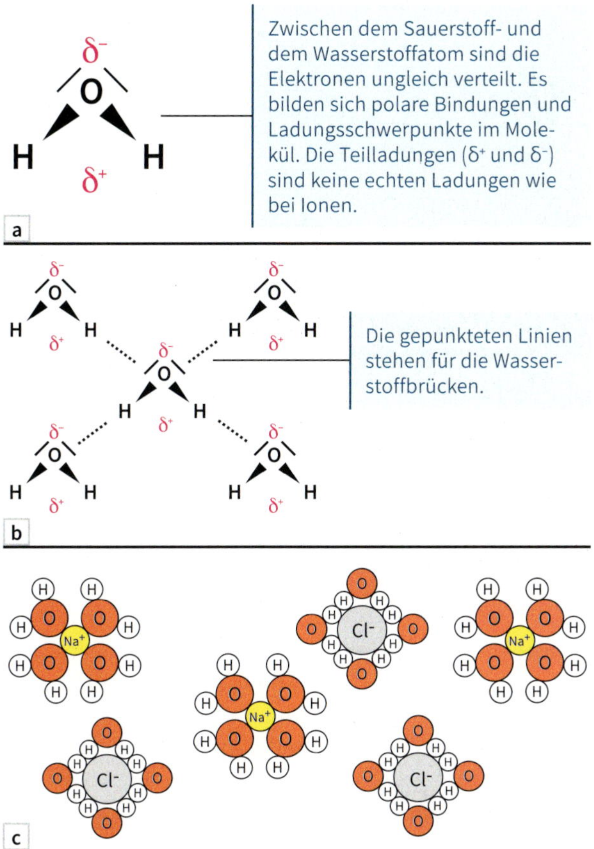

3 *a) Das Wassermolekül ist ein Dipolmolekül, b) Wasserstoffbrücken, c) Hydrathülle der Ionen in einer Natriumchloridlösung*

4 *Wasser in einem vollen Wasserglas*

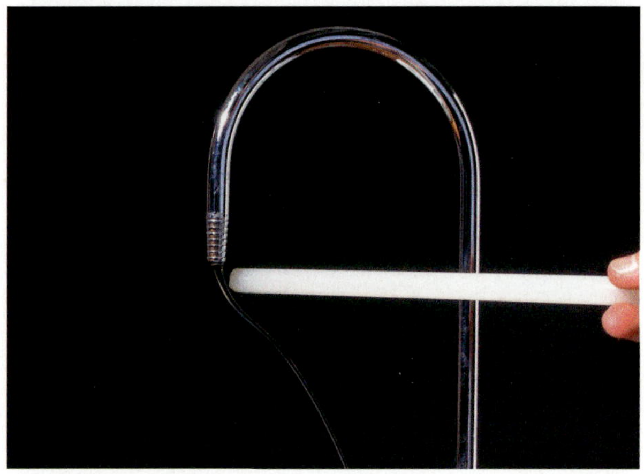

5 *Experiment mit einem Wasserstrahl*

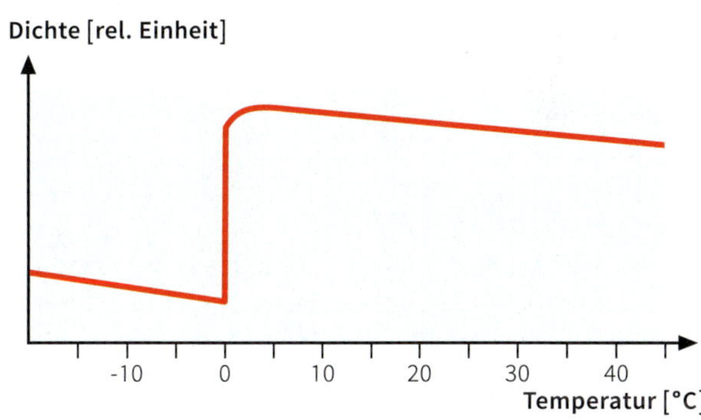

6 *Diagramm zur Dichteanomalie des Wassers*

1. Alltagsphänomene des Wassers. Erläutern Sie das Phänomen in Abbildung 4 anhand von Abbildung 3.

2. Wasser im Experiment. Abbildung 5 zeigt ein Experiment mit einem Wasserstrahl. Dazu wird ein Kunststoffstab durch Reibung an einem Fell oder Pullover negativ aufgeladen und in die Nähe des Wasserstrahls gehalten.
a) Beschreiben Sie die Beobachtungen.
b) Deuten Sie diese Beobachtungen unter Einbezug einer Skizze auf der Teilchenebene.
c) Stellen Sie eine Hypothese auf, was zu erwarten ist, wenn anstatt des negativ geladenen Kunststoffstabs ein positiv aufgeladener Glasstab verwendet wird.

3. Dichteanomalie des Wassers. Die Dichteanomalie des Wassers ist für viele Lebewesen von großer Bedeutung. Bei niedrigen Temperaturen bildet sich zum Beispiel eine Eisschicht nur an der Oberfläche eines Sees. Der See friert daher nicht komplett durch, sodass die Fische bei etwa 4 °C im flüssigen Wasser am Grunde des Sees überleben können. Erläutern Sie das Phänomen mithilfe des Diagrammes in Abbildung 6.

→ Kap. 1.8, Kap. 1.10

1.10 Biologisch bedeutsame Stoffe: Lipide

1 *Otter fetten ihr Fell ein*

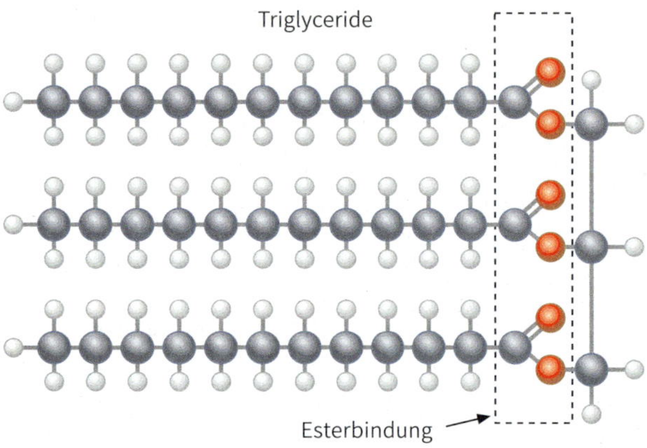

2 *Fettmolekül*

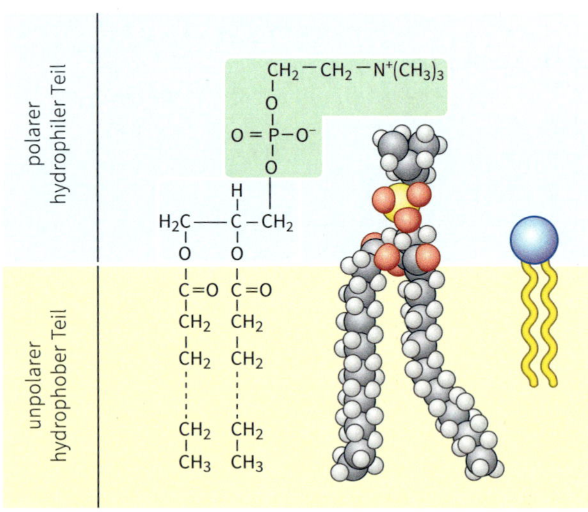

3 *Verschiedene Darstellungen eines Phospholipidmoleküls a) Strukturformel, b)Kalottenmodell, c) Strukturmodell*

Auch wenn Otter viel Zeit im Wasser verbringen, ihr Fell wird nicht richtig nass. Möglich macht das eine dünne wasserabweisende Fettschicht, die die Tiere regelmäßig auf ihr Fell auftragen.

Lipide sind eine vielfältige Gruppe unterschiedlich aufgebauter Naturstoffe. Alle Lipide sind hydrophob, das heißt wassermeidend. Man kann auch sagen, sie sind **lipophil**, das heißt fettliebend. Lipide lassen sich nicht in Wasser lösen, und auf Lipidschichten bildet Wasser Tropfen, da es die Lipidoberfläche nicht benetzen kann.

Im engeren Sinne versteht man unter Lipiden **Fette**. Fettmoleküle entstehen, wenn ein Glycerinmolekül mit drei Fettsäuremolekülen durch eine Veresterung verknüpft wird (Abb. 2). Fettsäuremoleküle sind Carbonsäuremoleküle mit langen Kohlenwasserstoffresten. Hydrophobe Moleküle weisen überwiegend unpolare Atomgruppen aus Kohlenstoff- und Wasserstoffatomen auf.

Bei den Molekülen der **Phospholipide** ist ein unpolarer Fettsäurerest durch eine polare Phosphorsäuregruppe ersetzt. An diese Phosphorsäuregruppe bindet ein weiteres Molekül. Phospholipidmoleküle enthalten einen polaren und einen unpolaren Molekülteil. Das bestimmt ihr Verhalten in wässrigen Lösungen. Die polaren Molekülteile richten sich zu ebenfalls polaren Wassermolekülen aus. Zwischen ihnen und den Wassermolekülen können sich Dipol-Dipol-Wechselwirkungen und Wasserstoffbrücken ausbilden. Die unpolaren Molekülteile ordnen sich so an, dass sie keinen Kontakt mit Wassermolekülen haben und sich zwischen ihnen Van-der-Waals-Kräfte ausbilden können.

→ Kap. 1.8, Kap. 1.9, B1

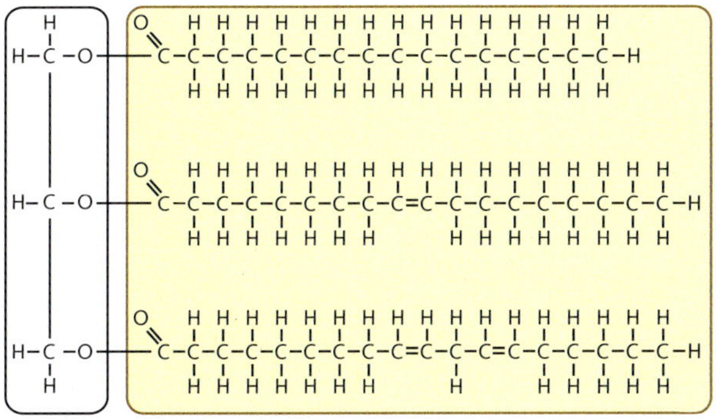

4 *Strukturformel eines Fettmoleküls*

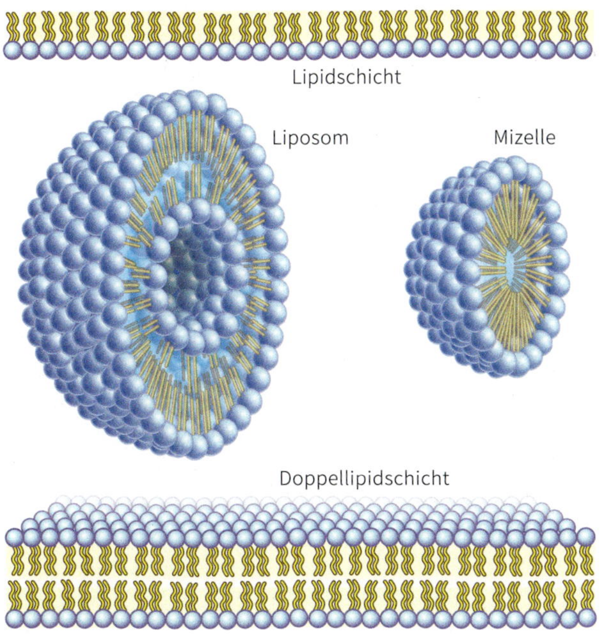

5 *Phospholipide in Wasser*

1. Fettmoleküle und Phospholipidmoleküle.

a) Beschreiben Sie den Aufbau des in Abbildung 4 dargestellten Fettmoleküls. Vergleichen Sie diesen Aufbau mit dem des Fettmoleküls in Abbildung 2.

b) Begründen Sie die unterschiedlichen Eigenschaften von Fetten und Phospholipiden unter Berücksichtigung des Molekülbaus.

2. Phospholipide in Wasser. Gibt man Phospholipide in Wasser, können die Phospholipidmoleküle sich, abhängig davon, ob man umrührt oder nicht, auf ganz unterschiedliche Weise anordnen (Abb. 5). Beschreiben Sie diese Strukturen. Begründen Sie deren Entstehung.

PRAXIS

Frage
Eignet sich Fett als Lösungsmittel?

Materialien
Elekrische Heizplatte, Reibe, Becherglas, Reagenzgläser, Stopfen, Rührstab, Pipetten, Möhren, Paprikapulver, verschiedene farbige Getränke, carotinhaltige Limonade, Wasser, möglichst farbloses Speiseöl

Durchführung
1. Geben Sie in ein Reagenzglas etwa zwei Zentimeter hoch Wasser, das gleiche Volumen Speiseöl und einige Tropfen blaue Tinte. Verschließen Sie das Reagenzglas mit einem Stopfen und schütteln Sie es kräftig.
2. Raspeln Sie eine kleine Portion Möhren und geben Sie die Stückchen in ein Becherglas mit etwas Wasser. Geben Sie wenige Tropfen Öl dazu und kochen Sie unter ständigem Rühren einige Minuten auf.
3. Geben Sie in zwei Reagenzgläser Paprikapulver. Geben Sie anschließend in eines der Reagenzgläser Speiseöl und in das andere einige Milliliter Wasser. Verschließen Sie das Reagenzglas mit einem Stopfen und schütteln Sie es.
4. Geben Sie in ein Reagenzglas etwa zwei Zentimeter hoch carotinhaltige Limonade und in das andere Reagenzglas andere farbige Getränke. Geben Sie etwa das gleiche Volumen an Speiseöl dazu, verschließen Sie die Gläser mit Stopfen und schütteln Sie diese kräftig.
5. Reiben Sie eine Arbeitsfläche mit etwas Speiseöl dünn ein. Geben Sie auf eine eingeriebene und auf eine nicht eingeriebene Stelle der Arbeitsfläche mit einer Pipette kleine Wassertropfen. Zur besseren Sichtbarkeit kann das Wasser mit Tinte angefärbt werden.

Nach allen Experimenten müssen die Ansätze einige Minuten ruhig stehen bleiben.

Auswertung
Protokollieren Sie zu jedem der fünf Teilversuche Ihre Versuchsbeobachtungen. Deuten Sie die Beobachtungen.

Entsorgung
Die Reste werden in den Ausguss gegeben.

6 *Versuche mit Fetten*

→ Kap. 1.8, Kap. 1.9, B1

1.11 Geschichte der Zellmembranforschung

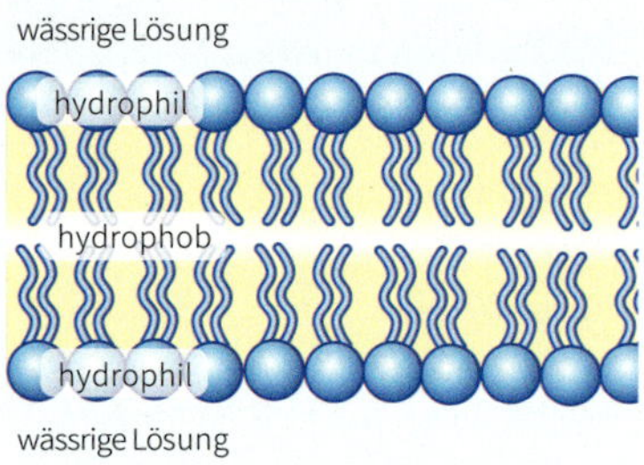

Die Phospholipid-Doppelschicht bildet eine Abgrenzung zwischen zwei wässrigen Kompartimenten. Die hydrophilen Teile der Moleküle sind zum Wasser hin ausgerichtet und schirmen die hydrophoben Teile ab.

1 *Modell Phospholipid-Doppelschicht, 1925*

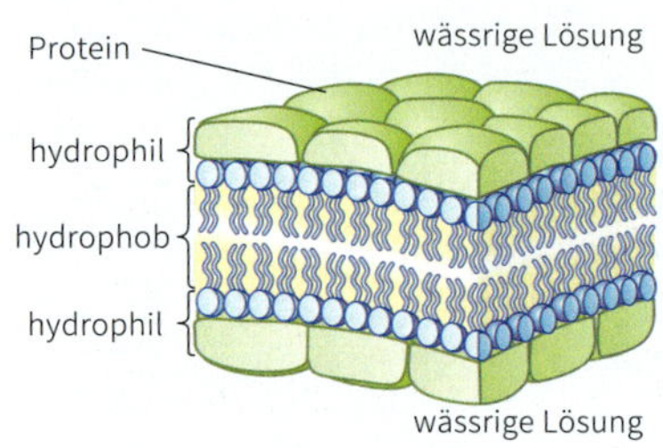

Aufgrund der besseren Haftung von Wasser wurde vermutet, dass die Phospholipid-Doppelschicht zwischen zwei Proteinschichten liegt.

2 *Sandwich-Modell, 1935*

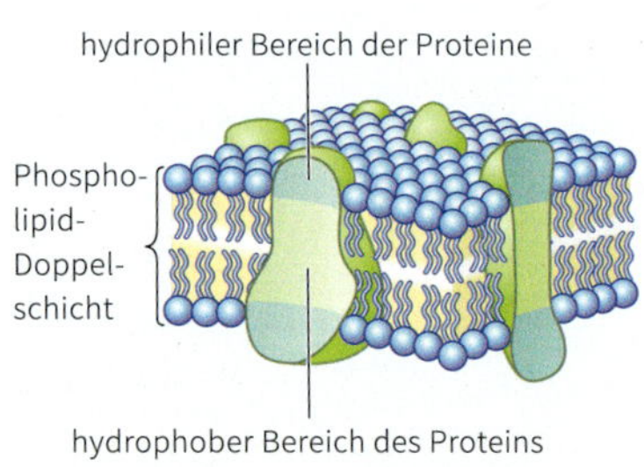

In die Phospholipid-Doppelschicht sind Proteine eingelagert. Sowohl die Proteine als auch die Phospholipide sind frei beweglich.

3 *Flüssig-Mosaik-Modell, 1972*

Charles Overton machte 1896 die Beobachtung, dass fettlösliche, lipophile Substanzen deutlich leichter aus der Umgebung in Zellen eindringen können, als fettunlösliche, lipophobe Stoffe. Er vermutete, dass Membranen aus Lipiden bestehen müssten. Irving Langmuir fand 1917 heraus, dass sich Phospholipid-Moleküle einschichtig auf dem Wasser anordnen. Die hydrophilen Köpfe tauchen dabei in das Wasser ein, die hydrophoben Reste weisen in die Luft. Dies erklärt jedoch nicht, weshalb Membranen oft auf beiden Seiten von Wasser umgeben sind.

Membranen bilden eine Abgrenzung zwischen zwei wässrigen Kompartimenten. 1925 maßen Gorter und Grendel den Phospholipidgehalt von Membranen roter Blutzellen und stellten fest, dass dieser gerade ausreichte, um die Zellen mit zwei Molekülschichten zu umgeben. Sie nahmen an, dass Zellmembranen Phospholipid-Doppelschichten sind, in denen die hydrophoben Molekülteile der Phospholipide durch die Molekülanordnung gegen das Wasser abgeschirmt sind, während die hydrophilen Bereiche zum Wasser hin ausgerichtet sind (Abb.1). Dabei blieb aber die Frage offen, wie die Proteine in diese Struktur integriert sind.

Davson und Danielli beobachteten, dass Wasser besser auf der Membranoberfläche haftet, als auf einer reinen Phospholipid-Doppelschicht. Sie erklärten dieses Phänomen 1935 mit einer Modellvorstellung, bei der die Membran auf beiden Seiten von Proteinen bedeckt ist. Nach diesem Modell war die Membran wie ein Sandwich gebaut (Abb. 2). Erst in den fünfziger Jahren des vergangenen Jahrhunderts konnte man Membranen im Elektronenmikroskop sichtbar machen. Die Aufnahmen ließen drei Schichten erkennen (Abb. 2). Das Modell von Davson und Danelli galt als bestätigt. Zwei Probleme konnte es jedoch nicht erklären. Die Dicke der Zellmembran und der Lipid- und Proteingehalt waren in unterschiedlichen Zellkompartimenten nicht gleich. Fortschritte in der Erforschung der Zellmembran zeigten, dass auch sie hydrophobe und hydrophile Bereiche besitzen. Demnach war eine Anordnung der Membranproteine als durchgehende Schicht auf der Phospholipid-Doppelschicht nicht möglich, denn dann befänden sich nicht nur ihre hydrophilen, sondern auch ihre hydrophoben Bereiche in einer wässrigen Lösung.

Singer und Nicolson stellten 1972 ein modifiziertes Membranmodell vor, das den Namen **Flüssig-Mosaik-Modell** (Abb. 3) bekam. Die Membranproteine sind in diesem Modell in die Phospholipid-Doppelschicht eingelagert. Nur die hydrophilen Bereiche ragen in die wässrige Umgebung. Die hydrophoben Bereiche befinden sich in der Umgebung der hydrophoben Membranteile, in denen sie frei beweglich sind. Es entsteht ein veränderliches Mosaik. Die Beweglichkeit der Membranproteine bestätigten Frye und Edidin in einem Experiment bereits 1970 (Abb. 5).

Das Flüssig-Mosaik-Modell gilt inzwischen nur noch mit Einschränkungen. Zellmembranen besitzen Bereiche, in denen keine freie Beweglichkeit der Bestandteile möglich ist. Ankerproteine z.B. bilden in der Zellmembran durch Verbindungen mit dem Cytoskelett, oder in Bereichen mit Zell-Zell-Kontakten, geordnete und stabile Strukturen (Abb. 4).

→ Kap. 1.10, Kap. 1.12, B1, Kap. 2.2

ERKENNTNISGEWINNUNG NACHVOLLZIEHEN

Frage
Sind Membranproteine innerhalb der Phospholipid-Doppelschicht frei beweglich?

Durchführung

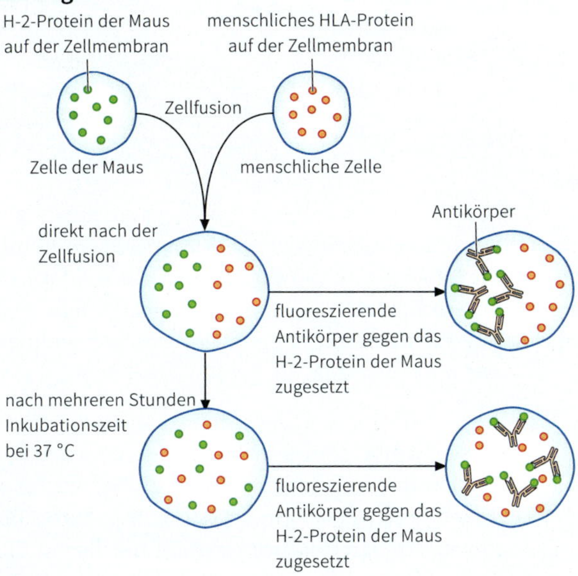

Ergebnisse

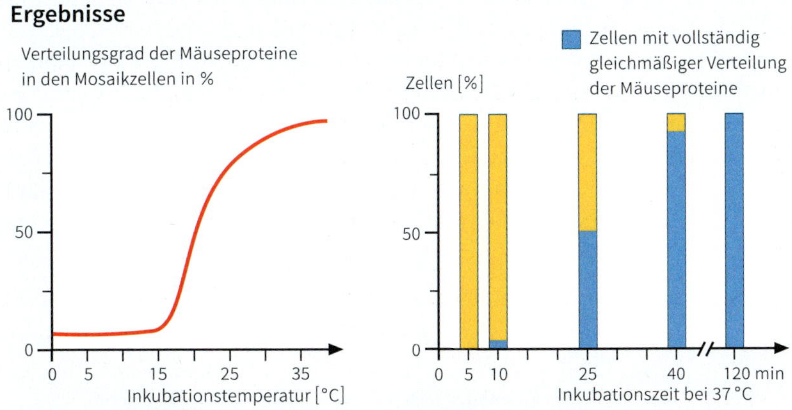

Aus der Publikation von Frye und Edidin, 1970:

"The surface of membranes of animal cells rapidly change shape as the cells move, form pseudopods, or ingest materials from their environment. These rapid changes in shape suggest that the plasma membrane itself is fluid, rather than rigid in character, and that at least some of its component macromolecules are free to move relative to one another within the fluid. We have attempted to demonstrate such freedom of movement using specific antigen markers of 2 unlike cell surfaces."

4 *Frye-Edidin-Experiment*

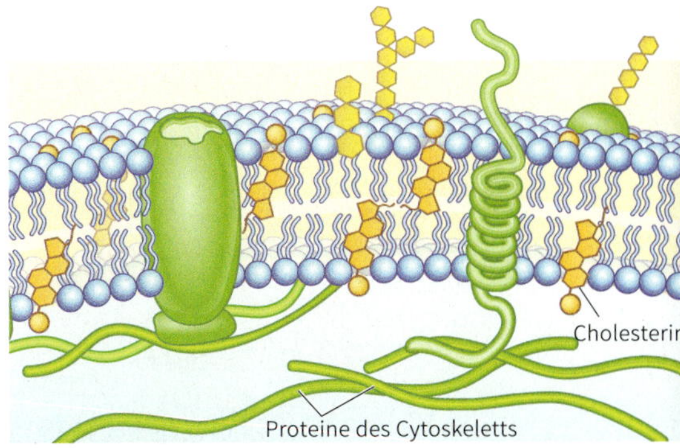

5 *Erweitertes Flüssig-Mosaik-Modell*

1. Entwicklung und Aussagekraft von Modellen.

a) Skizzieren Sie die Anordnung von Phospholipiden auf einer Wasseroberfläche und auf einer Öloberfläche. Erklären Sie ihre Skizzen.

b) Archaeen sind kleine einzellige Mikroorganismen und gehören zu den Prokaryoten. Die Membranlipide der Archaeen bestehen aus langkettigen Molekülen die an beiden Enden ihres unpolaren Teils je einen polaren Kopf tragen. Begründen Sie, weshalb sich diese Membranlipide als Membranlipide bei Archaeen eignen.

c) Beschreiben Sie die Membranmodelle in den Abbildungen 1 bis 3 sowie das erweiterte Flüssig-Mosaik-Modell in Abbildung 5.

d) Erläutern Sie den Erkenntniszuwachs innerhalb der Membranmodelle in den Abbildungen 1 bis 3 und dem erweiterten Flüssig-Mosaik-Modell in Abbildung 5.

2. Das Frye-Edidin-Experiment.

Menschliche Zellen wurden mit Zellen von Mäusen vereint (Abb. 4). Durch die Fusion entstanden Mosaikzellen, deren Membranen H-2-Membranproteine der Maus und menschliche HLA-Proteine enthielten. Die H-2-Membranproteine der Mauszellen wurden mit fluoreszierenden Antikörpern markiert. Werten Sie die Versuchsergebnisse aus.

→ Kap. 1.2, Kap. 1.10, Kap. 1.12, B1, Kap. 2.2

1.12 Struktur und Funktion der Zellmembran

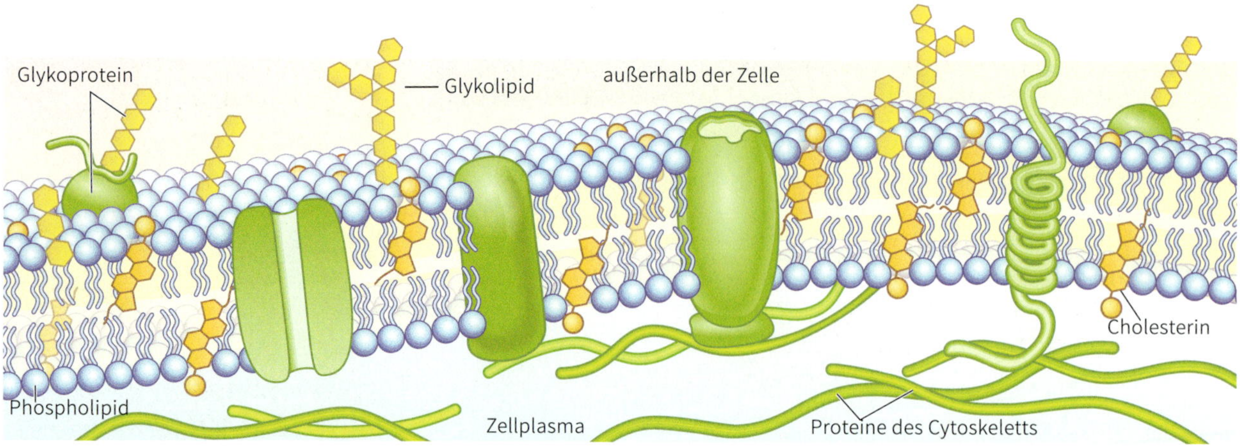

1 *Bau der Zellmembran nach dem erweiterten Flüssig-Mosaik-Modell*

Die Basis jeder Zellmembran bildet eine Doppelschicht aus Phospholipiden. Jedes Molekül besitzt einen hydrophilen und einen hydrophoben Teil. Nach dem Flüssig-Mosaik-Modell sind Membranproteine in der Phospholipid-Doppelschicht mosaikartig verteilt. Sie sind in der Membran beweglich. Das Flüssig-Mosaik-Modell beschreibt Membranen nicht als starre, sondern als dynamische Strukturen. Eine Erweiterung dieses Modells berücksichtigt stabile Bereiche der Zellmembran mit bestimmten Proteinen, beispielsweise als Bestandteil des Cytoskeletts (Abb. 1).

Aufgrund der Anordnung der Phosholipide in der Zellmembran als Doppelschicht gewährleisten Membranen eine Kompartimentierung (Abb. 2a). Zudem sind Membranen selektiv permeabel, wodurch der Stofftransport kontrolliert wird. Tunnelproteine durchziehen die Membran. Sie ermöglichen Transportvorgänge für einige Substanzen, die aufgrund ihrer Ladung oder Größe eine Phospholipid-Membran sonst nicht passieren könnten (Abb. 2b). Andere Membranproteine weisen eine spezifische Bindungsstelle für ein Signalmolekül auf, welche der Zellkommunikation dient. Dabei wird ein extrazelluläres Signal in ein intrazelluläres Signal umgewandelt. Es erfolgt eine Signaltransduktion (Abb. 2c).

Viele Membranproteine sind zudem an der Regulation bestimmter Enzymaktivitäten beteiligt, die für verschiedenen Stoffwechselprozesse wichtig sind (Abb. 2d). Es gibt auch Membranproteine, die mit Bestandteilen des Cytoskeletts verbunden sind. Diese durchziehen als fädige Gebilde das Zellplasma und tragen dazu bei, dass bestimmte Membranproteine an ihrem Platz bleiben und so die Stabilität der Zelle unterstützen (Abb. 2e). Manche Membranproteine sind sogenannte Glykoproteine, deren Kohlenhydratanteile aus der Zelloberfläche herausragen. Sie ermöglichen die Erkennung von Zellen untereinander sowie das Zusammengehen von Zellen zu Geweben (Abb. 2f).

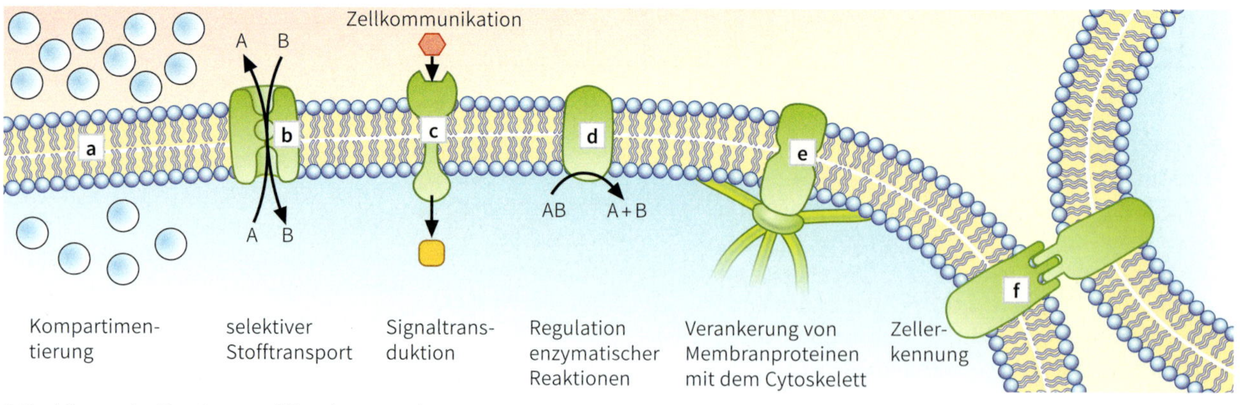

2 *Funktionen der Membran und Membranproteinen*

→ Kap. 1.10, Kap. 1.11, Kap. 1.17, B1, B3

Bestandteil	Kategorie	Funktion	Beispiel
Phospholipid-Doppelschicht	Phospholipid-Moleküle	verhindert das Hindurchtreten wasserlöslicher Moleküle	Die Phospholipid-Doppelschicht ist für größere wasserlösliche Moleküle, wie beispielsweise Glucose undurchlässig.
Membran-proteine	Carrierproteine	transportieren aktiv oder passiv Moleküle durch Membranen	Carrier für den Transport von Zuckermolekülen; Natrium-/Kalium-Pumpe
	Tunnelproteine	transportieren passiv Moleküle durch die Membran	Na^+- und K^+-Ionenkanäle in Nervenzellen
	Rezeptoren	Signaltransduktion: Signalmoleküle binden an ein Rezeptorprotein an der Zelloberfläche. Dies beeinflusst den Teil des Rezeptorproteins im Zellinneren und verursacht spezifische Aktivitäten.	Hormone und Neurotransmitter werden über diese Rezeptoren an die Zellmembran gebunden.
Ankerproteine	Strukturproteine	bestimmen die Form und Gestalt der Zelle, verankern die Membran mit dem Cytoskelett im Zellplasma	gleichartiger Bau aller roten Blutzellen
Zelloberflächenmarker	Glykoproteine	Zellerkennung, Zusammentreten von Zellen zu Geweben	Merkmale von Zellen, die vom Immunsystem als körperfremd und körpereigen erkannt werden.

3 *Bestandteile der Zellmembran und ihre Funktion*

1. Struktur und Funktion von Zellmembranen.

a) Beschreiben Sie anhand der Abbildung 1 den Bau einer Zellmembran.

b) Ordnen Sie den Funktionen, die in Abbildung 3 sowie im Grundwissentext aufgeführt sind, die passenden Strukturen in Abbildung 1 zu.

c) Erläutern Sie anhand der Abbildungen 1 bis 3 das erweiterte Flüssig-Mosaik-Modell.

2. Zellkommunikation in einem Organismus

a) Erläutern Sie die Abbildung 4.

b) Die Evolution von Einzellern zu Vielzellern war ein bedeutsamer Schritt. Vielzeller haben verschiedene spezialisierte Zellen und Gewebe, die arbeitsteilig zusammenarbeiten. Erläutern Sie vor diesem Hintergrund die Bedeutung der Zellkommunikation für die Evolution vielzelliger Organismen.

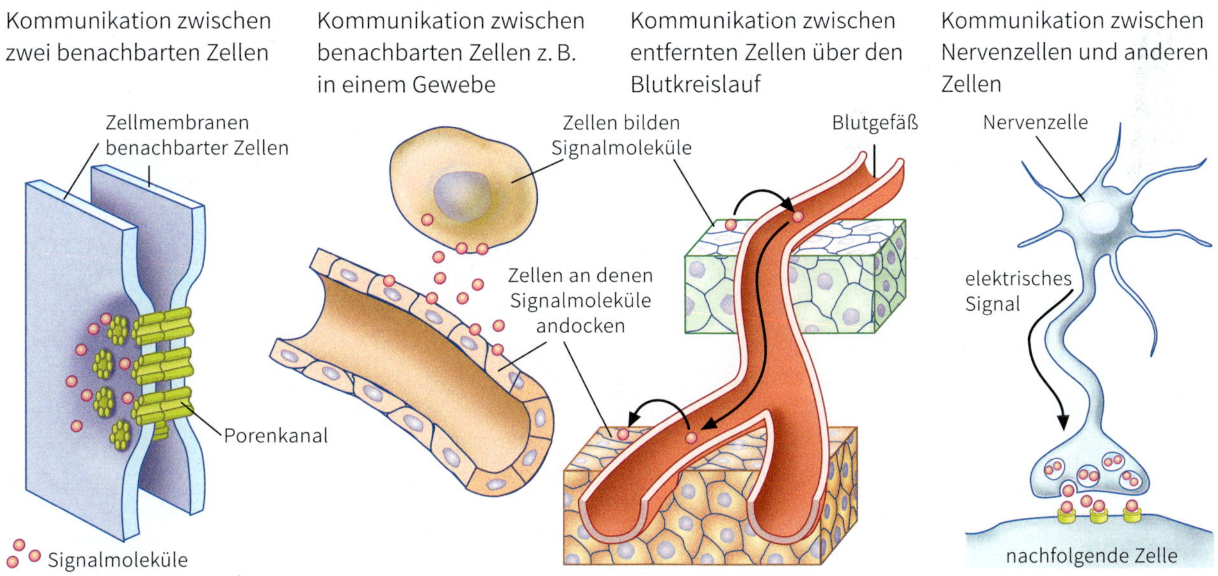

4 *Formen der Kommunikation von Zellen in einem Organismus*

→ B Systemebenen, Kap. 1.10, Kap. 1.11, Kap. 1.17, B1, B3, B5

Methode M4 Nachweis von Lipiden und Proteinen in Biomembranen

1 *Rote Bete*

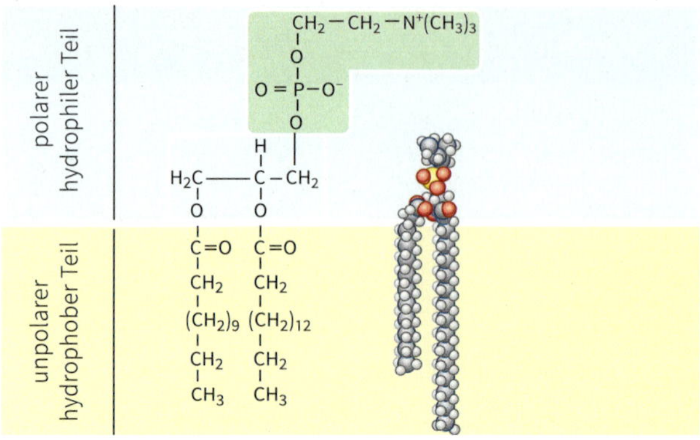

2 *Strukturformel von Lecithin*

Die Rote Bete ist eine Pflanze, die eine Blattrosette sowie eine rundgeformte Rübe ausbildet. Bekannt ist sie für ihre leuchtend dunkelrote Farbe. Die auffällige Farbe beruht hauptsächlich auf der hohen Konzentration des Farbstoffs Betanin, der in der Vakuole der Pflanzenzelle gespeichert ist. Er wurde früher zum Färben von Stoffen genutzt und wird auch heute noch unter anderem zur Färbung von Lebensmitteln eingesetzt. Werden die Membranen der Rote Bete-Zellen zerstört, tritt der Zellsaft mit dem Farbstoff aus.

PRAXIS – NACHWEIS VON LIPIDEN ALS BESTANDTEIL VOM BIOMEMBRANEN

Frage
Sind Lipide ein Bestandteil der Biomembran?

Hypothese
Lipide sind ein Bestandteil der Biomembran. Wird die Biomembran mit fettlöslichen Substanzen in Berührung gebracht, werden die Lipide aus der Biomembran gelöst und der Zellsaft tritt aus der Zelle aus.

Material
1 Becherglas, 5 Reagenzgläser mit Stopfen, 4 Messpipetten (5 ml), Reagenzglasständer, Küchenmesser, Küchenbrett

Chemikalien
Leitungswasser, farbloses Spülmittel (1:1 mit Wasser verdünnt), Essigessenz (1:2 mit Wasser verdünnt), Speiseöl

Biologischer Arbeitsstoff
Rote Bete; alternativ Rotkohl

Durchführung
Schneiden Sie die Rote Bete in feine, gleich große Streifen und geben Sie die Streifen in ein mit Wasser gefülltes Becherglas. Schütteln Sie das Becherglas für 5 Minuten um den, aus den angeschnittenen Zellen austretenden Farbstoff abzuwaschen. Füllen Sie fünf Reagenzgläser nach folgendem Schema:

Reagenzglas-Nr.	Inhalt
1	5 ml Wasser, 1 Streifen Rote Bete
2	5 ml Spülmittel, 1 Streifen Rote Bete
3	4 ml Wasser, 1 ml Öl
4	4 ml Spülmittel, 1 ml Öl
5	4 ml Essigessenz, 1 ml Öl

Verschließen Sie die Reagenzgläser mit den Stopfen und schütteln Sie sie.

Auswertung
a) Protokollieren Sie Ihre Ergebnisse.
b) Erläutern Sie, welcher der Ansätze den Kontrollversuch darstellt.
c) Deuten Sie Ihre Ergebnisse

Entsorgung
Die Lösungen werden in den Ausguss gegeben, die Rote Bete im Müll entsorgt.

→ M2, Kap. 1.9, Kap. 1.10, Kap. 1.11, Kap. 1.14, B1, M9

PRAXIS – VERHALTEN VON LIPIDEN UND LECITHIN IN WASSER

Lecithin ist ein Phospholipid und Bestandteil der Biomembranen von Tieren und Pflanzen (Abb. 2). Das Molekül weist sowohl polare also hydrophile wie auch unpolare Teile also hydrophobe Bereiche auf.

Frage
Wie verhalten sich Fette und Lecithin in Wasser?

Material
2 Petrischalen, 2 Tropfpipetten

Chemikalien
Wasser, Speiseöl, flüssiges Lecithin, Zimtpulver

Durchführung
Füllen Sie die Petrischalen mit Wasser und streuen Sie das Zimtpulver gleichmäßig auf die Wasseroberfläche. Geben Sie in die eine Petrischale einen Tropfen Speiseöl und in die andere Petrischale einen Tropfen Lecithin.

Auswertung
a) Protokollieren Sie Ihre Beobachtungen.
b) Vergleichen Sie den Aufbau eines Lecithinmoleküls mit dem eines Lipidmoleküls (Abb. 2).
c) Begründen Sie die Versuchsergebnisse.
d) Stellen Sie das Verhalten von Lecithin- und Fettmolekülen modellhaft in Form einer Skizze dar.

Material
Mikroskop, Objektträger, Deckgläschen, 2 Tropfpipetten

Chemikalien
Lauwarmes Wasser, flüssiges Lecithin

Durchführung
Geben Sie einen kleinen Tropfen Lecithin auf den Objektträger und decken Sie ihn mit dem Deckgläschen ab. Geben Sie seitlich an den Rand des Deckgläschens einen Tropfen Wasser, so dass er sich unter das Deckgläschen zieht. Mikroskopieren Sie bei einer großen Vergrößerung den Rand des Lecithintropfens.

Hinweis: Die Linse des Objektivs darf das Deckgläschen nicht berühren.

Auswertung
a) Protokollieren Sie Ihre Beobachtungen.
b) Stellen Sie das Verhalten der Lecithinmoleküle zu Beginn des Experiments und nach 10 Minuten modellhaft in Form einer Skizze dar.
c) Stellen Sie eine Hypothese auf, wie sich die Lecithinmoleküle nach einem längeren Zeitraum anordnen

Entsorgung
Die Lösungen werden in den Ausguss gegeben.

1. Proteine als Bestandteil der Biomembran indirekt nachweisen

Nachdem Sie den Versuch zum indirekten Nachweis von Fetten als Bestandteil der Biomembran durchgeführt haben, vermutet eine Mitschülerin von Ihnen, dass auch Proteine Bestandteile der Biomembran sind.

a) Planen Sie auf der Grundlage des Experiments zum indirekten Nachweis von Fetten in der Biomembran ein Experiment zum indirekten Nachweis von Proteinen als Bestandteil der Biomembran. Folgende Materialien stehen Ihnen zur Verfügung: 1 Becherglas, 5 Reagenzgläser mit Stopfen, 4 Messpipetten (5 ml), Reagenzglasständer, Küchenmesser, Küchenbrett. Als Chemikalien stehen Ihnen Leitungswasser, farbloses Spülmittel (1:1 mit Wasser verdünnt), Essigessenz (1:2 mit Wasser verdünnt), Eiklar (1:1 mit Wasser verdünnt) zur Verfügung sowie als biologischer Arbeitsstoff Rote Bete.

Reagenzglas-Nr.	Inhalt	Beobachtung
1		
2		
3		

3 *Beispiel einer tabellarischen Experimentieranordnung*

b) Stellen Sie die von Ihnen geplante Experimentieranordnung in Form einer geeigneten Tabelle dar (Abb. 3).
c) Begründen Sie Ihre Planungsentscheidungen.
d) Führen Sie Ihr Experiment durch.
e) Protokollieren Sie Ihre Beobachtungen.
f) Deuten Sie Ihre Ergebnisse.
g) Beurteilen Sie die Aussagekraft des Experimentes.

→ M2, Kap. 1.9, Kap. 1.10, Kap. 1.11, Kap. 1.14, B1, M9

1.13 Die Bedeutung der Oberflächenstrukturen von Membranen

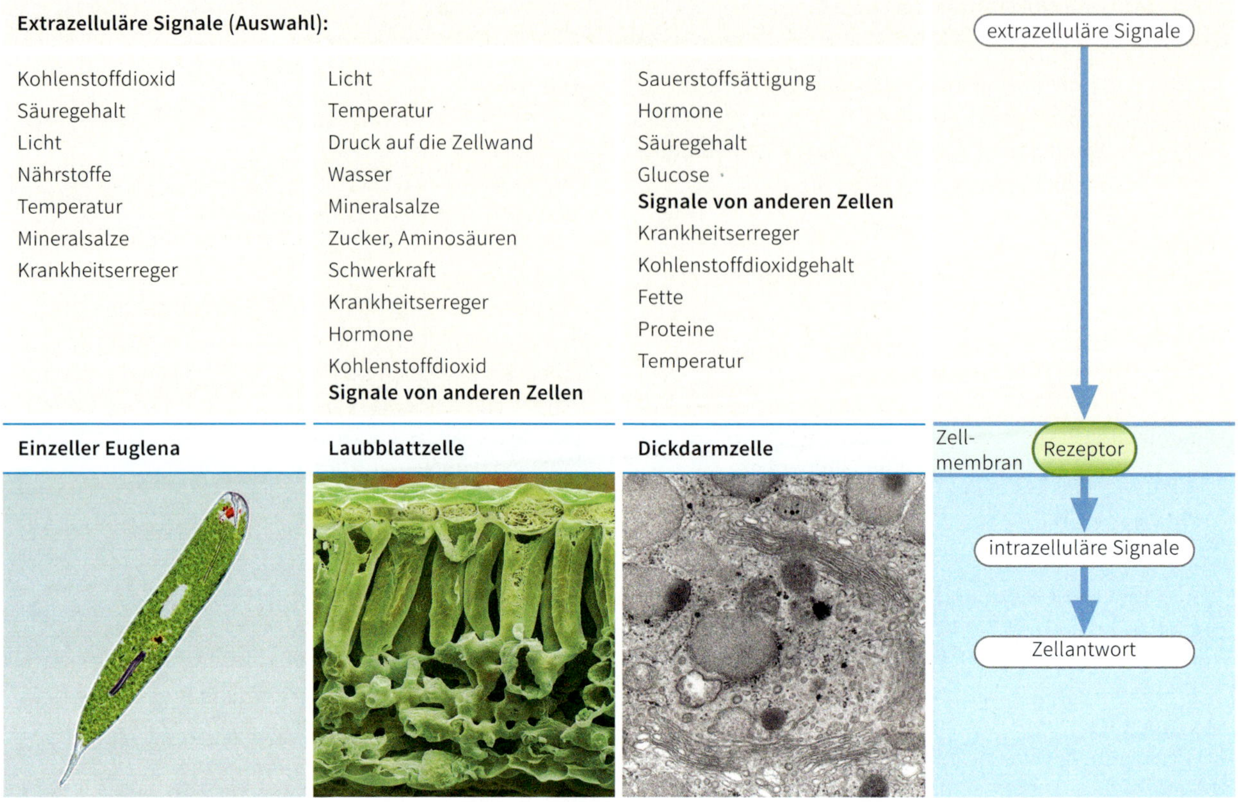

1 *Beispiele für extrazelluläre Signale und das Prinzip der Signaltransduktion*

Der eukaryotische Einzeller *Euglena* bewegt sich mit einer Geißel fort. Die Geißel ist im Inneren der Zelle verankert (Abb. 1). *Euglena* schwimmt immer zum Licht. Das ist möglich, weil *Euglena* auf die Lichthelligkeit als extrazelluläres Signal mit einer intrazellulären Antwort reagiert. In diesem Fall wird der Geißelschlag so geändert, dass Euglena zum Licht schwimmt.

Alle lebenden Zellen nehmen beständig Informationen aus ihrer Umwelt auf. Auf solche extrazellulären Signale können Zellen reagieren. Wenn das Signal von anderen Zellen kommt, wird dies als **Zellkommunikation** bezeichnet. Zwischen den extrazellulären Signalen und der Zellantwort vermittelt der Prozess der **Signaltransduktion** (lat. *traductio:* Hinüberführung). Darunter wird die Aufnahme von extrazellulären Signalen und ihre Umwandlung in intrazelluläre Signale verstanden, die schließlich zu einer Zellantwort führen (Abb. 1). Am Beispiel von *Euglena* wäre die Zellantwort beispielsweise das Antreiben der Geißel und damit die Bewegug zum Licht hin.

Die Signaltransduktion beginnt damit, dass ein extrazelluläres Signal auf einen passenden Rezeptor trifft. Dieser befindet sich entweder an der Zelloberfläche oder auch im Inneren der Zelle. In den meisten Fällen sind die Rezeptoren Proteine, die außen und innen aus der Zellmembran herausragen. Rezeptoren wandeln ein extrazelluläres Signal in ein intrazelluläres Signal um. Diese Umwandlung erfolgt meist durch eine Konformationsänderung des Rezeptors. Meistens folgt eine intrazelluläre Signalkette, an der verschiedene Signalmoleküle beteiligt sind (Abb. 2). Die Zellantwort kann unter anderem darin bestehen, dass Gene an- oder abgeschaltet oder bestimmte Enzyme aktiviert werden.

Die Fähigkeit zur Signaltransduktion ist eine Eigenschaft aller lebenden Zellen. Signaltransduktion spielt unter anderem bei der Informationsverarbeitung aller Sinnes- und Nervenzellen, bei der Muskelkontraktion, bei Zellteilungen, beim An- und Abschalten von Genen, der Abwehr von Krankheitserregern und bei allen hormonellen Vorgängen eine Rolle.

→ Kap. 1.14, B1, B3

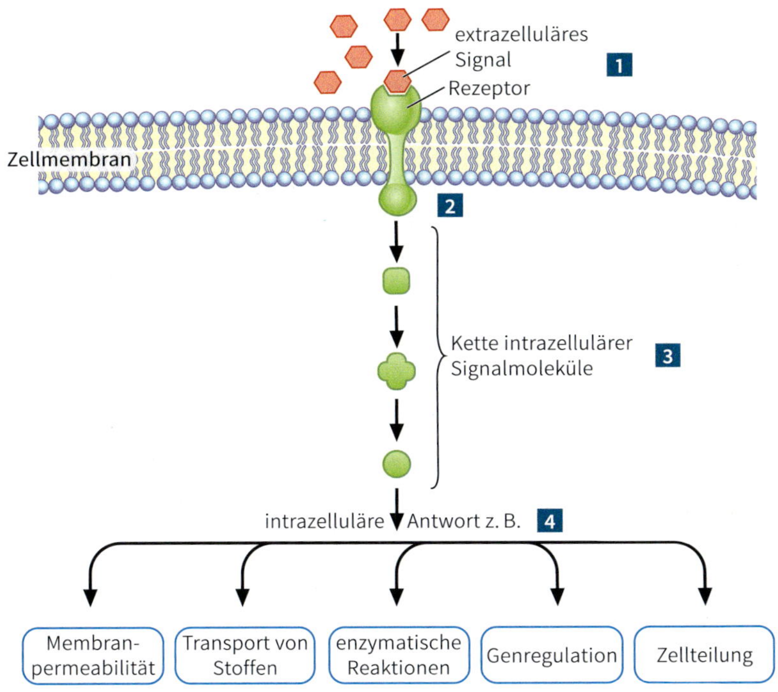

2 *Aktivierung intrazellulärer Signalwege*

1 Ein extrazelluläres Signal, das auf einen passenden Rezeptor trifft, ist der Ausgangspunkt der Signaltransduktion. Das Signal kann ein Molekül sein, aber z. B. auch ein Lichtreiz.

2 Der Rezeptor ist so in die Membran eingebettet, dass er eine Verbindung zwischen extra- und intrazellulärem Raum herstellt. Durch Rezeptorproteine wird ein extrazelluläres Signal in ein intrazelluläres Signal umgewandelt.

3 Eine Kette intrazellulärer Signalmoleküle wird aktiviert.

4 Die intrazellulären Signalmoleküle bewirken eine spezifische Zellreaktion. Der Transport von Stoffen kann beeinflusst werden, Enzyme können aktiviert oder gehemmt werden. Durch Beeinflussung der Genregulation kann die Genaktivität verändert werden oder der Zellzyklus und die Zellteilung können aktiviert werden.

1. Kurzvortrag zur Signaltransduktion. Bereiten Sie anhand der Informationen auf der Grundwissen-Seite einen Kurzvortrag zur Signaltransduktion vor. Gliedern Sie dabei Ihren Kurzvortrag durch sinnvolle Zwischenüberschriften.

2. Keimung von Getreidekörnern als Beispiel für Signaltransduktion. Erläutern Sie das Prinzip der Signaltransduktion an den durch das Hormon Gibberelin hervorgerufenen Vorgängen in den Zellen der Aleuronschicht bei der Keimung (Abb. 3).

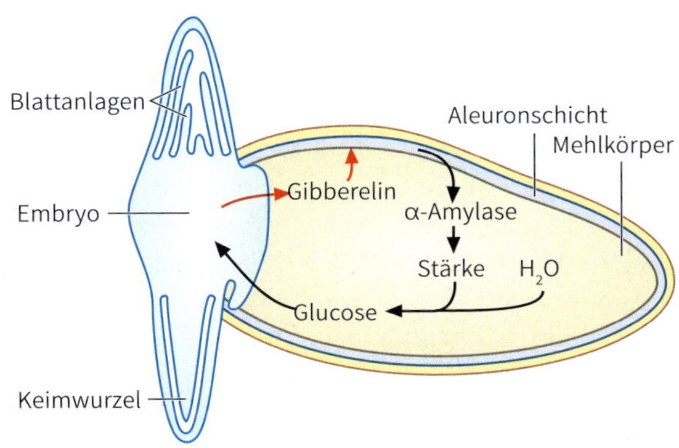

Bevor die keimende Pflanze grüne Blätter ausbildet und Fotosynthese betreibt, ist sie auf energiereiche Reservestoffe angewiesen.
Der Mehlkörper eines Getreidekorns besteht hauptsächlich aus Stärke, die Aleuronschicht enthält viel Eiweiß. Unter geeigneten Umweltbedingungen nimmt die Getreidefrucht Wasser auf und quillt. Der Embryo scheidet ein Hormon, das Gibberelin, aus. Dieses Hormon ist für Zellen in der Aleuronschicht ein Signal. Gibberelin bindet an einen Rezeptor in der Membran einer Aleuronzelle. Dadurch leitet der Rezeptor eine intrazelluläre Signalkette ein. Sie führt über mehrere Schritte zur Aktivierung der Synthese eines Proteins namens α-Amylase. Es wird an den Ribosomen der Zellen der Aleuronschicht gebildet. Die Zellen der Aleuronschicht geben das Enzym in den Mehlkörper ab. Dort katalysiert α-Amylase den hydrolytischen Abbau von Stärke zu Glucose. Glucosewird vom Embryo aufgenommen und dient als Ausgangsstoff für die Zellatmung. Glucose bewirkt auch die Bildung von Enzymen, die Proteine abbauen. Dadurch stehen Aminosäuren für das Wachstum zur Verfügung.

3 *Nährstoffmobilisierung bei der Keimung von Getreide*

→ Kap. 1.14, B1, B3

1.14 Membranfluss innerhalb der Zelle

1 *Drüsensekret mit Verdauungsenzymen beim Rundblättrigen Sonnentau*

Der Rundblättrige Sonnentau gehört zu den insektenfressenden Pflanzen. Charakteristisch sind die mit Klebedrüsen besetzten Blätter, die den Fang von kleinen Insekten ermöglichen (Abb. 1). Die gestielten Drüsen sondern ein klebriges, zuckerhaltiges Sekret ab, dessen Schimmern Insekten anzieht, die dann am Sekret kleben bleiben. Mithilfe des in dem Drüsensekret enthaltenen Enzyms, das dem Pepsin unseres Magensaftes entspricht, wird die tierische Nahrung dann verdaut. Für die Bildung und die Absonderung des Sekrets spielt das Membransystem innerhalb einer Zelle eine bedeutsame Rolle.

Ein Endomembransystem ist ein Merkmal eukaryotischer Zellen. Das am weitesten ausgedehnte Kompartiment der inneren Membranen ist das **endoplasmatische Retikulum**. Das ER besteht wie die Zellmembran aus einer Phospholipid-Doppelschicht mit eingebetteten Proteinen. Von den vielen Kompartimenten in eukaryotischen Zellen sind die zwei größten die innere Region des ER und die umgebende Region des Zellplasmas. Das raue ER hat seinen Namen von der besonderen Oberfläche, an der sich viele Ribosomen befinden (Abb. 2). Es ist mit der Membran des Zellkerns verbunden. Die genetische Information zur Bildung bestimmter Proteine gelangt durch bewegliche Moleküle zu den Ribosomen. Die Proteine, die an den Ribosomen des rauen ER synthetisiert werden, können in **Transportvesikeln** gespeichert und zum Golgi Apparat transportiert werden (Abb. 2a). Der **Golgi-Apparat** besteht aus abgeflachten Membranstapeln, die häufig miteinander verknüpft sind. Dieses Kompartiment ist nach dem Physiker CAMILLO GOLGI benannt, der es im 19. Jahrhundert identifizierte. Die Anzahl der Membranstapel variiert. In Drüsenzellen, die beispielsweise Verdauungssekrete wie beim Sonnentau oder Hormone produzieren und freisetzen, sind sie besonders zahlreich. Ein Beispiel ist die Bauchspeicheldrüse. Sie produziert unter anderem bestimmte Verdauungsenzyme, die in den Darm abgegeben werden. Die Funktionen des Golgi-Apparates sind das Sammeln, das Verpacken und die Freisetzung von Molekülen, die an einem bestimmten Ort synthetisiert und an anderer Stelle innerhalb oder außerhalb der Zelle wirken. Im Inneren des Golgi Apparates werden die Proteine modifiziert (Abb. 2a).

Der Golgi Apparat hat eine „Vorder"- und eine „Rückseite" mit spezifisch unterschiedlichen Membranbestandteilen. Transportvesikel, die vom ER gebildet werden, bewegen sich zur Front- oder Empfängerseite des Golgi-Apparates, die als **cis-Seite** bezeichnet wird. Sie befindet sich meist nahe am ER. Die Transportvesikel vereinigen sich mit der Membran der cis-Seite und entleeren ihren Inhalt in das Innere des Golgi Apparates. Die im ER synthetisierten Moleküle gelangen durch das Kanalsystem des Golgi Apparates zum entgegengesetzten Ende, der **trans-Seite**. Durch Abschnürung entstehen Sekretionsvesikel, die mit der Zellmembran verschmelzen, sodass ihr Inhalt in das Außenmilieu der Zelle abgegeben wird (Abb. 2a).

Weitere Vesikel des Endomembransystems sind die sogenannten **Lysosomen**. Sie werden vom Golgi-Apparat gebildet und enthalten hohe Konzentrationen an Enzymen, die einen schnellen Abbau von Proteinen, Nukleinsäuren, Lipiden und Kohlenhydraten katalysieren. Während der Lebensdauer eukaryotischer Zellen zerlegen Enzyme ältere Organellen in ihre Grundkomponenten. In manchen Geweben werden Mitochondrien alle zehn Tage erneuert. Die Verdauungsenzyme in den Lysosomen werden durch Fusion mit einem Vesikel, das durch **Phagozytose** (griech. *phagein:* fressen; *griech. cytos:* Höhlung) entstanden ist, aktiviert. Hat beispielsweise ein Makrophage ein Bakterium durch Phagozytose aufgenommen, fusioniert das entstandene Nahrungsvesikel mit einem Lysosom. Die Enzyme des Lysosoms „verdauen" das Bakterium (Abb. 2b). Allgemein wird die Aufnahme von Stoffen durch Membranvesikel in die Zelle als **Endozytose** (griech. *endon:* innen) und die Abgabe von Stoffen in Sekretionsvesikeln als **Exozytose** (griech. *exo:* außen) bezeichnet.

→ Kap. 1.3, Kap. 1.4, Kap. 1.17, B1, B3, Kap. 3.5

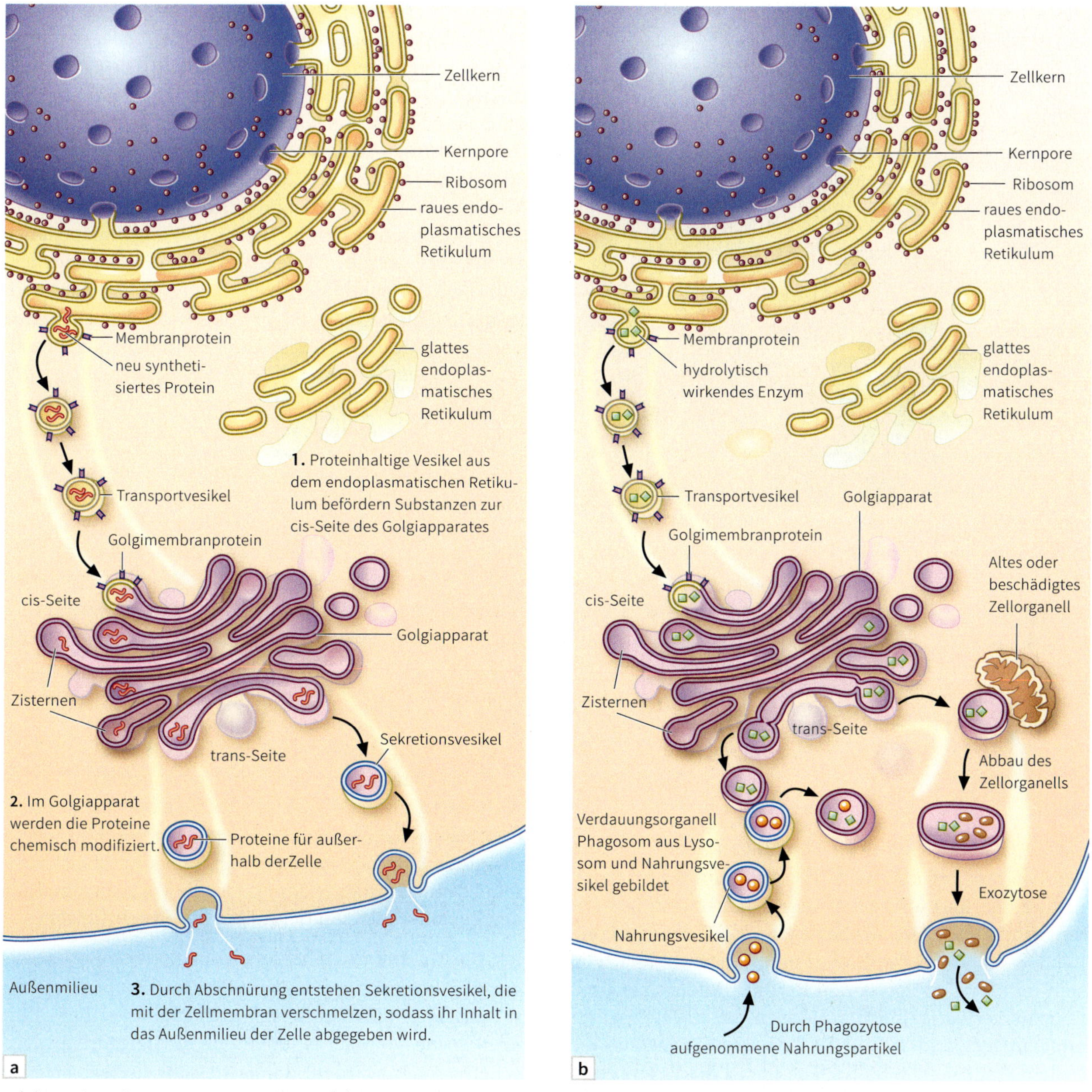

2 (a) Membranfluss innerhalb einer Zelle, (b) Bildung und Funktion von Lysosomen; links: Verdauung aufgenommener Nahrungspartikel; rechts: Abbau von beschädigten Zellorganellen

1. Das Endomembransystem.

a) Beschreiben Sie die Strukturen und Funktionen des Endomembransystems in Abbildung 2 a mithilfe eines Fließdiagramms.

b) Erläutern Sie die Vorgänge bei der Endocytose und bei der Exocytose anhand von Abbildung 2 b.

c) Beurteilen Sie folgendes Fließdiagramm zur Exocytose von Pepsin aus den Hauptzellen der Fundusdrüse im Magen. Korrigieren Sie gegebenenfalls: Zellkern einer Hauptzelle -> Pepsin-Synthese am glatten ER -> trans-Seite des Golgi-Apparats -> Zisternen ->cis-Seite des Golgi-Apparats -> Phagosom -> Exocytose des Pepsins.

→ Kap. 1.3, Kap. 1.4, Kap. 1.17, B1, B3, Kap. 3.5

1.15 Diffusion und Osmose

1 *Aufgeplatzte Kirschen nach einem Regenschauer*

Wer viele reife Kirschen ernten möchte, sollte das Wetter gut im Auge behalten. Ein längerer Regenschauer lässt die roten Früchte rasch platzen (Abb. 1). Das saftige Fruchtfleisch quillt dann aus der Fruchtschale heraus. Um die Vorgänge verstehen zu können, die beim Aufplatzen der Kirsche ablaufen, sollen zunächst zwei Modellversuche betrachtet werden (Abb. 2, 3).

Werden einige Kristalle Kaliumpermanganat in einen Standzylinder mit Wasser gegeben, ist zu beobachten, dass nach und nach eine gleichmäßige violette Färbung des Wassers auftritt, auch wenn die Flüssigkeit dabei nicht umgerührt wird. Die Wasserteilchen und die Kaliumpermanganatteilchen bewegen sich ständig hin und her. Die Teilchen des Kaliumpermanganats bewegen sich mit der Zeit von einem Bereich, in dem sie hoch konzentriert sind, in einen Bereich, in dem sie niedrig konzentriert sind. Allmählich vermischen sich so die Teilchen der beiden Stoffe. Die durch die Eigenbewegung verursachte gleichmäßige Vermischung beider Teilchensorten heißt **Diffusion** und führt zum Konzentrationsausgleich. Zu Beginn des Versuchs liegen die Permanganat-Teilchen nur am Grund des Zylinders vor. Im Verlauf der Zeit bewegen sie sich auch in höhere Bereiche innerhalb des Standzylinders. Daraus folgt, dass sich in der Bilanz mehr Teilchen in Richtung der geringeren Konzentration bewegt haben. Die Teilchen diffundieren entlang eines **Konzentrationsgefälles**.

Die Blase eines Schweins hat besondere Eigenschaften. Sie lässt Wasserteilchen hindurch, Zuckerteilchen jedoch nicht. Die Schweineblase ist also **selektiv permeabel** (lat. *selectio:* Auswahl; lat. *permeabilis:* gangbar). Eine Schweineblase, die mit einer konzentrierten Zuckerlösung gefüllt und von reinem Wasser umgeben ist, schwillt schon nach kurzer Zeit an. Sie füllt sich mit Wasser. Die Wasserteilchen diffundieren von außen in die Schweineblase hinein. Dieser Vorgang läuft so lange ab, bis entweder die Blase platzt oder der Gegendruck, den die Schweineblase erzeugt, so groß ist, dass kein weiteres Wasser mehr einströmen kann. Die Diffusion von Wasser durch eine selektiv permeable Membran wird als **Osmose** bezeichnet. Die Zuckerlösung wird durch das einströmende Wasser verdünnt. Gleichzeitig dehnt der Wassereinstrom die Blase immer stärker aus.

Die Vakuolen von Pflanzenzellen enthalten neben Wasser vor allem verschiedene Salze und Zucker. Die Zellen des Fruchtfleisches einer reifen Kirsche sind besonders reich an Zucker. Die Zellwand von Pflanzenzellen ist für Wasser und die darin gelösten Stoffe durchlässig. Die Membranen, die das Zellplasma umgeben, lassen hingegen nur die kleinen Wasserteilchen durch. Die großen Zuckerteilchen können nicht durch die Membran diffundieren. Die Zellmembran der Fruchtfleischzelle ist also ebenfalls selektiv permeabel. Außerhalb und innerhalb der Fruchtfleischzelle liegen unterschiedliche Zuckerkonzentrationen vor. Das Wasser strömt in der Folge so lange in die zuckerreiche Fruchtfleischzelle hinein, bis der zunehmende Gegendruck, den die Zellwand erzeugt, den weiteren Wassereinstrom verhindert. Das erklärt die Volumenzunahme der Zuckerlösung in den Zellen des Fruchtfleisches.

Bei Regen sind die Kirschen vollständig mit Wassertropfen benetzt. Sind die Kirschen noch unreif, schützt sie die noch dicke äußere Fruchtschale vor dem Eindringen des Wassers. Sobald die zuckerhaltigen Kirschen größer werden, dehnt sich die äußere Fruchtschale. Sie wird immer dünner und bekommt feine Risse. Das Regenwasser kann dann von außen über die Zellmembranen in das Innere der reifen Frucht diffundieren. Nach einiger Zeit ist der Druck in den Kirschen so groß, dass sie aufreißen und das Fruchtfleisch herausquillt. Je reifer die am Kirschbaum hängenden Früchte sind, desto höher ist ihr Zuckergehalt und desto größer ist die Wahrscheinlichkeit, dass sie nach einem Regenschauer aufplatzen.

→ Kap. 1.9, Kap. 1.17, Kap. 1.18

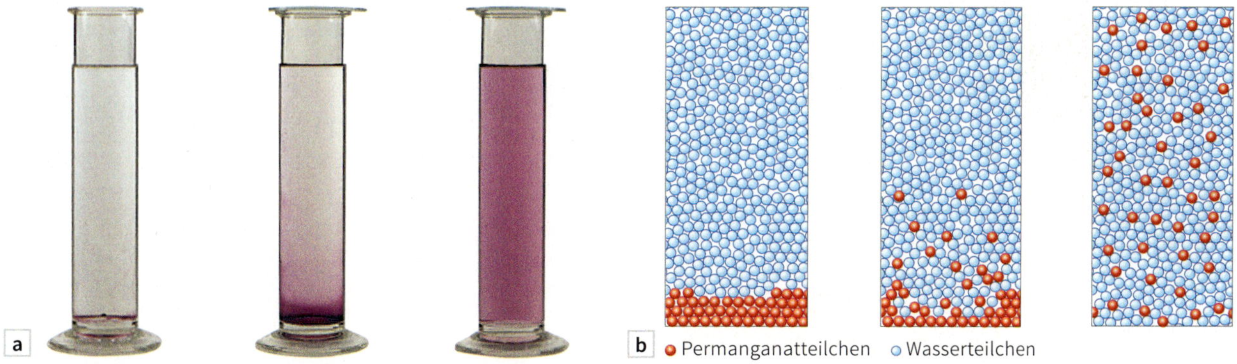

2 *Modellversuch: Diffusion auf (a) Stoffebene und auf (b) Teilchenebene*

1. Diffusion und Osmose

a) Erläutern Sie das Phänomen der Diffusion (Abb. 2, 4).

b) Erläutern Sie das Ergebnis des Schweineblasen-Versuchs mithilfe der Teilchendarstellungen (Abb. 3, 4).

c) Sobald Zucker über reife Erdbeeren gestreut wird, tritt der Erdbeersaft aus den Früchten aus. Erläutern Sie dieses Phänomen mithilfe einer Serie von selbst gezeichneten Teichendarstellungen.

2. Physiologische Kochsalzlösung. Bei schweren Unfällen wird der verletzten Person, die große Mengen Blut verloren hat, physiologische Kochsalzlösung mit einer Konzentration von 0,9 % in die Venen gegeben. Diese Konzentration entspricht genau der Konzentration von gelösten Stoffen im Blut.

a) Erläutern Sie, warum eine physiologische Kochsalzlösung hilfreich ist, wenn keine Blutkonserven zur Verfügung stehen.

b) Erklären Sie mögliche Folgen für die zu behandelnde Patienten, wenn eine niedriger oder höher konzentrierte Kochsalzlösung gegeben würde.

3. Diffusionsgeschwindigkeit. In ein Glasrohr werden je ein Schälchen mit konzentrierter Salzsäure (HCl) und mit konzentriertem Ammoniakwasser (NH_3 in H_2O) gestellt. Das Glasrohr wird an beiden Seiten fest verschlossen (Abb. 5). Dabei kommt es zu folgender Reaktion:

$$HCl\,(g) + NH_3\,(g) \rightarrow NH_4Cl\,(s)$$

Nach kurzer Zeit bildet sich an einer bestimmten Stelle eine Zone aus Ammoniumchlorid-Rauch (NH_4Cl).

a) Deuten Sie die Beobachtungen.

b) Bei einer Verdopplung des Schälchenabstandes verstreicht mehr als die doppelte Zeit, bis sich der Rauch bildet. Begründen Sie diesen Sachverhalt.

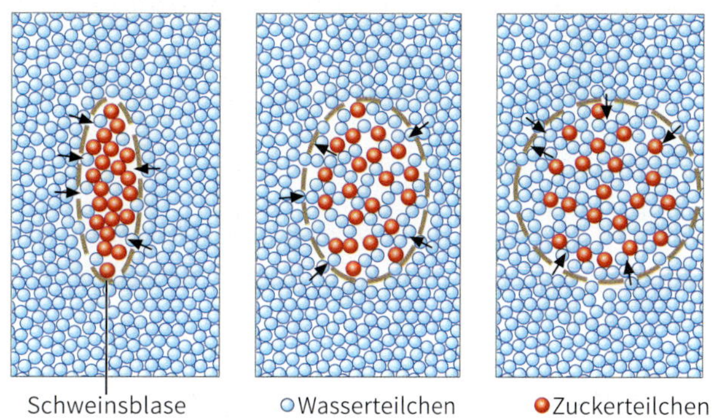

3 *Osmose im Teilchenmodell*

Wasser ist bei Raumtemperatur flüssig. Diese Stoffeigenschaft des Wassers kann auf der Teilchenebene erklärt werden. In flüssigen Stoffen sind die Wasserteilchen nicht regelmäßig angeordnet. Die zwischen ihnen wirkenden Anziehungskräfte sind kleiner als in den festen Stoffen. Die Teilchen bewegen sich hin und her und sind leicht gegeneinander verschiebbar. Die Teilchenebene liefert eine Erklärung für die Eigenschaft auf der Stoffebene. Auch fachsprachlich wird zwischen beiden Ebenen unterschieden: Wasser und Wasserteilchen.

4 *Unterscheidung zwischen Stoff- und Teilchenebene*

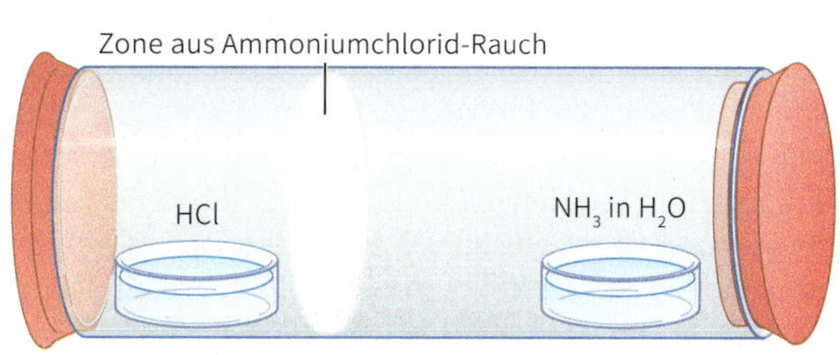

5 *Glasrohr mit Salzsäure und Ammoniakwasser.*

→ Kap. 1.9, Kap. 1.17, Kap. 1.18

1.16 ATP als universeller Energieträger

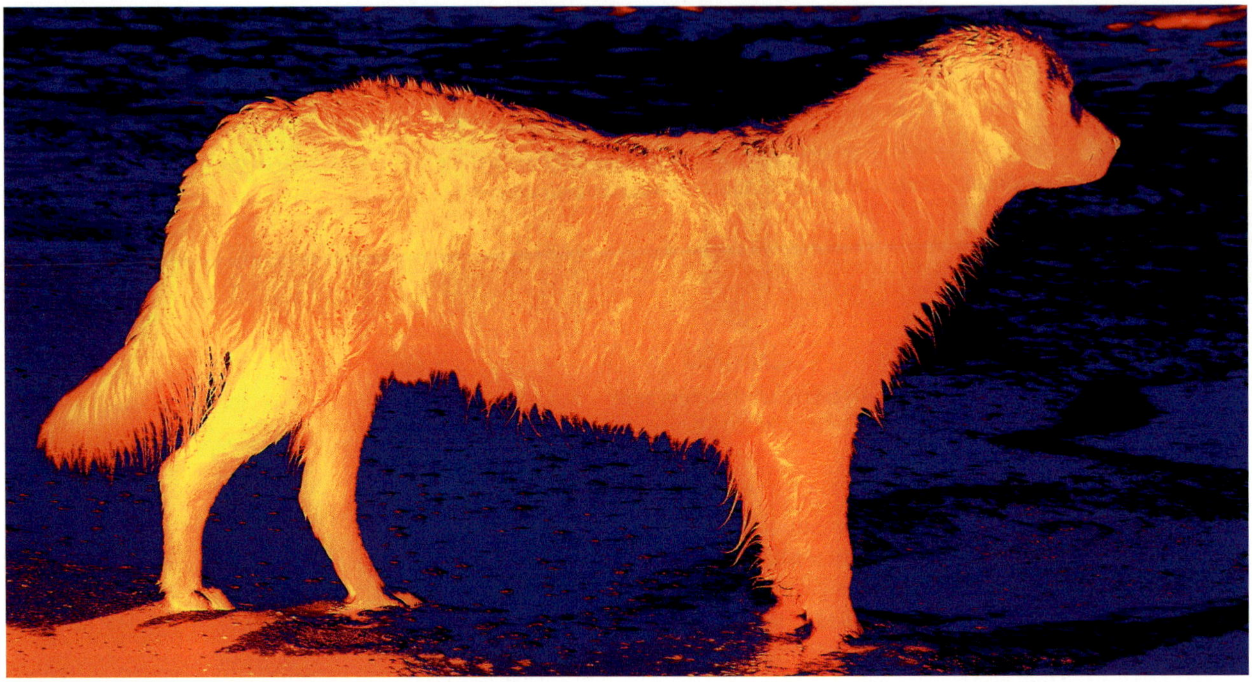

1 *Foto eines Hundes am Strand durch eine Wärmebildkamera*

Alle Organismen benötigen zur Aufrechterhaltung ihrer Körpertemperatur und aller Lebensvorgänge Energie, zum Beispiel für die Neubildung von Körperzellen, für Bewegungen und für die Funktion der Nervenzellen. Auch bei völliger Ruhe benötigen Lebewesen ständig Energie, um ihre Lebensfunktionen aufrecht zu erhalten. Dabei entsteht bei allen Energieumwandlungen im Körper Wärme, wovon ein Teil an die Umgebung abgegeben wird (Abb. 1).

Alle Pflanzen, Tiere und Menschen beziehen Energie aus dem Abbau von Nährstoffen. Nährstoffe werden in den Zellen bei der Zellatmung schrittweise bis zu den Endprodukten Kohlenstoffdioxid und Wasser abgebaut. Dieser Abbau von Nährstoffen setzt Energie frei. Es handelt sich dabei um einen exergonischen Vorgang. Die Energie aus dem Abbau von Nährstoffen wird zum Teil als chemische Energie gespeichert und zum Teil als Wärme abgegeben. Für Zeiten, in denen keine oder nur wenig Nährstoffe zur Verfügung stehen, ist es für den Organismus überlebenswichtig, eine Energiereserve zu besitzen, von welcher er in diesen Zeiten zehren kann. Dabei stellen Kohlenhydrate, Fette und Proteine als Nährstoffe die wichtigsten Energieträger für die Lebewesen dar.

Die Speicherung der chemischen Energie erfolgt überwiegend in einem Molekül, das Adenosintriphosphat, kurz ATP, heißt. Es besteht aus Adenin, Ribose und drei Phosphatresten. Die Energie ist in den chemischen Bindungen zwischen den Phosphatresten des ATPs gespeichert. Die Bildung von ATP findet hauptsächlich in den Mitochondrien statt. Je mehr Phosphatgruppen das Adenosinmolekül gebunden hat, desto mehr Energie enthält es. ATP ist also energiereicher als Adenosindiphosphat, kurz ADP, das nur zwei Phosphatreste gebunden hat. ATP kann über Transportmechanismen in der ganzen Zelle verteilt werden und dorthin gelangen, wo es benötigt wird. ATP ist ein mobiler und universeller Energieträger.

An den Orten des Bedarfs gibt das ATP die gespeicherte Energie durch Spaltung in ADP und einen Phosphatrest wieder frei und ermöglicht so Energie benötigende, endergonische Reaktionen. Auf diese Weise werden beispielsweise Moleküle wie Hormone aufgebaut oder Energie benötigende Prozesse ermöglicht, wie zum Beispiel Bewegung, aktiver Transport von Stoffen oder die Synthese organischer Substanzen. Der Zerfall von ATP zu ADP + P ist reversibel. Unter Zuführung von Energie kann aus ADP + P wieder ATP synthetisiert werden.

→ Kap. 1.3, Kap. 1.4, Kap. 1.17, Kap. 1.18, B2

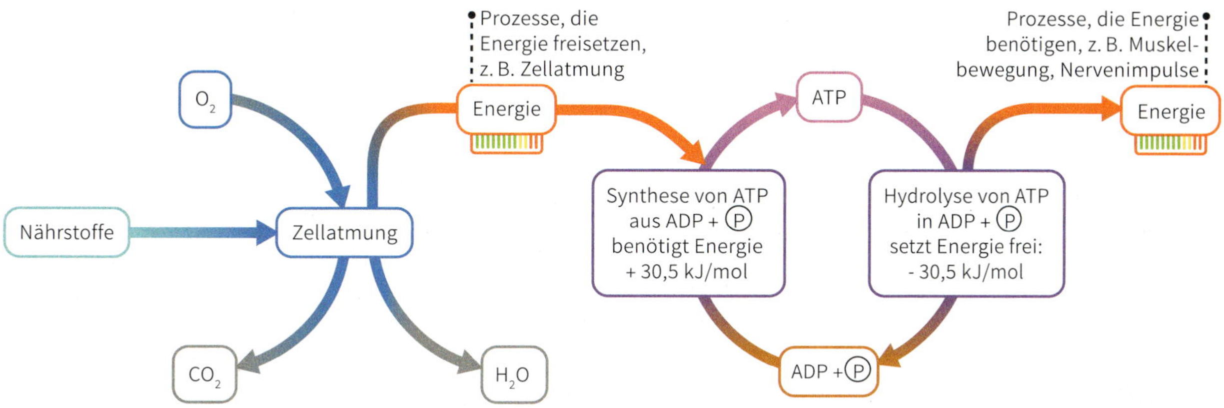

2 *ATP als Energieträger*

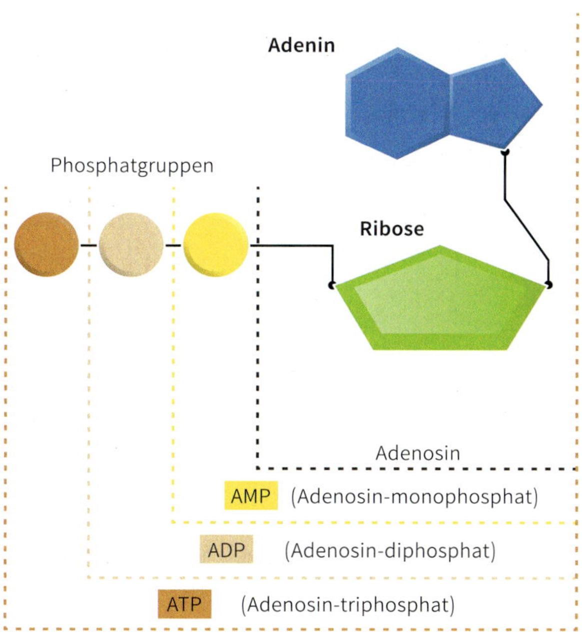

3 *Bau eines ATP-Moleküls*

Eine vielfältige Aufgabe von ATP ist die Aktivierung von Stoffen für die unterschiedlichen Stoffwechselreaktionen. Bevor zum Beispiel Glucose abgebaut werden kann, muss das Glucose-Molekül erst aktiviert werden, indem es von ATP eine Phosphatgruppe erhält. Diese endergonische Reaktion (1) wird dadurch ermöglicht, dass sie mit einer exergonischen Reaktion (2) verknüpft wird, die mehr Energie liefert, als die endergonische benötigt (3). Dann wird in der Summe Energie frei. Man bezeichnet den Vorgang als **energetische Kopplung.**

Betrachtete Reaktionen:
1) Glucose + P --> Glucosephosphat
2) ATP --> ADP + P
3) Glucose + ATP --> Glucosephosphat + ADP

Energetische Betrachtung dieser Reaktionen:
1) erforderliche Energiezufuhr: + ~13 kJ
2) Abgabe von Energie: - ~30 kJ
3) Energieüberschuss: - ~17 kJ

4 *Energetische Kopplung bei der Bildung von Glucosephosphat*

1. ATP als Energieträger

a) Beschreiben Sie den Bau eines ATP-Moleküls (Abb. 3).

b) Erläutern Sie anhand der Abbildung 2 die Rolle von ATP als Energieträger.

c) Erläutern Sie, weshalb ATP als mobiler und universeller Energieträger bezeichnet wird.

d) Erläutern Sie durch Vergleich mit der Währung im herkömmlichen Sinn, wie das Gedankenmodell, dass ATP auch als „Energiewährung" bezeichnet wird, zu verstehen ist.

2. ATP-Verbrauch im Ruhezustand? Auch im Ruhezustand verbraucht der Mensch ständig ATP. Nehmen Sie anhand von drei beispielhaften Vorgängen zu dieser Aussage begründet Stellung.

3. Energetische Kopplung. Erläutern Sie die energetische Kopplung bei der Bildung von Glucosephosphat, dem ersten Schritt zum Abbau von Glucose im Rahmen der Zellatmung (Abb. 2, 4). Gehen Sie dabei auch auf das in Abbildung 1 dargestellte Phänomen ein.

→ Kap. 1.3, Kap. 1.4, Kap. 1.17, Kap. 1.18, B2

1.17 Stofftransport durch Biomembranen

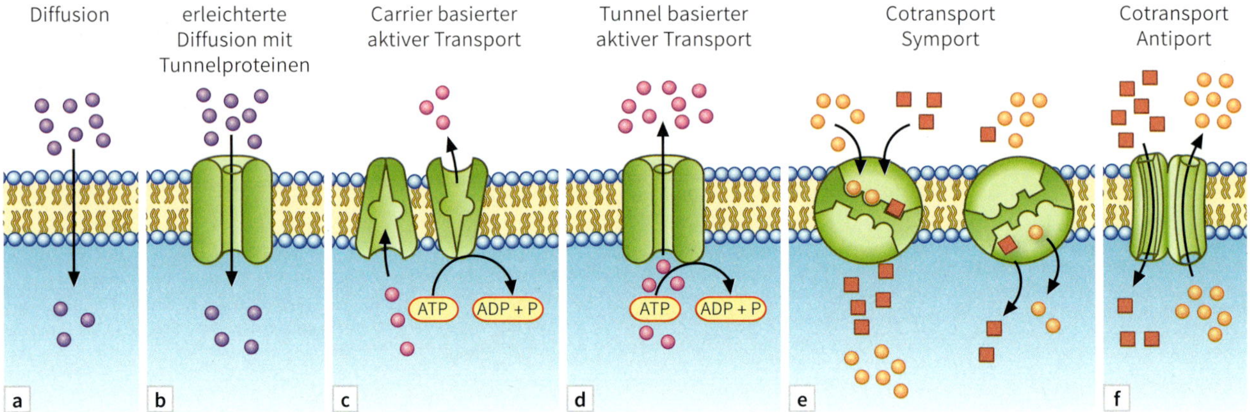

1 *Verschiedene Möglichkeiten des Stofftransports durch Biomembranen*

Eine Zelle steht in ständigem Stoffaustausch mit der Umgebung. Stoffe müssen in die Zelle hinein- und aus der Zelle hinausgelangen. Dieser Stoffaustausch wird über die Biomembran gewährleistet, die als Zellmembran die Zellen nach außen und im Inneren der Zellen die Zellorganellen zum Zellplasma hin abgrenzt.

Eine Möglichkeit, die Biomembran zu passieren, ist der **passive Transport**. Unpolare Moleküle und kleinere polare Moleküle, insbesondere Wasser, durchdringen die Membran auf passivem Weg durch Diffusion. Der passive Transport ist nur dann möglich, wenn der betrachtete Stoff entlang des Konzentrationsgefälles vom Ort der höheren zum Ort der niedrigeren Konzentration diffundieren kann (Abb. 1 a). Bei der **erleichterten Diffusion** ist die Diffusion an spezifische Kanal- oder Transportproteine gebunden und läuft dadurch schneller ab (Abb. 1 b). Insbesondere die Diffusion von Wasser ist in vielen Zellen an solche Proteine, die sogenannten Aquaporine, gebunden.

Liegen umgekehrte Konzentrationsverhältnisse vor oder handelt es sich um große polare Moleküle oder Ionen, für die die Biomembran weitgehend undurchlässig ist, ist ein passiver Transport nicht möglich. Neben dem passiven Transport existieren weitere Mechanismen, die den Transfer von Stoffen über die Biomembran ermöglichen. An diesen Transportmechanismen sind vor allem Proteine beteiligt.

Beim **aktiven Transport** kann ein Molekül gegen das Konzentrationsgefälle und unabhängig von seinen Eigenschaften über die Biomembran transportiert werden. Dabei wird der betrachtete Stoff stets in nur eine Richtung transportiert. Beim aktiven Transport durch die Membran muss **Energie** aufgewendet werden. Die Energie wird meist in Form des Energieträgers ATP oder auch in seltenen Fällen in Form von Licht bereitgestellt. Der aktive Transport ist dabei stets an integrale Proteine in der Biomembran gebunden (Abb. 1 c, d).

Eine weitere Möglichkeit, Moleküle über die Biomembran zu transportieren ist der sogenannte **Cotransport**. Dabei handelt es sich um einen gekoppelten Transport zweier Stoffe, wobei die beteiligten Stoffe entweder in gleicher Richtung als sogenannter **Symport**, oder in entgegengesetzter Richtung als **Antiport** durch die Biomembran transportiert werden (Abb. 1 e, f). Auch der Cotransport ist an integrale Proteine in der Biomembran gebunden.

Einer der Stoffe wird dabei entlang des Konzentrationsgefälles über die Biomembran transportiert. Dieses Konzentrationsgefälle ist Grundvoraussetzung für den Cotransport. An die erleichterte Diffusion des ersten Stoffes ist der Transport eines zweiten Stoffes gekoppelt. Das beteiligte Protein ist dabei in die Lage, den anderen Stoff unabhängig von seinen Eigenschaften und gegen das Konzentrationsgefälle zu transportieren. Oft muss hierbei Energie aufgewendet werden, um das Konzentrationsgefälle des ersten Stoffes durch aktiven Transport aufzubauen.

Größere Substratteilchen, wie beispielsweise Enzyme, welche die Zellmembran auch mithilfe von Proteinen nicht durchqueren können, werden durch **Endozytose** und **Exozytose** in die Zelle hinein beziehungsweise aus der Zelle hinausbefördert (Abb. 3).

→ Kap. 1.11, Kap. 1.12, Kap. 1.16, B2

	Einfache Diffusion	Erleichterte Diffusion	Aktiver Transport
Energiezufuhr von außen erforderlich?	nein	nein	nein
Treibende Kraft	Konzentrationsgradient	Konzentrationsgradient	Energiezufuhr in Form von ATP
Membranprotein erforderlich?	nein	ja	ja
Spezifität des transportierten Teilchens	unspezifisch	spezifisch	spezifisch

2 *Übersicht über die Mechanismen des Membrantransports*

1. Verschiedene Arten des Stofftransports über die Biomembran.

a) Vergleichen Sie mit Hilfe der Abbildungen 1 und 2 die einfache Diffusion mit der erleichterten Diffusion.

b) Erläutern Sie unter Verwendung der Abbildungen 1 bis 3 ausführlich die verschiedenen Arten des aktiven Transports, des Cotransports sowie die Endozytose und Exozytose.

2. Glucoseaufnahme in Nervenzellen durch erleichterte Diffusion. Die erleichterte Diffusion ist ein Sonderfall der Diffusion. Ein Kanalprotein mit der Kurzbezeichnung GLUT-1 ermöglicht dabei die erleichterte Diffusion in Nervenzellen des Gehirns. Das Gehirn des Menschen ist sehr energiebedürftig und daher ständig auf eine gleichmäßig hohe Versorgung mit Glucose angewiesen. Das Gehirn benötigt ungefähr ein Viertel der gesamten Stoffwechselenergie.

a) Beschreiben Sie die beiden Kurven in Abbildung 4.

b) Erläutern Sie die erleichterte Diffusion von Glucose in Nervenzellen als Angepasstheit an den hohen Glucosebedarf des Gehirns.

3. Der Ionenfallenversuch. Neutralrot ist ein Lebendfarbstoff und ein pH-Indikator, der häufig in der Biologie verwendet wird. Von pH 13 bis etwa pH 7 ist er von gelber Farbe, im sauren Milieu (pH < 7) nimmt er die Farbe Rot an. Außerdem eignet sich Neutralrot zum Anfärben der Vakuole. In Leitungswasser (pH > 7) ergibt Neutralrot eine gelbbraune Lösung. Die enthaltenen Neutralrot-Moleküle sind lipophil. Wird ein Frischpräparat eines Zwiebelhäutchens in dieser Lösung angefärbt, färbt sich die Vakuole innerhalb der Zellen kirschrot. Diese Färbung wird mit fortschreitender Zeit immer intensiver, die gelbbraune Färbung außen schwächer. Führt man diesen Versuch mit einer leicht sauren Lösung (pH ~ 6) durch, die gelöstes Neutralrot enthält, färben sich die Zellwände rot, die Färbung der Vakuole (pH < 5,5) unterbleibt.

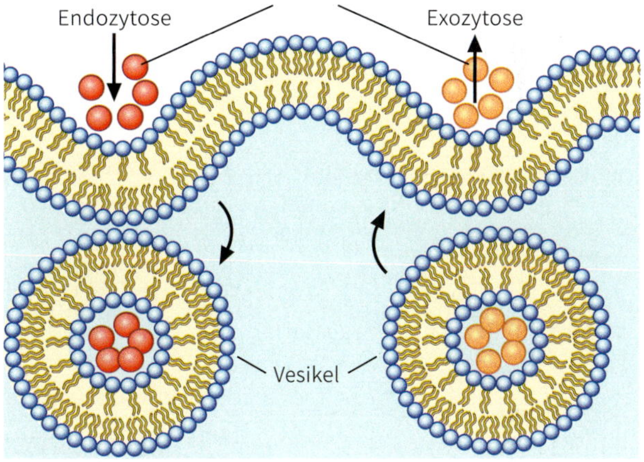

3 *Endozytose und Exozytose*

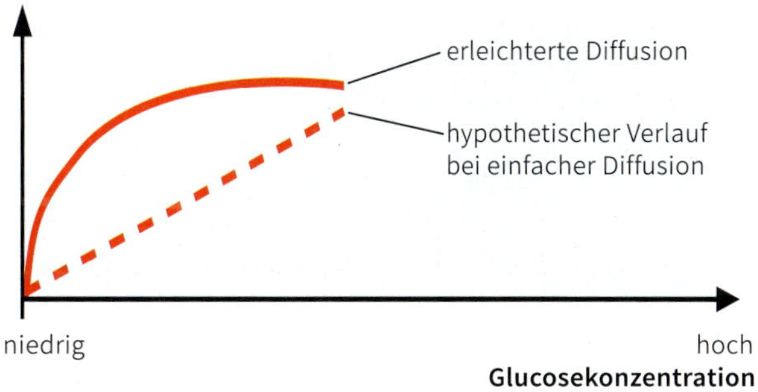

4 *Aufnahme von Glucose in Nervenzellen*

Hinweise: Das Neutralrot-Ion entsteht, wenn man eine Neutralrot-Lösung, die Neutralrot-Moleküle enthält, mit Säure versetzt. Dann lagern sich Protonen an die Neutralrot-Moleküle an. Diese werden dadurch zu positiv geladenen Neutralrot-Ionen, die hydrophil sind. Neutralrot-Ionen sind wegen ihrer Hydrathülle deutlich größer als Neutralrot-Moleküle. Bestandteile der Zellwand, vor allem die Pektine der Mittellamelle, sind negativ geladen.
Werten Sie den Ionenfallenversuch aus.

→ Kap. 1.11, Kap. 1.12, Kap. 1.16, B2, B5

Methode M5 Mikroskopieren I

Ein **Lichtmikroskop** ist ein Gerät, das mit der vergrößernden optischen Wirkung von Glaslinsen Strukturen sichtbar macht, die mit dem normalsichtigen menschlichen Auge nicht erkannt werden können (Abb. 1).

Im Vergleich zu Lupen ist das Auflösungsvermögen von Lichtmikroskopen, gemeint ist der kleinste noch wahrnehmbare Abstand zwischen zwei Punkten, weitaus größer.

1 Der **Tubus** ist eine Röhre, die als Halterung für das Okular dient.

2 Der **Trägerarm** ermöglicht ein fachgerechtes Tragen des Mikroskops.

3 Auf dem höhenverstellbaren **Objekttisch** werden die zu mikroskopierenden Präparate abgelegt.

4 Mithilfe des **Grob- und Feintriebs** kann der Objekttisch in der Höhe verstellt werden, um ein scharfes Bild des Präparats zu erhalten.

5 Die **Lichtquelle** sorgt für ein gleichmäßiges Ausleuchten des Präparats.

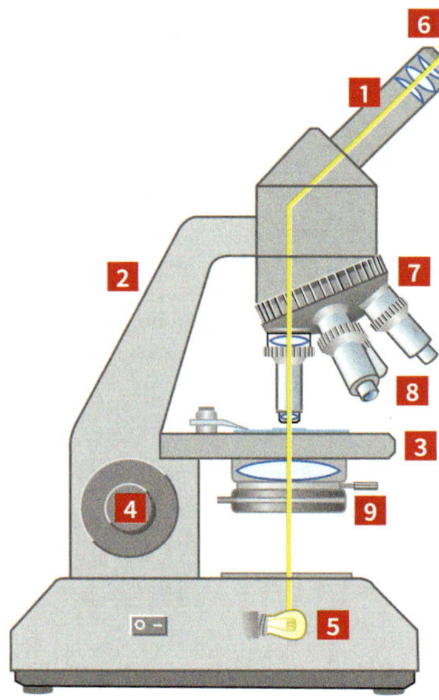

6 Das **Okular** ist ein System aus mehreren Linsen, das das Präparat in einer angegebenen Vergrößerung darstellt.

7 An dem **Objektivrevolver** sind Objektive mit unterschiedlichen Vergrößerungen angebracht. Durch Drehen des Revolvers können die Objektive gewechselt werden.

8 Die **Objektive** sind Linsen, die das Präparat in unterschiedlichen Vergrößerungen zeigen. Multipliziert man die Vergrößerung des Objektivs mit der Vergrößerung des Okulars, erhält man die Gesamtvergrößerung.

9 Der **Kondensor** bündelt die Strahlen der Lichtquelle. Durch das Öffnen und Schließen der **Blende** kann der Lichteinfall reguliert werden.

1 *Aufbau eines Lichtmikroskops*

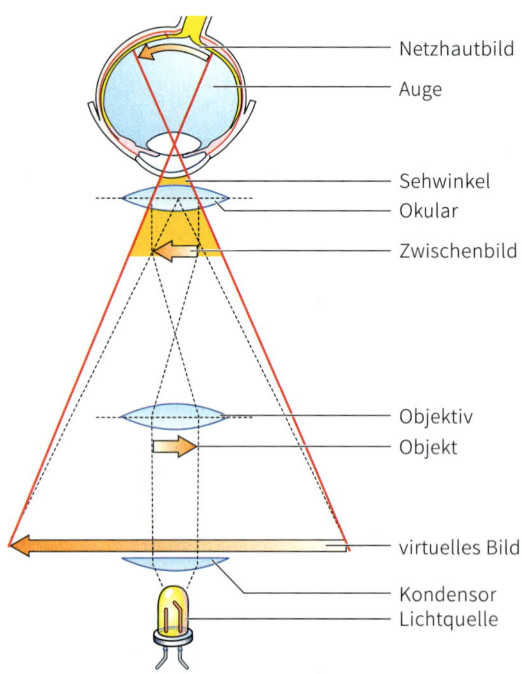

2 *Strahlengang im Mikroskop*

Die meisten Lichtmikroskope sind Durchlichtmikroskope. Bei einem Durchlichtmikroskop ist die Lichtquelle unter dem Objekt angebracht, sodass das Licht von unten durch das Objekt strahlt. Der sogenannte **Strahlengang** beginnt bei der Lichtquelle unterhalb des Objekts auf dem Objekttisch (Abb. 2).

Das Licht wird durch den Kondensor gebündelt und fällt durch das Objekt ins Objektiv. Das Objekt selber wird vom Objektiv deutlich vergrößert. Die Vergrößerung des Objektivs kann der Beschriftung des Objektivs entnommen werden. So entsteht im Tubus des Mikroskops ein vergrößertes reelles Zwischenbild. Die Vergrößerung wird mit Hilfe von mehreren hintereinander liegenden Sammellinsen erzeugt. Dieses reelle Zwischenbild wird durch die Lupenwirkung des Okulars nochmals deutlich vergrößert.

Das Okular funktioniert dabei wie eine Lupe und erzeugt ein vergrößertes virtuelles Abbild des Zwischenbildes. Die Gesamtvergrößerung ergibt sich somit aus dem Produkt von Objektiv- und Okularvergrößerung (z. B. 60fach mal 12fach gleich 720fach).

→ Kap. 1.1, M6, Kap. 1.18

Nach dem Herstellen des Präparats sind die folgenden wichtigen Schritte zu beachten:

- Der Objektträger mit dem Präparat und dem Deckglas muss gerade auf dem Objekttisch und genau über dem Loch im Objekttisch liegen.

- Die Analyse beginnt bei der kleinsten Vergrößerung und nahezu geschlossener Blende.

- Durch schrittweises Scharfstellen mit Hilfe von Grob- und Feintrieb, dem Verändern der Blendenweite und Drehen am Objektivrevolver wird die Vergrößerung erhöht. Die Objektivlinse darf dabei nicht auf das Deckglas aufsetzen und der Objektivrevolver muss hörbar einrasten.
Zu beachten ist zudem, dass vor dem Vergrößern des Teils vom Objekt, der analysiert werden soll, dieser genau in der Mitte des mikroskopischen Bildes liegt.

Bei technischen oder mikroskopischen Problemen sind in Abb. 3 nützliche Hilfen dargestellt.

Ist das mikroskopische Bild dunkel?
Kontrollieren Sie, ob die Lichtquelle eingeschaltet, das Objektiv eingerastet und die Kondensorblende zu weit geschlossen ist. Möglicherweise ist Ihr Präparat auch zu dick. In diesem Fall fertigen Sie ein neues an.

Ist das mikroskopische Bild unscharf?
Überprüfen Sie, ob die Kondensorblende zu weit geöffnet ist. Gegebenenfalls ist Ihr Präparat während des Mikroskopierens gequetscht worden, weshalb sich Wasser zwischen Deckgläschen und Objektiv befinden kann. Reinigen Sie beides mit Linsenpapier und kontrollieren Sie ebenfalls, ob das Okular verschmutzt ist.

Sind schwarze Kreise mit hellem Inneren zu sehen?
Ihr Präparat enthält eingeschlossene Luftblasen. Fertigen Sie ein neues Präparat an und platzieren Sie das Deckgläschen vorsichtig auf dem Präparat.

3 *Nützliche Hilfen bei mikroskopischen Problemen*

Zum Dokumentieren der mikroskopischen Analyse gibt es verschiedene Möglichkeiten wie beispielsweise Fotos oder Bleistiftskizzen. Die mikrosopische Skizze setzt dabei die genaue Beobachtung voraus und fördert so das Verständnis des mikroskopischen Bildes. Dabei wird folgendermaßen vorgegangen:

1. Die Skizze wird mit einem Bleistift auf weißem Papier (Din-A-4-Format) angefertigt.

2. Im oberen Drittel des Papiers stehen Name, Objekt, Vergrößerung und die Darstellung.

3. Die verbleibenden zwei Drittel des Blattes werden für die Skizze und die Beschriftung genutzt.

4. Das Skizzieren erfolgt nicht aus dem Gedächtnis, sondern beim Mikroskopieren werden beide Augen geöffnet. Das eine Auge schaut durch das Okular, das andere Auge auf das Zeichenpapier.

5. Beim Skizzieren ist darauf zu achten, dass die Konturen durchgezogen und kräftig sind. Gestrichelte Linien, Schraffuren und Schattierungen sollen nicht verwendet werden.

6. Die Beschriftungen der Skizze werden ebenfalls mit einem Bleistift am rechten Rand des Blattes notiert.

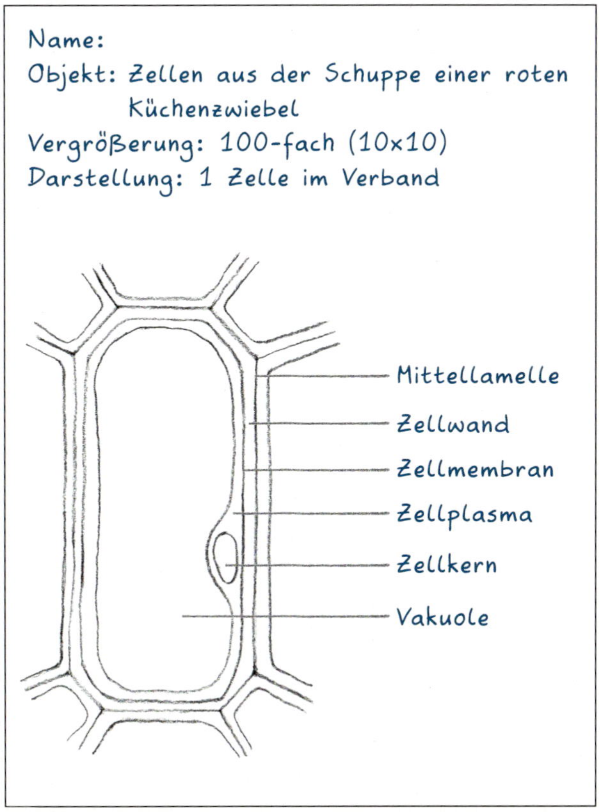

4 *Anfertigen einer Skizze nach mikroskopischem Bild*

Methode M5 Mikroskopieren II

PRAXIS – WIRKUNG VON NEUTRALROTLÖSUNGEN AUF ZWIEBELZELLEN

Neutralrotlösungen färben lebende Zellen, ohne sie abzutöten. In der Vakuole einer Pflanzenzelle herrscht ein eher saures Milieu, der pH-Wert liegt meistens unterhalb von 6. Die Neutralrot-Moleküle haben einen hydrophoben Bereich. Daher können sie die Lipid-Doppelschichten der Zellmembran und der Membran der Vakuole leicht passieren. Neutralrot-Ionen können aufgrund ihrer Ladung Wasser-Moleküle anziehen, es bildet sich eine Hydrathülle. Dadurch werden die Neutralrot-Ionen deutlich größer als die Neutralrot-Moleküle. Die Vakuole ist durch ihre Zellmembran, dem Tonoplast, vom Zellplasma der Zwiebelzelle getrennt. Die beiden Kompartimente besitzen die folgenden, in der Tabelle dargestellten Eigenschaften.

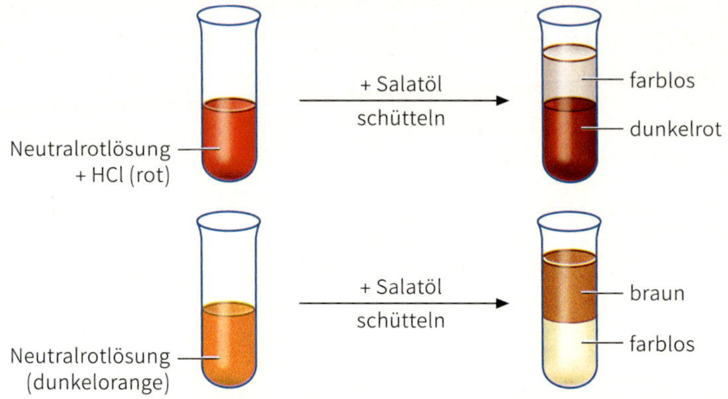

	Vakuole	Zellplasma
pH-Wert	5 – 6	7 – 8
Protonenkonzentration	hoch	niedrig
Teilchenebene	Neutralrotkation (NRH^+)	Neutralrotmolekül (NR)

Frage
Welche Wirkung haben die beiden Neutralrotfärbelösungen auf eine Zwiebelzelle?

Material
Mikroskop, weiße Küchenzwiebel, Messer, Rasierklinge, Färbegläschen (Petrischale) mit Neutralrotlösung, Färbegläschen (Petrischale) mit Salzsäure angesäuerte Neutralrotlösung, Pipetten, Objektträger, Deckgläschen, Filterpapier

Sicherheitshinweis
Arbeiten Sie vorsichtig mit dem Präparierbesteck, um Verletzungen und Infektionen zu vermeiden.

Durchführung
Fertigen Sie zwei Präparate der inneren Zwiebelhaut einer Zwiebelschuppe an.
Legen Sie eines der präparierten Zwiebelhäutchen in die Neutralrotlösung. Das andere Präparat wird in die angesäuerte Neutralrotlösung gelegt.
Lassen Sie die Zwiebelhäutchen 5 bis 10 Minuten in den jeweiligen Färbelösungen liegen.
Geben sie mit einer Pipette einen Tropfen Neutralrotlösung in die Mitte eines Objektträgers und legen Sie ein Zwiebelhäutchen aus der Neutralrotlösung in den Tropfen. Decken Sie das Präparat mit einem Deckgläschen ab. Mikroskopieren Sie anschließend das Zwiebelhäutchen. Geben Sie mit einer zweiten Pipette einen Tropfen angesäuerte Neutralrotlösung in die Mitte eines zweiten Objektträgers. Legen Sie das Zwiebelhäutchen aus angesäuerte Neutralrotlösung in den Tropfen und decken Sie das Präparat mit einem Deckgläschen ab. Mikroskopieren Sie anschließend das zweite Präparat.

Entsorgung
Geben Sie die Feststoffe in den Hausmüll und die Flüssigkeiten in das Abwasser.

a) Werten Sie die in der Schemazeichnung dargestellten Vorversuche zur Neutralrotlösung aus.
b) Skizzieren und beschreiben Sie Ihre mikroskopischen Beobachtungen.
c) Erläutern Sie die Versuchsbeobachtungen mit Hilfe von Schemazeichnungen, die die Vorgänge in den Zwiebelzellen auf Teilchenebene verdeutlichen.

→ Kap. 1.1, Kap. 1.12, M6 , Kap. 1.18

PRAXIS – ZWIEBELZELLE IN UNTERSCHIEDLICHEN MEDIEN

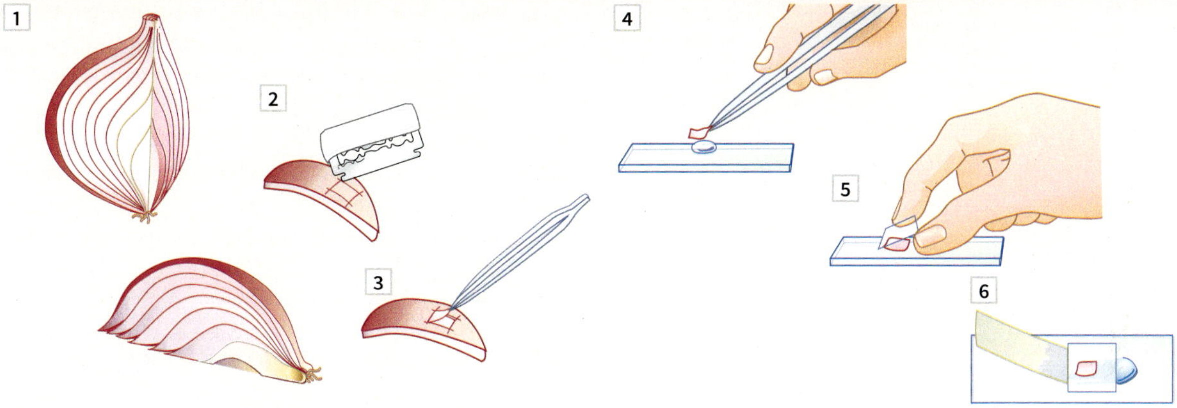

Frage
Welche Auswirkung hat eine Kochsalzlösung auf eine Zwiebelzelle?

Material
Mikroskop, rote Küchenzwiebel, Küchenmesser, Rasierklinge, Pinzette, 3 Pipetten, 1 Becherglas mit Leitungswasser, Objektträger, Deckgläschen, Filterpapier, 1 Becherglas mit Kochsalzlösung (1 M), 1 Becherglas mit destilliertem Wasser

Durchführung
Teilen Sie mit dem Küchenmesser eine Zwiebel in vier Viertel und lösen Sie aus dem Zwiebelviertel eine der unteren Zwiebelschuppen heraus 1.
Ritzen Sie nun mit dem Skalpell in deren rote Außenseite ein kleines Quadrat 2.
Ziehen Sie dieses mit der Pinzette ab 3 und geben es in einen Tropfen Leitungswasser auf den Objektträger 4.
Sollten Sie Probleme bei der Präparation der äußeren Zwiebelhaut haben, so kann auch die innere Zwiebelhaut analog präpariert werden. Hier ist darauf zu achten, dass Sie einen rotgefärbten Bereich wählen.
Lassen Sie nun vorsichtig das Deckgläschen schräg auf das Zwiebelhäutchen sinken, sodass sich keine Luftblasen bilden 5.
Überschüssiges Wasser wird mit dem Filterpapier an den Seiten des Deckglases abgesaugt.
Klemmen Sie den Objektträger mit Ihrem Präparat auf dem Objekttisch fest und mikroskopieren Sie dieses.
Führen sie die weiteren Schritte durch, während sich der Objektträger auf dem Objekttivtisch befindet.

Geben Sie einen Tropfen Kochsalzlösung an den Rand des Deckgläschens. Saugen Sie die Lösung unter das Deckgläschen, indem Sie Filterpapier an die andere Seite des Deckgläschens halten 6. Achten Sie dabei darauf, dass keine Kochsalzlösung an das Objektiv gelangt. Mikroskopieren Sie anschließend Ihr Präparat.

Wiederholen Sie den Vorgang mit demselben Präparat und einem Tropfen destilliertem Wasser 6 und mikroskopieren Sie im Anschluss erneut das Präparat.

Entsorgung
Geben Sie die organischen Feststoffe in den Hausmüll, Deckgläser in den Glasmüll und die Flüssigkeiten in das Abwasser.

a) Skizzieren Sie das Gewebe des Zwiebelhäutchens, indem Sie einen Zellverband aus mindestens fünf Zwiebelzellen zeichnen.
b) Skizzieren Sie eine Zwiebelzelle aus dem Zellverband.
c) Stellen Sie zum beschriebenen Experiment eine zugrundeliegende Hypothese auf.
d) Skizzieren Sie jeweils eine Zwiebelzelle aus dem Zellverband nach Zugabe eines Tropfens Kochsalzlösung und nach Zugabe eines Tropfens destillierten Wassers.
e) Vergleichen Sie Ihre drei erstellten Skizzen der Zwiebelzelle miteinander.
f) Erläutern Sie die Versuchsbeobachtungen in der Zwiebelzelle mit Hilfe von Schemazeichnungen, die die Vorgänge auf Teilchenebene verdeutlichen.

→ Kap. 1.1, Kap. 1.12, M6 , Kap. 1.18

Methode M6 Modellhaftes Darstellen von Zellstrukturen

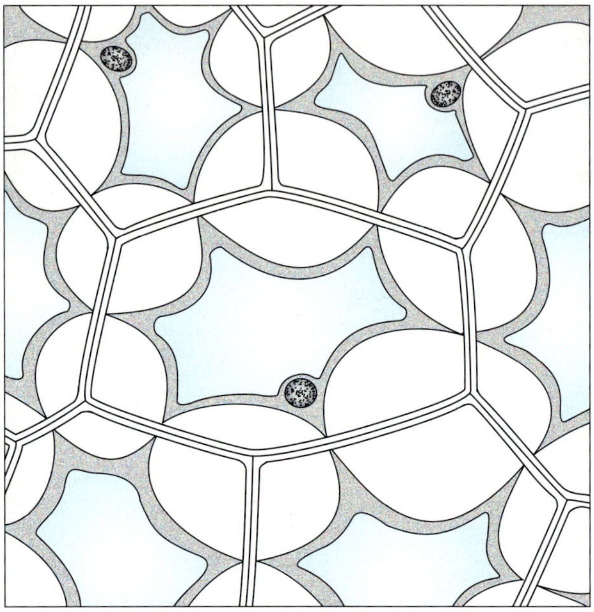

1 *Schematische Darstellung von Zellen aus der unteren Epidermis der Küchenzwiebel während der Plasmolyse (Konkavplasmolyse)*

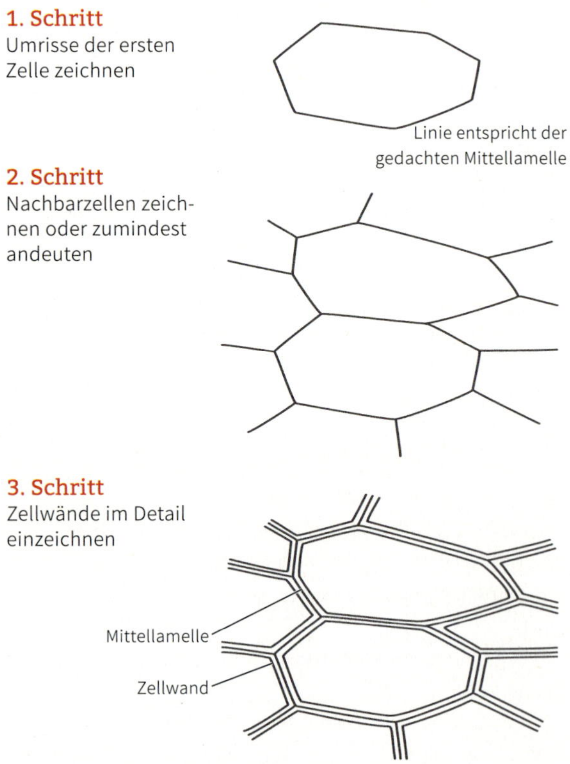

2 *Schritte beim dreikonturigen Zeichnen von Zellen.*

Das Anfertigen einer schematischen Darstellung von Zellen ist eine wichtige Methode, um das im Mikroskop gesehene Bild darzustellen und zu interpretieren. Hierfür sind eine intensive Beobachtung und genaue Analyse des mikroskopischen Präparats unerlässlich. Die schematische Darstellung soll das Objekt in durchdachter und kommentierter Form abbilden. Die Darstellung muss während des Zeichnens ständig mit dem Bild im Mikroskop verglichen werden. Deshalb sollten die Zeichnungen unbedingt während der Unterrichtsstunde angefertigt werden und nicht erst zu Hause. Ein oberflächliches Skizzieren sollte möglichst vermieden werden. Das Zeichnen aus dem Gedächtnis führt zu Irrtümern und hilft nicht, den Bau der Zellen oder der Gewebe zu verstehen.

Die Zeichnung eines mikroskopischen Präparats hält die Beobachtungen genau fest. Sie sollte ausreichend groß sein, damit alle wichtigen Einzelheiten zu erkennen sind. Bekannte Einzelheiten der Zeichnung werden anschließend beschriftet. Um die Zeichnung auch später noch eindeutig zuordnen zu können, müssen wichtige Informationen dazugeschrieben werden. Dies sind vor allem der Name des untersuchten Tieres oder der Pflanze, das untersuchte Objekt, die Vergrößerung und die Art der Darstellung (vgl. Abb. 4, Seite 57).

1. Schritt: Fertigen Sie gegebenenfalls eine schematischen Übersichtszeichnung des Objekts an, welche die Lage einzelner Gewebe angibt. Markieren Sie den Ausschnitt, der in der Detailzeichnung dargestellt wird.
2. Schritt: Zeichnen Sie die Umrisse eines Objekts mit feinen Linien vor. Bei richtigen Größenverhältnissen lassen sich Details leichter ergänzen. Wählen Sie daher den Maßstab nicht zu klein und achten Sie auf die Größenordnungen zueinander.
3. Schritt: Zeichnen Sie die Mittellamellen der Zellen eines Gewebes ein. Die Mittellamelle gibt die Form der Zelle an (Abb. 2a, b).
4. Schritt: Zeichnen Sie die Dicke der Zellwand der betrachteten Zellen ein. Diese Linie stellt gleichzeitig die Zellmembran dar. Dadurch werden die aneinandergrenzenden Zellen in einem Gewebe durch drei Linien verbunden. Diese Methode wird dreikonturiges Zeichnen genannt (Abb. 2c).
5. Schritt: Zeichnen Sie weiterere Strukturen ein, wie zum Beispiel die Vakuole und den Zellkern (Abb. 1).

3 *Wichtige Schritte zum Anfertigen einer Detailzeichnung*

→ M5

Das gleichzeitige Betrachten im Mikroskop und das Anfertigen der Zeichnung erfordert viel Übung. Zur Erleichterung kann man das Objekt mit einer Kamera fotografieren und die Zeichnung anschließend anfertigen. Hierzu ist die Kamera eines Smartphones sehr geeignet.

Das Smartphone wird so vor das Okular gehalten, dass die Kamera in das Okular "schaut". Dazu muss es im richtigen Abstand und Ausrichtung positioniert werden. Um das Smartphone richtig zu positionieren, kann man am besten Stativmaterial und entsprechende Klemmen verwenden. Befestigt man das Smartphone so, dass die Kamera direkt vor dem Okular liegt, zeigt das Display ein kreisförmiges Bild auf dunklem Untergrund. Um einen rechteckigen Ausschnitt aufzunehmen, bei dem die runden Ecken gerade eben aus dem Bildfeld verschwunden sind, muss man den Zoom der Kamera über das Display der Kamera bedienen. Das entstandene Foto kann anschließend mit einer Software für die Bildbearbeitung optimiert werden. Die Kameraeinstellung „Nahaufnahme“ kann bei einem optischen Zoom das Scharfstellen des Bildes erleichtern. Zur besseren Fokussierung des Objekts und zum Einfangen des Strahlengangs in das Objektiv der Kamera kann der Augenschutz aus Gummi bei vielen Okularen entfernt werden.

Zeichnungen können auch von einmem elektronenmikroskopischen Bild angefertigt werden. Hierzu ist es sinnvoll, zunächst die Umrisse des Objekts und der Strukturen mit feinen Linien vorzuzeichnen. Hierbei sollten die exakten Größenverhältnisse beachtet werden. Wählen Sie den Maßstab nicht zu klein und achten Sie auf die Größenordnungen zueinander. Danach kann die Zeichnung beschriftet werden.

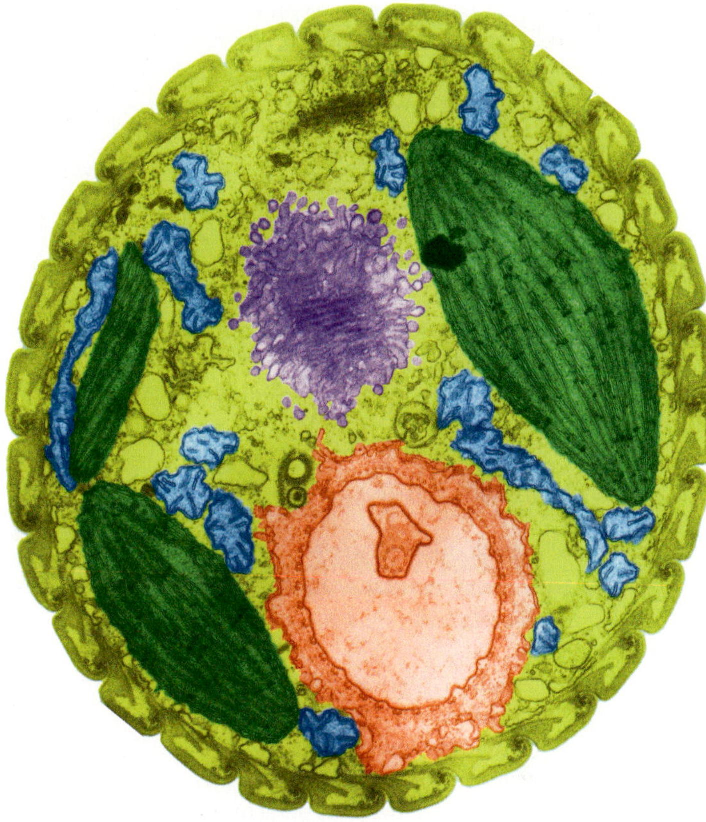

4 *Transferelektronenmikroskopisches Bild (TEM-Bild) von Euglena*

- Glattes, weißes DIN-A4-Papier (gutes Kopierpapier)
- Spitze Bleistifte mit der Härte HB und H
- Weicher nichtschmierender Radiergummi
- Möglichst radierbare Buntstifte in verschiedenen Farben (keine Filzstifte oder Kugelschreiber)

5 *Hilfsmittel für das Zeichnen mikroskopischer Objekte*

1. Schematische Darstellung von Zellen Mikroskopieren Sie Zellen der roten Küchenzwiebel während der Plasmolyse. Gehen Sie dabei wie in der Methode "Mikroskopieren" beschrieben vor. Fertigen Sie eine Detailzeichnung von vier Zellen im Zellverband unter Beachtung der Vorgaben auf dieser Seite an.

2. Schematische Darstellung eines TEM-Bildes von Euglena Stellen Sie das TEM-Bild von Euglena in Form einer schematischen Zeichnung dar. Identifizieren Sie die dargestellten Strukturen und beschriften Sie ihre Zeichnung. Tauschen Sie Ihre Zeichnung mit ihrem Nachbarn aus und vergleichen Sie Ihre Zeichnungen. Diskutieren Sie Vor- und Nachteile einer TEM-Aufnahme und einer schemmatischen Darstellung (Abb. 4).

3. TEM-Bild von Euglena

a) Beschreiben Sie die TEM-Aufnahme von Euglena unter Berücksichtigung der mikroskopisch sichtbaren Strukturen sowie unter Verwendung der entsprechenden Fachbegriffe.

b) Begründen Sie, ob es sich bei der TEM-Aufnahme von Euglena um das Bild einer pflanzlichen oder tierischen Zelle handelt (Abb. 4).

→ Kap. 1.3, Kap. 1.4, M5

1.18 Plasmolyse und Deplasmolyse

1 *Welkende Pflanze während eines trockenen Sommertages*

Wir genießen warme Sommertage, während viele Pflanzen unter der Hitze in Kombination mit wenig Niederschlägen teilweise erheblich leiden. Wassermangel bewirkt bei krautigen Pflanzen, dass die Blätter der Pflanze schlaff werden und nach unten hängen (Abb. 1). Pflanzen welken, wenn der Wasserdruck innerhalb der Zelle durch osmotische Wasseraufnahme nicht mehr aufrecht erhalten werden kann.

Die Vakuole ist von einer einfachen Membran, dem **Tonoplasten**, umgeben und mit **Zellsaft** gefüllt. Ist die Pflanze ausreichend mit Wasser versorgt, sind die Vakuolen prall mit Wasser gefüllt, sodass die Zelle sich wie ein Ballon spannt. Der Wassereinstrom in die Zelle und in die Vakuole erfolgt, weil die Konzentration an gelösten Stoffen im Zellsaft größer ist als im umgebenden Wasser. Dies geschieht so lange, bis der Druck der Zellwand ein weiteres Füllen der Vakuole verhindert. Die Vakuole drückt das Plasma gegen die Zellwand, die dadurch gedehnt wird. Dieser Druck des Zellplasmas auf die Zellwand wird als **Turgordruck** bezeichnet. Aufgrund der prall mit Wasser gefüllten Zellen können krautige Pflanzen aufrecht stehen.

Pflanzen geben über die Spaltöffnungen in den Blättern Wasser in Form von Wasserdampf ab. Die Wasserabgabe erfolgt, wenn die Konzentration der Wasserteilchen in den Hohlräumen des Schwammgewebes höher ist als in der Außenluft. Dadurch entsteht ein Konzentrationsgefälle zu den Blattzellen. Wenn bei sehr großer Trockenheit in den Leitungsbahnen der Pflanze zu wenig Wasser vorhanden ist, kann nicht mehr genügend Wasser in die Zellen des Blattes hineindiffundieren. Dann enthalten die Vakuolen der Pflanzenzellen zu wenig Wasser. Der Turgordruck in den Zellen sinkt. Es kommt dann zum Erschlaffen der Zellen und zum Welken der Pflanzenorgane.

Nach einem Regenschauer sind die Pflanzenwurzeln wieder von Wasser umgeben. Die feinen Wurzelhaare dringen in die Hohlräume zwischen den Bodenkörnern. Die Wurzelhaare nehmen das Wasser auf. Von den Wurzelhaaren gelangt das Wasser in das Innere der Wurzel. Die Konzentration an gelösten Stoffen ist in den Wurzelzellen größer als im Bodenwasser. Daher kommt es zum Wassereinstrom. In gleicher Zeit gelangen mehr Wasserteilchen durch Diffusion in die Wurzelzellen hinein als hinaus. Dieser Vorgang setzt sich in den Nachbarzellen fort, bis das Wasser in die Leitungsbahnen diffundiert. Die Vakuolen in den Zellen der Sprossachse und Blätter der Pflanzen füllen sich aufgrund der osmotischen Vorgänge wieder mit Wasser. Der Turgordruck in den Zellen steigt an. Die welke Pflanze richtet sich wieder auf.

Bei normaler Wasserversorgung ist die Stabilität krautiger Pflanzen daher durch den Zellinnendruck gewährleistet. Lösungen mit einer geringeren Konzentration an gelösten Stoffen als innerhalb der Zelle heißen **hypotonisch**. Ist die Konzentration an gelösten Stoffen außerhalb größer als innerhalb der Zelle, liegt eine **hypertonische** Lösung vor. Gleich konzentrierte Lösungen sind **isotonisch**. Werden Pflanzenzellen in eine hypertonische Salzlösung gebracht, diffundiert Wasser aus der Zelle hinaus. Das Zellplasma schrumpft. Es löst sich zusammen mit der Zellmembran von der Zellwand ab. Dieser Vorgang heißt **Plasmolyse**. Dabei wird die **Konkavplasmolyse**, die von Lösungen bewirkt wird, die Calcium-Ionen (Ca^{2+}) enthalten, von der **Konvexplasmolyse** unterschieden (Abb. 3). Diese tritt bei Lösungen auf, die Kalium-Ionen (K^+) enthalten. Werden diese Zellen in reines Wasser gegeben, so erfolgt der umgekehrte Vorgang, die **Deplasmolyse**. Wasserteilchen diffundieren aus dem hypotonen Wasser in die Zellen hinein bis die Vakuole wieder prall mit Wasser gefüllt ist. Die Zellmembran legt sich wieder an die Zellwand an.

→ Kap. 1.17, M5, M6, B1

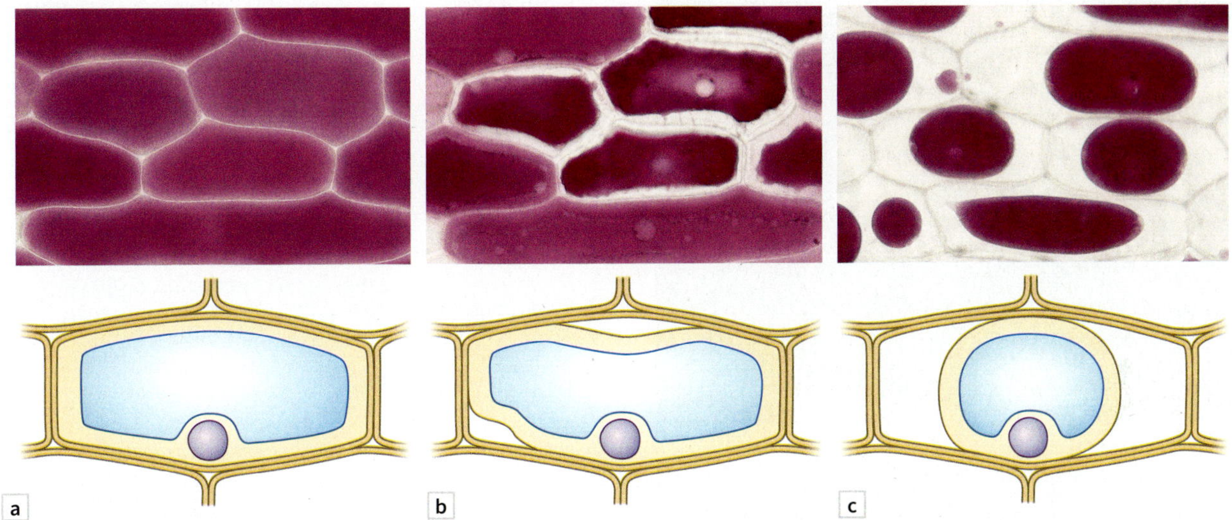

2 *Zellen eines Zwiebelhäutchens: (a) prall gefüllte Zellen; (b) während der Plasmolyse; (c) vollständig plasmolysierte Zellen*

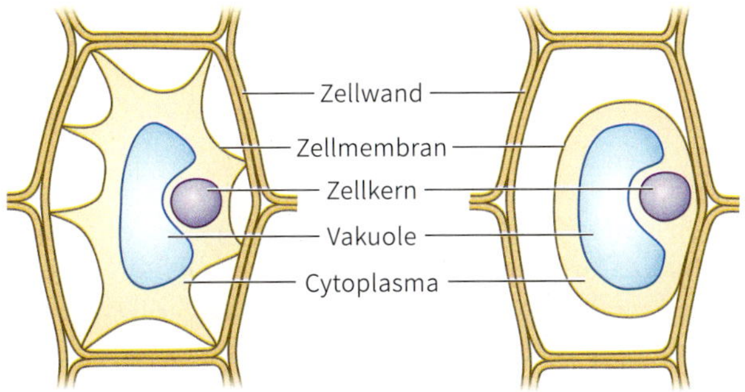

3 *Konkav- (links) und Konvexplasmolyse (rechts)*

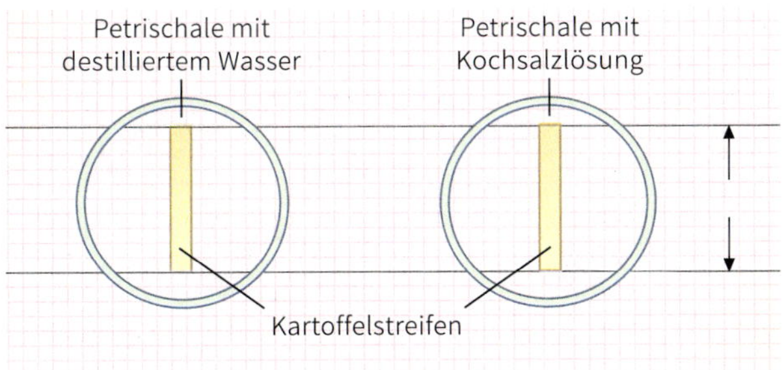

4 *Kartoffelstreifen in unterschiedlichen Lösungen*

1. Plasmolyse und Deplasmolyse

a) Beschreiben Sie Gemeinsamkeiten und Unterschiede bei der Konvex- und der Konkavplasmolyse (Abb. 3).

b) Erläutern Sie die Vorgänge bei der Plasmolyse und der Deplasmolyse bei den Zellen eines Zwiebelhäutchens anhand der Abbildungen 2 und 3.

PRAXIS

Material

Kartoffel, Messer, zwei Petrischalen, Kochsalzlösung, destilliertes Wasser, Millimeterpapier, Digitalwaage.

Durchführung

Schneiden Sie aus einer Kartoffel zwei Streifen von genau fünf Zentimetern Länge, einem Zentimeter Breite und fünf Millimetern Höhe heraus. Wiegen Sie die Kartoffelstreifen mit der Digitalwaage. Zeichnen Sie auf dem Millimeterpapier zwei parallele Linien im Abstand von fünf Zentimetern. Stellen Sie die beiden Petrischalen auf das Millimeterpapier. Legen Sie die Kartoffelstreifen so in die Petrischalen, dass sie genau zwischen den Linien liegen (Abb. 4). Befüllen Sie eine Petrischale mit gesättigter Kochsalzlösung und die zweite Petrischale mit destilliertem Wasser. Schreiben Sie die Größenveränderungen nach etwa einer Stunde auf. Wiegen Sie die beiden Kartoffelstreifen erneut.

a) Beschreiben Sie Ihre Beobachtungen.

b) Erläutern Sie die Beobachtungen mithilfe Ihrer Kenntnisse zu osmotischen Vorgängen.

c) Entwickeln Sie in Anlehnung an dieses Experiment ein Experiment, mit dem Sie untersuchen können, wie sich die Konzentration gelöster Stoffe in den Vakuolen von Kartoffelzellen bestimmen lässt.

5 *Messung des osmotischen Drucks mit einem Osmometer*

→ Kap. 1.17, M5, M6, B1

1.19 Osmotische Regulation – Wasserhaushalt der Zelle

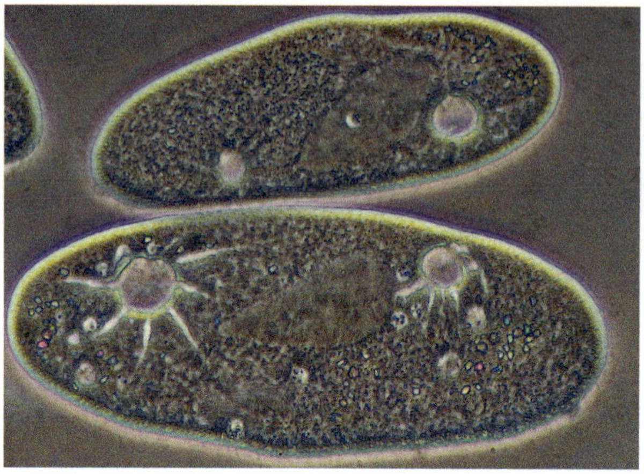

1 *Pantoffeltierchen oben mit zwei nahezu entleerten, unten mit zwei fast gefüllten kontraktilen Vakuolen*

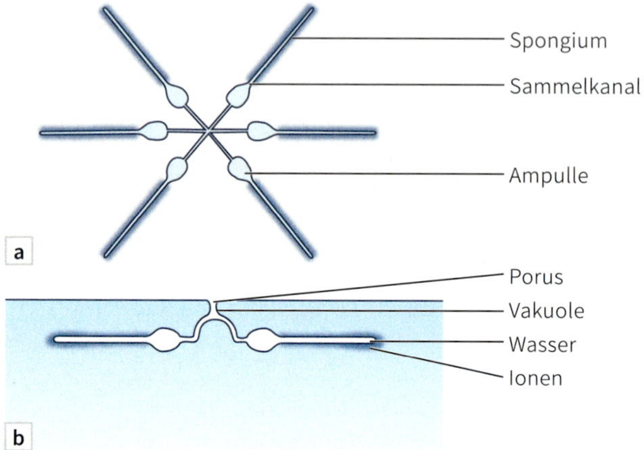

2 *Schematische Darstellung der kontraktilen Vakuole (a) Aufsicht; (b) Querschnitt*

Das Pantoffeltierchen (*Paramecium caudatum*) besitzt sogenannte **kontraktile Vakuolen**. Diese können, unter dem Lichtmikroskop sichtbar, mit Wasser gefüllt sein oder weniger gut sichtbar entleert sein oder sich füllend darstellen (Abb. 1). Das Pantoffeltierchen ist in Gewässern heimisch und lebt in einem gering konzentrierten Medium. Wasser diffundiert entsprechend des Konzentrationsgefälles osmotisch in den Einzeller hinein. Das überschüssige Wasser wird über die kontraktilen Vakuolen an das Außenmedium abgegeben. Das ausgepumpte Wasser weist dabei eine geringere Konzentration an gelösten Teilchen auf als das Cytoplasma.

Das **Spongium**, in das aktiv Ionen aus dem Cytoplasma transportiert werden, umgibt die Sammelkanäle (Abb. 2). Das Wasser aus dem Cytoplasma diffundiert in das Spongium hinein und gelangt von dort über die Sammelkanäle in die **Ampullen**. Die Ampullen füllen sich. Nach der Wasseraufnahme werden die Ionen aktiv in das Cytoplasma zurücktransportiert. Um die Ampullen herum angeordnete Proteine, die sich zusammenziehen können, sorgen für eine Verkleinerung des Ampullendurchmessers, wodurch das Wasser in die Vakuole gelangt (Abb. 3a, b). Der steigende Innendruck in der Vakuole sorgt neben der aktiven Kontraktion der die Vakuole umgebenden Proteine für den Wasserausstoß über den Porus (Abb. 3c).

An diesem Beispiel wird deutlich, dass die Wasseraufnahme und -abgabe reguliert werden muss, um die Konzentration an gelösten Teilchen innerhalb der Zellen annähernd konstant zu halten. Die Kontrolle von Wassergehalt und Gehalt an gelösten Teilchen innerhalb eines Organismus wird **Osmoregulation** genannt. Er wird meist über die Regulierung des Gehalts an gelösten Stoffen realisiert, da auf diese Weise indirekt die osmotische Wasserbewegung kontrolliert wird. Das Pantoffeltierchen reguliert den Wassergehalt und dadurch die Konzentration gelöster Stoffe aktiv durch die Tätigkeit der kontraktilen Vakuolen. Es gehört zu den Organismen, die den Gehalt an gelösten Stoffen unabhängig von ihrer Umgebung regulieren können, den sogenannten **Osmoregulierern**. Auch alle Wirbeltiere zählen zur Gruppe der Osmoregulierer. Sie weisen eine gleichbleibende Salzkonzentration von 0,9 % in ihren Körperflüssigkeiten auf.

Viele marine Tiere passen die Stoffkonzentration in ihrem Inneren passiv oder aktiv an die Konzentration gelöster Stoffe im Meerwasser an. Sie werden daher als **Osmokonformer** bezeichnet. Eine unkontrollierte Wasseraufnahme und -abgabe ist dadurch verhindert.

Die einfachste Art der Osmoregulation besteht bei pflanzlichen Zellen im steigenden Turgor aufgrund eines osmotisch bedingten Wassereinstroms. Ab einem bestimmten Druck verhindert der steigende Turgor einen weiteren Nettoeinstrom von Wasser in die Zelle. Aber auch die Bewegung von Pflanzen oder Pflanzenteilen, wie beispielsweise die Blattbewegung beim Klee, beruhen in erster Linie auf den gezielten Transport von Ionen in spezialisierte Zellen und den damit verbundenen Wassereinstrom und -ausstrom.

→ Kap. 1.17, Kap. 1.18, B4

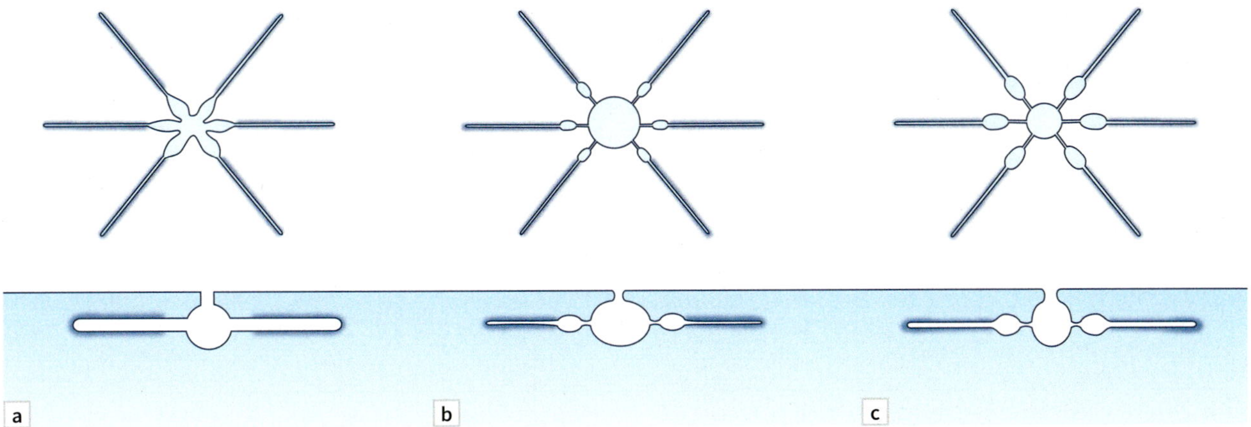

3 *Phasen des Wasserausstoßes bei der kontraktilen Vakuole*

4 *Sauerklee bei Dunkelheit*

5 *Sauerklee bei Tageslicht*

1. Osmoregulation bei Pantoffeltierchen. Erläutern Sie mithilfe des Grundwissentextes und der Abbildungsfolge in Abb. 3 die Funktionsweise der kontraktilen Vakuole von Wasseraufnahme in die Vakuole bis zum Wasserausstoß über den Porus.

2. Blattbewegungen beim Sauerklee. Der Sauerklee *(Oxalis acetosella)* ist in der Lage durch Turgorveränderungen in bestimmten Zellen Blattbewegungen durchzuführen. Nachts, bei Dunkelheit, sind die Blätter des Sauerklees eingeklappt (Abb. 4), tagsüber in Anwesenheit von Licht geöffnet (Abb. 5). Entlang der Mittelrippe der drei Kleeblätter befinden sich die sogenannten **Blattkissenzellen.** Sind diese prall mit Wasser gefüllt und weisen einen hohen Turgor auf, öffnet sich das Blatt. Dabei ist vom sogenannte Blattkissenbewegungen die Rede. Werten Sie Abbildungen 4 bis 6 im Hinblick auf den Mechanismus der Blattkissenbewegungen aus.

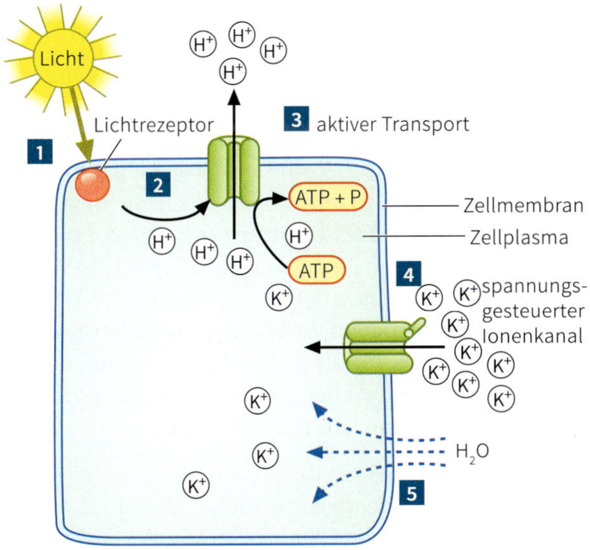

6 *Vorgänge an Blattkissenzellen*

Methode M7 Kompetenzsicherheit und Selbsteinschätzung

Arbeitsblatt: Selbsteinschätzungsbogen: Zellbiologie

Mithilfe dieses Selbsteinschätzungsbogens können Sie Ihren aktuellen Kenntnisstand und Ihre Vorstellungen zum Thema „Fotosynthese" realistisch einschätzen. Die Aufgaben sind keine Testaufgaben und werden nicht bewertet. Bitte bearbeiten Sie die folgenden Aufgaben ohne Hilfsmittel so genau wie möglich.

1) Machen Sie sich zunächst alleine Gedanken über Ihre Fähigkeiten und kreuzen Sie an.
2) Lösen Sie die untenstehenden Aufgaben, um Ihre Einschätzung zu überprüfen.
3) Vergleichen Sie die Ergebnisse in Partnerarbeit oder mit dem vorgegebenen Lösungsblatt. Ziehen Sie Schlussfolgerungen über Ihren Kenntnisstand.
4) Vergleichen Sie Ihre Fähigkeiten mit Ihrer ersten Einschätzung und kennzeichnen Sie dies in der vorletzten Spalte.
5) Bearbeiten Sie die in der letzten Spalte genannten Hinweise zu den Kompetenzen, die Sie noch nicht sicher beherrschen.

	Kompetenzen **Ich kann ...**	**sicher**	**ziemlich sicher**	**unsicher**	**sehr unsicher**	**Einschätzung korrekt?**	**Hinweise im Kapitel**
SK	die Struktur einer Pflanze auf Organ-, Gewebe- und Zellebene darstellen.						B Systemebenen, B1, 1.2, 1.3, 1.4, 1.18, M5, M6
EG	pflanzliche Gewebepräparate herstellen, lichtmikroskopisch untersuchen und einen geeigneten Zellverband zeichnen.						M5, M6
KK	Befunde zur Plasmolyse und Deplasmolyse unter Beachtung von Stoff- und Teilchenebene darstellen.						B4, 1.15, 1.18, M5

1 *Ausschnitt aus dem Selbsteinschätzungsbogen „Zellbiologie"*

Bei der Vorbereitung auf Klausuren und das Abitur kommt es auch darauf an, alle wesentlichen Kompetenzen des Fachs Biologie zu beherrschen. Unter „Kompetenz" wird hier die Fähigkeit verstanden, Aufgaben und Probleme unter Verwendung allgemeiner naturwissenschaftlicher und fachspezifisch biologischer Methoden und Arbeitstechniken selbstständig zu lösen. Ein effektives und nachhaltiges Lernen beinhaltet auch eine aktive Auseinandersetzung mit dem Lernstoff. Hierzu gehört auch, dass Sie sich darüber im Klaren sind, welche Kompetenzen Sie bereits sicher beherrschen oder welche Kompetenzen Sie noch gezielt verbessern sollten.

Im Fach Biologie gibt es sowohl inhaltsbezogene als auch prozessbezogene Kompetenzen. Die prozessbezogenen Kompetenzen beziehen sich auf die Bereiche Erkenntnisgewinnung, Kommunikation und Bewertung. Die inhaltsbezogenen Kompetenzen beziehen sich auf biologische Fachkenntnisse, die nach den acht Basiskonzepten gegliedert sind. Fachwissen (FW) bezieht sich dabei nicht nur auf die Verfügbarkeit von reinen Fakten. Bei den meisten Aufgaben sollen Sie vor allem unter Bezug auf die konkreten Materialien Ihre Fachkenntnisse anwenden und auf neue Sachverhalte übertragen können.

Bei der Erkenntnisgewinnung (EG) geht es im Wesentlichen um den Umgang mit Problemlösungsstrategien, fachspezifische Arbeitstechniken, z. B. das Mikroskopieren, und die Reflexion von Möglichkeiten und Grenzen wissenschaftlicher Erkenntnisgewinnung. Letzteres wird besonders bei der Auseinandersetzung mit Experimenten und Modellvorstellungen deutlich. Zum Bereich der Kommunikation (KK) gehört der sachgerechte Umgang mit Texten und anderen Informationsträgern, wie etwa Bildern, Grafiken und Tabellen. Sie sollen dabei den Informationsgehalt der verschiedenen Materialien erfassen, sie aufeinander beziehen und verarbeiten und die Sachverhalte fachsprachlich angemessen darstellen. Bewertungskompetenz (BW) bezieht sich zum einen auf umweltverträgliches und reflektiertes Handeln im Sinne einer Bildung für nachhaltige Entwicklung, zum anderen auf den Bereich der Bioethik, der die kritische Beurteilung moderner biotechnologischer und biomedizinischer Verfahren zum Inhalt hat.

Ein wesentliches Ziel dieser Methode zur Selbsteinschätzung ist es, Ihnen Klarheit darüber zu geben, über welche Kompetenzen Sie tatsächlich verfügen. Durch den Einsatz von Selbsteinschätzungsbögen in Kombination mit speziell ausgewählten Aufgaben zum „Wiederholen – Üben – Festigen" reflektieren Sie Ihre Kompetenzen, erkennen Ihre Stärken und Schwächen und leiten daraus Ihren individuellen Kenntnisstand und den weiteren Übungsbedarf ab.

In den Bögen werden die entsprechenden Kompetenzen des Kerncurriculums in Form von „Ich kann..."-Sätzen verständlich formuliert und in Form einer Kompetenzmatrix (Tabelle) angeordnet (Abb. 1).

Die Selbsteinschätzungsbögen bieten Ihnen eine gute Möglichkeit, Ihre Stärken und Schwächen eigenständig zu erkennen und selbst zu überlegen, wie Sie sich verbessern können.

- Sie machen sich Ihre Stärken und Schwächen im Zusammenhang mit den Kompetenzen im Fach Biologie selbst bewusst.
- Sie erkennen, erfahren und begreifen Ihren Kompetenzzuwachs und reflektieren Ihr eigenes Lernverhalten.
- Sie übernehmen Verantwortung für das eigene Lernen.
- Bei Partneraufgaben kommunizieren Sie auf gleicher Ebene mit Ihren Mitschülerinnen und Mitschülern.
- Die Lehrkraft erhält die Möglichkeit, viel über unterschiedliche Lernwege einzelner Schülerinnen und Schüler zu erfahren und kann auf Wunsch individuelle Rückmeldung geben.

2 *Vorteile der Selbsteinschätzungsbögen*

Dabei werden Ihre Eigenständigkeit und die Übernahme von Verantwortung für Ihren eigenen Lernprozess unterstützt (Abb. 2). Die Objektivität der Selbstreflexion kann gesteigert werden, indem Sie sich z. B. nach der Bearbeitung der Bögen untereinander austauschen, gegenseitig helfen und dies auch schriftlich für die Lehrkraft sichtbar machen.

1. Lesen des Aufgabentextes und des Materials
2. Analysieren des Aufgabentextes (Operatoren, ...)
3. Analysieren des Materials (Kernaussagen, inhaltliche Schlüsselbegriffe, Zusammenhänge mit anderen Materialien, notwendige Fachbegriffe...)
4. Erstellen der Gliederung für die Bearbeitung der Aufgabe auf dem Konzeptpapier, welche den „roten Faden“ im Lösungsgang erkennen lässt
5. Überprüfen der Gliederung auf Vollständigkeit
6. Anfertigen der Reinschrift (Operator bedenken, klare, verständliche Ausdrucksweise, Verwendung der Fachsprache, angemessene äußere Form)

3 *Hinweise zur Bearbeitung von Aufgaben*

So arbeiten Sie mit den Selbsteinschätzungsbögen:

Schritt 1: Verschaffen Sie sich mithilfe des Selbsteinschätzungsbogens einen ersten Überblick darüber, welche Kompetenzen für den jeweiligen inhaltlichen Lernbereich zu einem biologischen Thema verbindlich sind. Schätzen Sie danach selbst ein, wie sicher Sie die entsprechenden Kompetenzen beherrschen.

Schritt 2: Die speziellen Aufgaben des Selbsteinschätzungsbogens ermöglichen Ihnen, Ihren Leistungsstand zu überprüfen. Beachten Sie dabei die in Abb. 3 dargestellten Hinweise. Durch die Bearbeitung dieser Aufgaben trainieren Sie die geforderten Kompetenzen. Weiterhin können Sie anhand der Aufgabenbearbeitung leicht ermitteln, in welchen Kompetenzbereichen Sie besondere Stärken aufweisen oder noch Lücken haben.

Schritt 3: Nachdem Sie die Aufgaben gelöst haben, können Sie sich untereinander über die Ergebnisse und den Bearbeitungsweg austauschen oder Sie vergleichen Ihre Arbeitsergebnisse mit einer Musterlösung, die Sie von Ihrem Lehrer erhalten. Neben dem Wissen, in welchen Bereichen Sie besonders stark sind, gilt es bei der Bearbeitung der Aufgaben herauszufinden, ob und warum Sie Aufgaben nur teilweise oder gar nicht gelöst haben. Eine Möglichkeit besteht darin, dass Ihnen das notwendige Fachwissen (FW) noch fehlt. Es ist jedoch auch denkbar, dass Sie noch Schwierigkeiten bei der Beherrschung der prozessbezogenen Kompetenzen (EG, KK, BW) oder im methodischen Bereich haben, z. B. bei der Entwicklung der Lösungsstrategie.

Schritt 4: Jetzt beginnen Sie damit, ausgehend von Ihren Stärken, die noch vorhandenen Lücken systematisch zu schließen. Vergleichen Sie anhand des Selbsteinschätzungsbogens, ob Ihre Selbsteinschätzung korrekt war. In der letzten Spalte finden Sie Verweise auf die Kapitel, die inhaltlich eng mit der Kompetenz verknüpft sind, die Sie noch nicht sicher beherrschen.
Arbeiten Sie die entsprechenden Kapitel noch einmal durch. Bearbeiten Sie im Anschluss die Aufgaben im Kapitel „Wiederholen – Üben – Festigen“, um Ihre neu erworbenen Kompetenzen unter Beweis stellen zu können und so den Lernerfolg zu überprüfen. So verbessern Sie Ihre Leistungen individuell und zielgenau. Sie können sich auf diese Weise effizient und nachhaltig auf Klausuren und das Abitur vorbereiten.

Methode M8 Vorbereitung auf Klausuren

1 *Lernen in Gruppen*

Februar	März	April	Mai
01 Fr	01 Fr Deutsch üben	01 Mo Bio lernen mit Lea und Ben	01 Mi Tag der Arbeit
02 Sa	02 Sa	02 Di	02 Do
03 So	03 So	03 Mi	03 Fr
04 Mo	04 Mo Deutsch Klausur	04 Do Bio-Klausur	04 Sa
05 Di	05 Di	05 Fr	05 Sa
06 Mi	06 Mi	06 Sa	06 Mo
07 Do	07 Do Mathe Klausur	07 So	07 Di
08 Fr	08 Fr	08 Mo Ferien	08 Mi
09 Sa	09 Sa	09 Di	09 Do
10 So	10 So	10 Mi	10 Fr
11 Mo	11 Mo	11 Do	11 Sa
12 Di	12 Di	12 Fr	12 So
13 Mi Mathe lernen	13 Mi Referat Naturschutz	13 Sa	13 Mo
14 Do	14 Do	14 So	14 Di

2 *Felix Klausurenplan*

Bereits 1831 sagte der deutsche Dichter JOHANN WOLFGANG VON GOETHE:
„Überhaupt lernt niemand etwas durch bloßes Anhören, und wer sich in gewissen Dingen nicht selbst tätig bemühet, weiß die Sachen nur oberflächlich und halb."

Diese Aussage GOETHES zum Thema Lernen verdeutlicht: Die wichtigste Voraussetzung für das Gelingen von Klausuren ist grundsätzlich ein **regelmäßiges Üben und Wiederholen** des Unterrichtsstoffs.

Viele Schüler beginnen erst ein bis zwei Tage vor den Klausuren mit dem Lernen. Diese Form der Vorbereitung führt allerdings nicht dazu, dass der Lernstoff langfristig behalten werden kann. Außerdem entsteht durch dieses Lernen auf den letzten Drücker Lernstress. Um einen langfristigen Lernerfolg zu erzielen, ist es sinnvoll frühzeitig vor der Klausur zu beginnen. Eine anschauliche Übersicht zum Beispiel in Form von Felix Klausurenplan (Abb. 2) ist hilfreich für ein **gutes Zeitmanagement**. Diese Übersicht visualisiert nicht nur die einzelnen Klausurtermine, sondern zeigt auch Phasen auf, in denen gleich mehrere Klausuren hintereinander geschrieben werden. Werden innerhalb von einer Woche beispielsweise drei Klausuren geschrieben, setzt dies einen früheren Lernbeginn voraus, als wenn nur eine Klausur in einer Woche geschrieben wird.

Ungefähr 10 Tage vor der anstehenden Biologieklausur sollte Felix beginnen, den **Lernstoff einzugrenzen**. Viele Lehrer geben das Thema der Klausur relativ genau vor. Außerdem hilft es auch, die Seiten des eingeführten Lehrbuchs sowie die Mitschriften aus dem Unterricht durchzugehen, um einen Überblick über den für die Klausur relevanten Stoff zu erhalten. Gut geführte Mitschriften sind eine Entlastung in der Klausurvorbereitung, da die Verschriftlichung des Unterrichtsstoffs das Verstehen fördert. Im Zuge der Lernstoffeingrenzung bieten natürlich auch die W-Ü-F-Seiten sowie die Klausuraufgaben am Ende eines jeden Kapitels in diesem Buch eine gute Orientierung.

Nachdem Felix sich einen Überblick über den Lernstoff gemacht und diesen eingegrenzt hat, sollte er sich einen **Lernplan erstellen**. Der Lernstoff wird dazu portioniert, das heißt, er wird in Einheiten zerlegt und in Form von Tages- oder eventuell auch Wochenplänen auf die bis zum Klausurtermin zur Verfügung stehenden Tage verteilt. Auf diese Art und Weise wird die Lernaufgabe bewältigbar. Die Größe der Portionen, das heißt die Menge des Lernstoffs und die Dauer der Einheiten hängen davon ab, zu welchem Lerntyp man gehört. Fällt es einem leicht, länger am Stück konzentriert zu arbeiten, können die einzelnen Einheiten länger und die Gesamtzahl geringer sein. Kann man nur kurze Zeit konzentriert arbeiten, müssen die Einheiten kürzer, ihre Gesamtzahl aber dafür größer sein. Zudem spielt es bei der Erstellung des Lernplans auch eine Rolle, ob man ein Mensch mit einer guten Merkfähigkeit ist

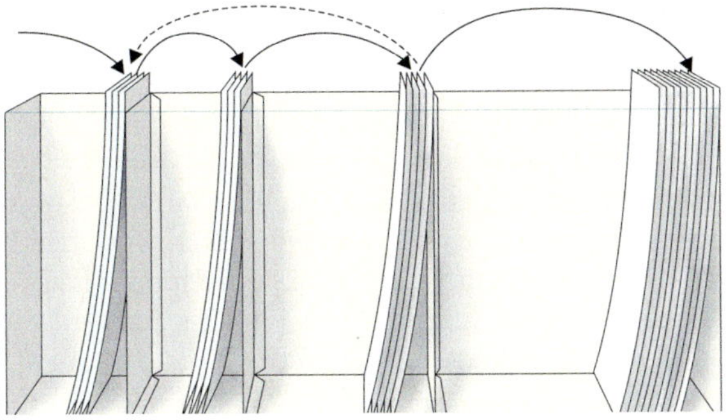

3 *Lernkartei*

und somit weniger Wiederholungen benötigt. Auch das grundsätzliche Interesse an dem zu erarbeitenden Stoff beeinflusst die Anzahl Wiederholungen. Der Lernplan sollte zudem Freiräume zum Sporttreiben oder anderen Freizeitgestaltungen beinhalten sowie einen Zeitpuffer zum Ausgleichen unerwarteter Ereignisse.

Durch regelmäßiges Wiederholen und eigene aktive Auseinandersetzung prägt sich der Lernstoff besser ein, sodass man mehr Sicherheit bekommt und die Klausur gelassener angehen kann. Etwa fünf Tage vor der Biologieklausur sollte Felix seine Wiederholung abgeschlossen haben. Damit die **Wiederholungsphasen** besonders effektiv im Hinblick auf ein langfristiges Behalten werden, ist es ratsam diese **abwechslungsreich** zu gestalten und den Lernstoff miteinander zu vernetzen. In diesem Zusammenhang soll der Lernstoff zunächst anschaulich zusammengefasst und präsentiert werden, zum Beispiel in Form von Tabellen, Skizzen oder Schaubildern. Eine Möglichkeit ist hier zum Beispiel die Zusammenhänge innerhalb des Themas in Form einer Mind-Map darzustellen. Eine Concept-Map, als Erweiterung der Mind-Map, wäre eine weitere Möglichkeit zur Strukturierung des Wissens zu einem Themengebiet.

Die Erstellung von **Lernkarten** hilft ebenfalls, um den Lernstoff langfristig zu behalten. Hierzu wird auf die Vorderseite ein Schlagwort geschrieben, die Rückseite beinhaltet dann als kurzen Text die dazugehörigen Erläuterungen. Die Erstellung dieser Karten ist bereits eine Form der aktiven Auseinandersetzung mit dem Lernstoff. Beim Mehr-Fächerprinzip kommt neuer Lernstoff in das erste Fach (Abb. 3). Bereits gelernter Stoff wandert in die folgenden Fächer. Karten, die man nicht gewusst hat, wandern wieder in das erste Fach, diese Karten werden täglich geübt. Die Karten aus den anderen Fächer werden geübt, wenn das jeweilige Fach voll ist.

Eine andere Lerntechnik ist das Schreiben von **Spickzetteln**. Der Lernstoff wird dabei auf die wesentlichen Inhalte zusammengefasst und so zunehmend komprimiert. Dies gelingt aber nur, wenn er im Zuge der aktiven Auseinandersetzung durchdacht worden ist.

In den Wiederholungsphasen können auch alte Hausaufgaben und Übungsaufgaben bearbeitet werden. Etwa vier Tage vor der Klausur sollte Felix seinen Wissenstand mit den W-Ü-F-Seiten der relevanten Kapitel dieses Buchs überprüfen, um eventuelle Defizite noch aufzuarbeiten.

Eine gute Ergänzung zur bislang geleisteten Einzelarbeit ist nun das **Lernen in Gruppen**. Innerhalb einer Gruppe kann man sich über das Gelernte austauschen, einander Sachverhalte und Zusammenhänge erklären und so erfahren, ob man die Inhalte selbst auch wirklich verstanden hat. Das gemeinsame Lernen in der Gruppe ist nicht nur motivierend, sondern fungiert somit gleichzeitig als Kontrolle des eigenen Wissenstandes.

Zwei Tage vor der Klausur lässt sich das eigene Wissen sehr gut mithilfe der Klausuraufgaben dieses Lehrbuchs überprüfen. Nun sollte nur noch der Stoff gelernt werden, den man bislang nicht konnte. Am Tag unmittelbar vor der Klausur sollte dann kein völlig neuer Stoff mehr gelernt werden. An diesem Tag sollte man das bereits Gelernte ein letztes Mal in Form eines lockeren Überfliegens wiederholen.

Damit die eigentliche Klausur dann gut gelingt, ist ausreichend Schlaf ebenfalls eine gute Voraussetzung. Am Klausurtag sollte man außerdem die sogenannten Panikmacher, die durch aufgeregte Diskussionen, Berichte und Fragen Unruhe verbreiten, meiden.

1. Vorbereitung auf Klausuren. Beschreiben Sie die Vorbereitung für Ihre letzte Biologieklausur.

2. Optimierung der Klausurvorbereitung. Erläutern Sie die Optimierungsmöglichkeiten Ihrer persönlichen Klausurvorbereitung.

Wiederholen · Üben · Festigen

Dieser Abschnitt bietet Hilfestellungen zur eigentätigen oder arbeitsteiligen Organisation Ihrer Wiederholungen, zum Beispiel in regelmäßigen zeitlichen Abständen, vor Klausuren oder vor der Abiturprüfung. Die inhaltlichen Schwerpunkte und alle angestrebten inhaltsbezogenen und prozessbezogenen Kompetenzen, wie sie sich aus dem niedersächsischen Kerncurriculum Biologie für das Inhaltsfeld "Biomembranen grenzen Zellkompartimente ab und ermöglichen Stofftransport" ergeben, sind nachfolgend angegeben. Die Nummerierung der Kompetenzen soll der besseren Verständigung dienen und ist weder eine Rangfolge noch eine zeitliche Abfolge. Oftmals können die angestrebten Kompetenzen mehreren inhaltlichen Schwerpunkten zugeordnet werden. In der Tabelle sind jeweils Kernabschnitte aus diesem Buch zur Wiederholung genannt. Zusätzlich können sie in Kombination mit den WÜF-Aufgaben auf dieser Doppelseite dazu genutzt werden, die erworbenen biologischen Kenntnisse zu reflektieren. Basiskonzepte ermöglichen es, die Themenbereiche zu strukturieren, indem sie Ihnen helfen, die Einzelphänomene zu erfassen, einzuordnen und miteinander zu vernetzen. Damit schaffen die Basiskonzepte eine Voraussetzung für erfolgreiches Lernen.

Nr.	Kompetenz laut Kerncurriculum Die Schülerinnen und Schüler...	Kompetenzbereich	WÜF-Aufgaben	Abschnitte in diesem Buch
1	stellen die Struktur einer Pflanze auf Organ-, Gewebe- und Zellebene dar.	Sachkompetenz	1, 2	B Systemebenen, B1, 1.2, 1.3, 1.4, 1.18, M5, M6
2	stellen pflanzliche Gewebepräparate her, untersuchen sie lichtmikroskopisch und zeichnen einen geeigneten Zellverband.	Erkenntnisgewinnungskompetenz	3c	M5, M6
3	nutzen Skizzen zur Darstellung der Struktur der pflanzlichen Zelle mit Zellwand, Zellmembran, Vakuole, Zellkern, Chloroplasten, Zellplasma auch im Vergleich zur Tierzelle und unter Berücksichtigung von Größenrelationen.	Kommunikationskompetenz	1, 3a, 3b, 3c	B Systemebenen, B1, M5, M6, 1.2, 1.3, 1.4, 1.14, 1.18
4	erläutern Diffusion und Osmose.	Sachkompetenz	1, 4e, 4f, 5	B1, B4, 1.15, 1.18, 1.19
5	untersuchen Plasmolyse und Deplasmolyse mikroskopisch.	Erkenntnisgewinnungskompetenz	1, 4e, 4f	M5, 1.18
6	stellen Befunde zur Plasmolyse und Deplasmolyse unter Beachtung von Stoff- und Teilchenebene dar.	Kommunikationskompetenz	1, 4e, 4f, 5	B4, 1.15, 1.18, M5
7	beschreiben die Struktur und die daraus resultierenden unpolaren und polaren Eigenschaften von Lipiden und Phospholipiden und erläutern die Struktur der Biomembran mit dem Fluid-Mosaik-Modell.	Sachkompetenz	1, 4a, 4b, 4c	B1, 1.9, 1.10, 1.11, 1.12, 1.13, M4
8	planen ein hypothesengeleitetes Experiment zum indirekten Nachweis von Lipiden und Proteinen als Bestandteile der Biomembran, führen dieses unter Berücksichtigung des Variablengefüges durch, protokollieren die Ergebnisse und werten sie aus.	Erkenntnisgewinnungskompetenz	4a, 4b	1.10, 1.11, 1.12, M4, M5
9	erklären Kompartimentierung durch Biomembranen funktional.	Kommunikationskompetenz	1, 3d	B1, 1.12, 1.13, 1.14, 1.17
10	erläutern passiven und aktiven Transport durch Biomembranen.	Sachkompetenz	1, 4d	B1, B2, B3, B4, 1.16, 1.17
11	erklären Energieübertragung durch ATP funktional.	Kommunikationskompetenz	1, 4d	B2, 1.16

1. Einige Schlüsselbegriffe zum Thema „Bau und Funktionen von Zellen".

a) Erläutern Sie die im Begriffskasten in Abbildung 1 genannten Begriffe.

b) Erstellen Sie eine Concept-Map zu dem Thema „Bau und Funktionen von Zellen". Verwenden Sie dabei die in der Abbildung 1 genannten Begriffe.

2. Struktur einer Pflanze. Stellen Sie die Struktur einer Pflanze auf Organ-, Gewebe- und Zellebene textlich dar.

→ M7

Prokaryot, Eukaryot, Endocytose, Exocytose, Biomembran, Diffusion, Osmose, Plasmolyse, Phospholipide, Membranprotein, Golgi-Apparat, Endoplasmatisches Retikulum, passiver Transport, aktiver Transport, Kompartimentierung, Zellkern, Zellorganellen, ATP

1 *Begriffskasten „Bau und Funktion von Zellen“*

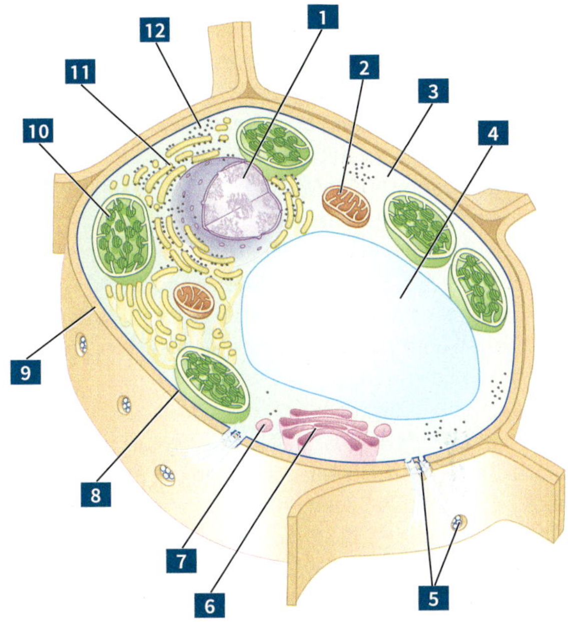

2 *Modelldarstellung einer Pflanzenzelle*

3. Zellen und Zellorganellen.

a) Beschriften Sie bei der Pflanzenzelle in Abbildung 2 sämtliche Zellorganellen. Erläutern Sie jeweils Struktur (Bau) und die Funktion der Zellorganellen.

b) Beschreiben Sie die Unterschiede der Zelle in Abbildung 2 zu einer Tierzelle.

c) Zeichnen Sie einen typischen Zellverband aus drei Zellen des Zwiebelhäutchens. Beschriften Sie.

d) Erklären Sie die Kompartimentierung durch Biomembranen funktional.

4. Biomembranen

a) Erläutern Sie Struktur-Funktionsbeziehungen auf der Ebene von Molekülen am Beispiel der Phospholipide.

b) Planen Sie ein Experiment zum indirekten Nachweis von Lipiden als Bestandteil der Biomembran.

c) Beschreiben Sie das Fluid-Mosaik-Modell über den Aufbau einer Zellmembran.

d) Benennen und erläutern Sie unter Bezug auf Abbildung 3 die verschiedenen Möglichkeiten des Stofftransports durch Membranen.

e) Begründen Sie die Vorgänge bei der Plasmolyse von Pflanzenzellen modellhaft auf der Teilchenebene.

f) Beurteilen Sie, ob die Vorgänge bei der Plasmolyse in Abb. 4 auf der Teilchenebene korrekt dargestellt sind.

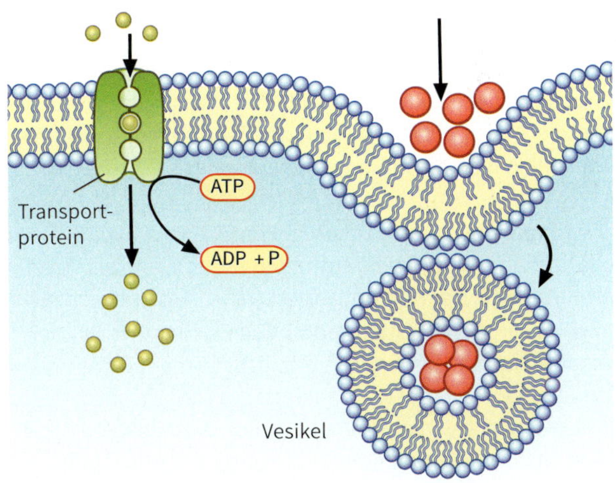

3 *Zwei Möglichkeiten des Stofftransportes durch Membranen*

5. Pantoffeltierchen – Organismen des Süßwassers und der Meere.

Verschiedene Arten der Pantoffeltierchen kommen sowohl im Süßwasser als auch im Meerwasser vor. Erläutern Sie die Folgen für ein Pantoffeltierchen, wenn es aus dem Meerwasser in Süßwasser gesetzt wird und umgekehrt.

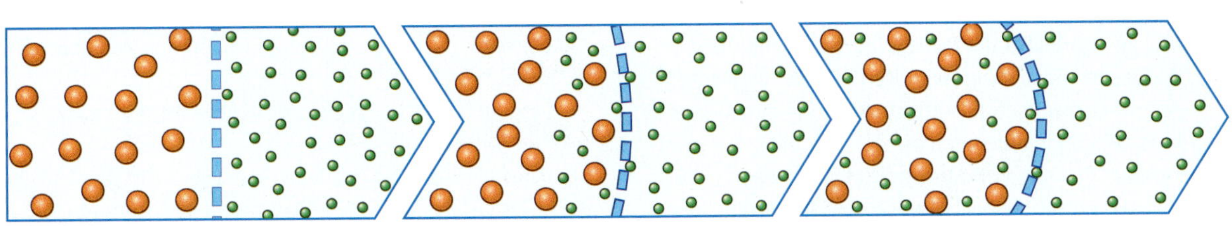

4 *Zeichnung eines Schülers zur Darstellung der Plasmolyse auf der Teilchenebene (rot: Zuckerteilchen; grün: Wasserteilchen)*

→ M7

K Klausuraufgaben

1. Befunde zur Plasmolyse und Deplasmolyse. Kaliumrhodanid (KSCN) ist ein Salz, das in Wasser zu K^+- und SCN^--Ionen zerfällt. Diese Ionen sind osmotisch wirksam und führen bei Pflanzenzellen zur Plasmolyse. Die Veränderungen auf zellulärer Ebene bei der Plasmolyse sind in der Abb. 1 schematisch dargestellt. Belässt man die Zellen in der Kaliumrhodanidlösung stellen sich nach einer gewissen Zeit weitere Veränderungen ein (Abb. 1).

a) Erläutern Sie diese Vorgänge auf molekularer Ebene.

b) Beschreiben Sie die Vorgänge in Abb. 2 und stellen Sie Hypothesen auf, die das Zustandekommen der Deplasmolyse der Pflanzenzellen bei Anwesenheit von Kaliumrhodanid erklären.

c) Der Zustand, an dem sich bei Pflanzenzellen die Zellmembran gerade von der Zellwand abgelöst hat, heißt **Grenzplasmolyse**. Die Konzentration der gelösten Teilchen ist auf beiden Seiten der Membran nahezu gleich. Es diffundieren gleich viele Wasserteilchen in die Zelle hinein und hinaus. Entwickeln Sie ein Experiment, mit dem festgestellt werden kann, wie groß die Konzentration an K^+- und SCN^--Ionen ist.

d) Rote Blutzellen (Erythrozyten), die sich in einer hoch konzentrierten Kochsalzlösung befinden, nehmen eine Stechapfelform an (Abb. 3). Die Zellen schrumpfen. Nach und nach stellt sich die Stechapfelform ein. Teile des Cytoskeletts sorgen für die Ausprägung stumpfer Fortsätze. Gibt man diese Zellen in destilliertes Wasser, steigt der osmotische Druck, das Volumen der Zelle nimmt zu und die Blutzellen platzen. Erklären Sie diese Beobachtungen.

2. Experiment mit Rotkohlzellen. Die Vakuolen der Blattzellen des Rotkohls enthalten Anthocyane als violette Farbstoffe. Der Rotkohl ändert seine Farbe je nach pH-Wert des Bodens. Auf sauren Böden erscheint er rot, auf alkalischen Böden dagegen bläulich. Je mehr Essig oder andere Säuren beim Kochen dazu gegeben werden, desto rötlicher färbt sich das Gericht. Durch diese lokalen Zubereitungsformen erklären sich die unterschiedlichen Bezeichnungen Rotkohl oder Blaukraut. Werden Blattzellen beschädigt, so kommt es zum „Ausbluten" des Farbstoffs. Mit Rotkohlzellen wurde folgendes Experiment durchgeführt: Man zerschneidet die Rotkohlblätter in kleine Stücke und wässert diese einige Minuten in Leitungswasser. Dann gibt man jeweils fünf Blattstücke in gleiche Mengen verschiedener Lösungen. Nach einiger Zeit ermittelt man die Farbe der Lösungen und betrachtet Blattzellen unter dem Mikroskop. Die Beobachtungen sind in Abbildung 4 dargestellt. Werten Sie das Experiment aus.

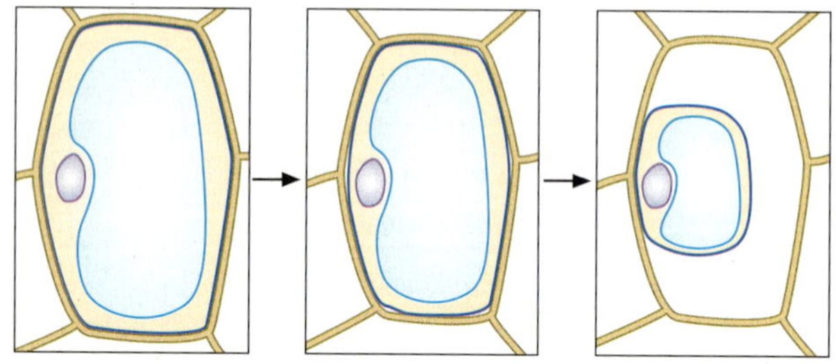

1 *Plasmolyse durch Kaliumrhodanid (KSCN)*

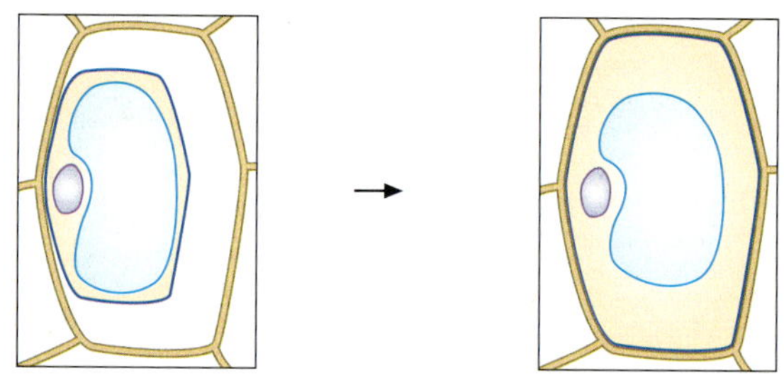

2 *Deplasmolyse bei Anwesenheit von Kaliumrhodanid (KSCN)*

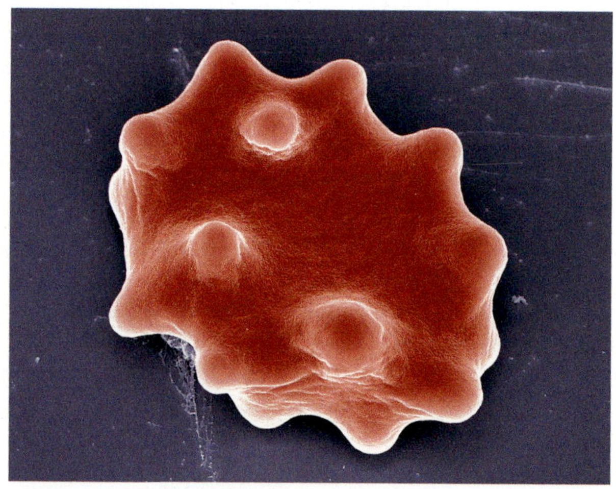

3 *Erythrozyt in Stechapfelform*

Ansatz	Beobachtungen
Leitungswasser	farblos, Blattzellen gewölbt, Blattstücke sind stabil
Kochendes Leitungswasser	blau, Zellen sind ungewölbt, Blattstücke sind schlaff
Essigsäure (c = 0,1 mol/L)	rot, Zellen sind ungewölbt, Blattstücke sind schlaff
Glucose-Lösung (c = 2 mol/L)	farblos, Zellen sind ungewölbt, Blattstücke sind schlaff

4 *Beobachtungen zu dem Experiment mit Rotkohlzellen*

→ M8

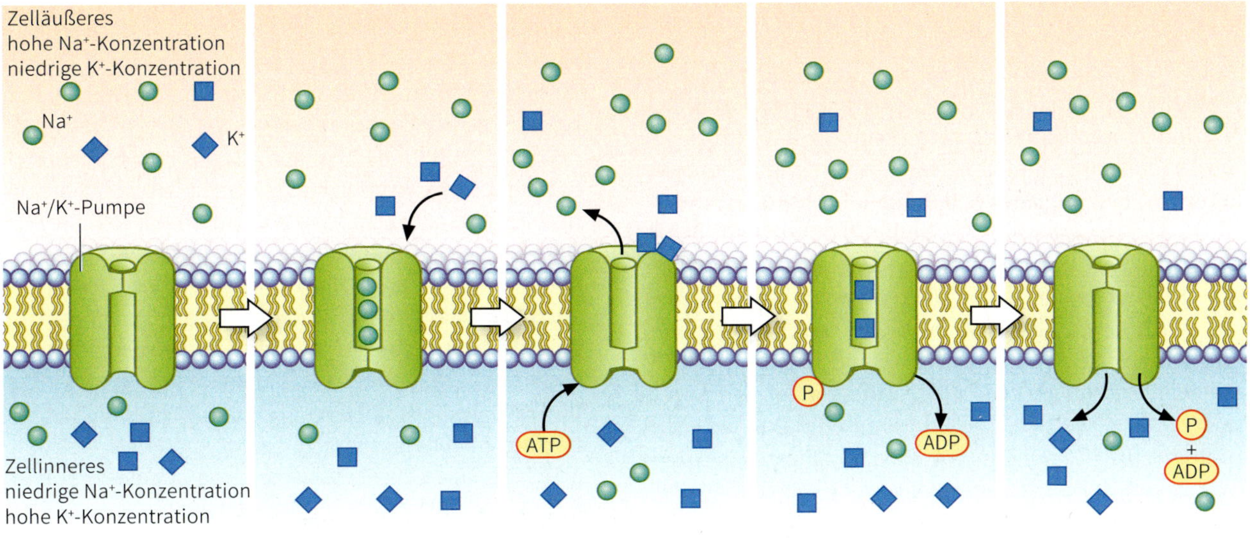

5 *Arbeitsweise der Natrium-Kalium-Ionenpumpe*

3. Die Natrium-Kalium-Ionenpumpe – ein bedeutsames Transmembranprotein in Zellen. Die Natrium-Kalium-Ionenpumpe ist ein in der Zellmembran verankertes Transmembranprotein. Es wurde 1957 vom dänischen Mediziner JENS CHRISTIAN SKOU entdeckt. 1997 erhielt er den Nobelpreis für Chemie „für die Entdeckung des ionentransportierenden Enzyms Natrium-Kalium-ATPase". Sie sorgt für die Aufrechterhaltung einer unterschiedlichen Konzentration von Natriumionen und Kaliumionen, z. B. innerhalb und außerhalb von Nervenzellen oder für die Aufnahme von Glucose aus dem Darm.

a) Beschreiben Sie den Aufbau der Biomembran nach dem Flüssig-Mosaik-Modell.

b) Erklären Sie die grundsätzlichen Schwierigkeiten, die sich beim Stofftransport durch Biomembranen ergeben.

c) Erläutern Sie die Arbeitsweise der Natrium-Kalium-Ionenpumpe anhand von Abb. 5.

d) Auf das Beispiel der Natrium-Kalium-Ionenpumpe lassen sich ein oder mehrere Basiskonzepte anwenden (Abb. 5). Erklären Sie die Energieübertragung durch ATP am Beispiel der Natrium-Kalium-Ionenpumpe funktional. Ordnen Sie die jeweiligen Basiskonzepte diesem Beispiel zu. Begründen Sie ihre Zuordnung.

e) Die Natrium-Kalium-Ionenpumpe spielt eine wichtige Rolle beim Transport der Glucose aus dem Darm in das Blut (Abb. 6). Erläutern Sie den Transport der Glucose aus dem Darm in das Blut. Ermitteln Sie, weshalb man in diesem Zusammenhang von einem sekundär aktiven Transport spricht.

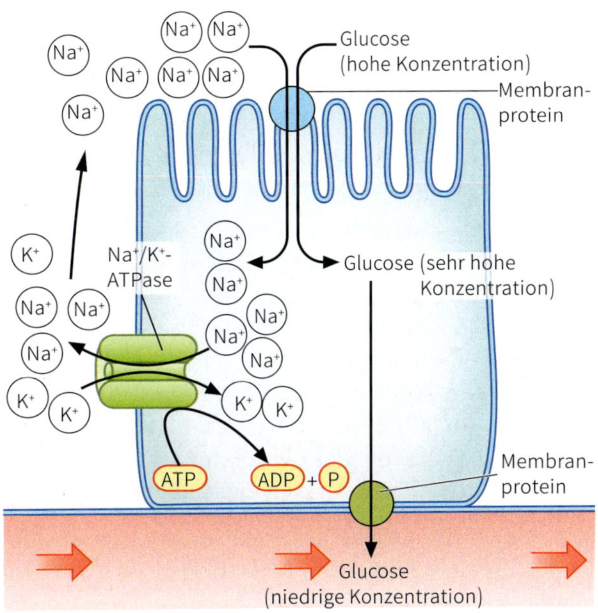

6 *Transport der Glucose aus dem Darm in das Blut*

f) Die Kompartimentierungsregel ist ein auf EBERHARD SCHNEPF zurückgehendes Theorem (Lehrsatz) in der Zellbiologie. Nach dieser Regel trennt eine biologische Membran stets eine plasmatische von einer nichtplasmatischen Phase. Prüfen Sie die Gültigkeit dieser Regel anhand des Baus einer eukaryotischen Zelle.

→ M8

Basiskonzepte Arbeiten mit Basiskonzepten – Übersicht

Die Wissenschaft Biologie hat eine riesige, ständig wachsende Fülle biologischer Phänomene und Sachverhalte zu erklären. Dabei stellt sich heraus, dass dieser Vielfalt eine überschaubare Zahl grundlegender biologischer Gemeinsamkeiten und Regeln zugrunde liegt, sodass man zur Ordnung neben den Systemebenen **biologische Prinzipien des Lebendigen** formulieren konnte. Diese Prinzipien des Lebendigen nennt man auch **Basiskonzepte**. Sie dienen dazu, die kaum überschaubare Vielfalt biologischen Fachwissens zu strukturieren. Mithilfe der Basiskonzepte können biologische Phänomene und Sachverhalte aus verschiedenen Bereichen der Biologie gedanklich miteinander verknüpft und vernetzt werden. Die Bildungsstandards im Fach Biologie für die Allgemeine Hochschulreife nennen fünf unterschiedliche Basiskonzepte (Abb. 1). Mit Basiskonzepten wird biologisches Denken einfacher. Vor der fast unüberschaubaren Fülle des biologischen Wissens erscheint das Auswendiglernen als keine geeignete Herangehensweise, um sich ein grundlegendes und umfassendes Bild von der Biologie anzueignen. Ein Weg, eine sinnvolle Struktur in diese Vielfalt zu bringen, ist die Zuordnung der vielen Phänomene zu den fünf grundlegenden Basiskonzepten. Basiskonzepte fördern das eigenständige Lernen. Sie helfen dabei, einen Blick dafür zu entwickeln, welche Aspekte es bei einem biologischen Phänomen zu entdecken gibt.

Die Basisonzepte helfen auch beim Verstehen und Einordnen neuer Phänomene. Ist ein grundlegendes Prinzip einmal bekannt und kommt dann etwas Ähnliches in neuem Kontext wieder vor, kann das Neue schneller verstanden und besser mit dem Bekannten verknüpft werden. So entsteht nach und nach ein Wissensnetz über biologische Themen, das nicht auf Auswendiglernen von zusammenhanglosen Fakten beruht, sondern auf dem Verständnis von Gemeinsamkeiten.

Die fünf Basiskonzepte beschreiben Sachverhalte, die in der Biologie immer wieder auftreten. Im Zentrum steht das jeweilige biologische System, zum Beispiel die Zelle, der Organismus, die Population oder das Ökosystem. Die fünf Basiskonzepte sind jedoch nicht als streng voneinander getrennt, sondern eng miteinander vernetzt zu verstehen (Abb. 2). Eine besondere Rolle spielt dabei die Evolutionstheorie als zentrale Theorie der Biologie. Sie stellt als wichtige Leitlinie der Biologie alle Basiskonzepte in einen gemeinsamen Zusammenhang (Abb. 2).

B1 Struktur und Funktion: Lebewesen und ihre Teile (Moleküle, Zellorganellen, Zellen, Organe) sind in ihrer Struktur (Aufbau) an bestimmte Funktionen (Aufgaben, biologische Bedeutungen) angepasst. Der Zusammenhang von Struktur und Funktion ist auf verschiedenen Systemebenen, von den Molekülen bis zur Biosphäre, relevant und gilt für Lebewesen und Lebensvorgänge. Dabei ist der Zusammenhang von zwischen der Struktur und der Funktion nicht immer leicht zu erkennen. Auch beim Menschen wird deutlich, dass Organe ganz bestimmte Strukturen aufweisen müssen, damit sie spezifische Funktionen wahrnehmen können.
B2 Stoff- und Energieumwandlung: Alle Lebewesen nehmen Stoffe auf, wandeln sie enzymatisch um und geben Stoffe ab. Alle Lebensvorgänge sind energiebedürftig und laufen unter Energieumwandlung ab. An den meisten biochemischen Reaktionen, die Zufuhr von Energie benötigen, ist Adenosintriphosphat, kurz ATP, beteiligt. ATP dient in den Zellen als universeller Überträger für Energie.
B3 Information und Kommunikation: Nicht nur zwischen Lebewesen, sondern auch im Körper eines Lebewesens findet zwischen Organen, zwischen Zellen und innerhalb einer Zelle Informationsübertragung und Kommunikation statt. Kommunikation findet auf verschiedenen Systemebenen statt. In einem Organismus sind alle Organe, Gewebe, Zellen und deren Bestandteile fortwährend an der Kommunikation beteiligt.
B4 Steuerung und Regelung: Auf allen Systemebenen (Moleküle, Zellen, Organe, Organismen, Ökosysteme) treten Wechselwirkungen auf. Bestimmte Wechselwirkungen unterliegen der Steuerung und Regelung. Dadurch werden Bedingungen im Körper stabil gehalten, auch wenn innere oder äußere Faktoren sich kurzfristig stark ändern.
B5 Individuelle und evolutive Entwicklung: Dieses Basiskonzept beschreibt den Sachverhalt, dass sich lebende Systeme über verschiedene Zeiträume im Zusammenhang mit Umwelteinflüssen verändern. Die individuelle Entwicklung von Lebewesen und die Weitergabe ihrer genetischen Information durch Fortpflanzung sind die Grundlage für evolutive Entwicklung. Sexuelle Fortpflanzung führt zur Rekombination von genetischem Material und erhöht die genetische Variation. Zusammen mit Selektion ist genetische Variation eine wichtige Ursache für Artwandel.

1 *Basiskonzepte in Kurzform*

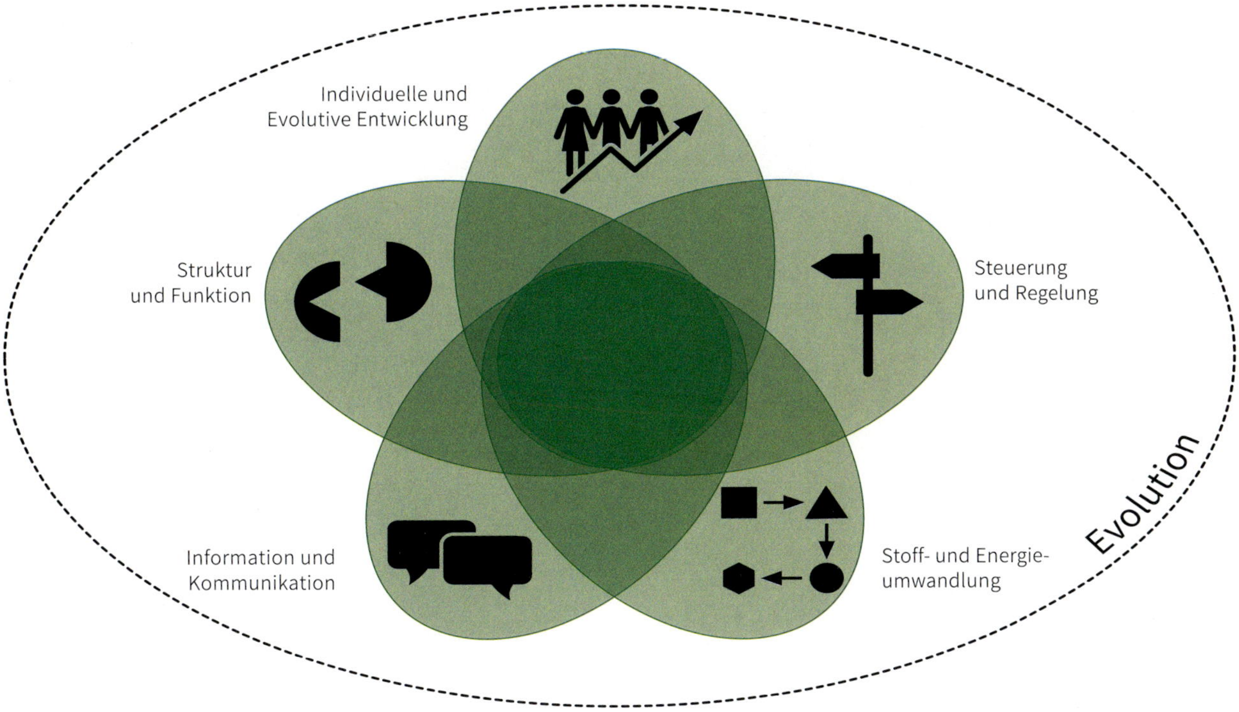

2 *Basiskonzepte strukturieren das Wissen der Biologie*

Die Basiskonzepte fassen verschiedene biologische Prinzipien zusammen. Auf den Basiskonzeptseiten in diesem Buch werden die biologischen Prinzipien näher vorgestellt. Die biologischen Prinzipien beschreiben übergeordnete Zusammenhänge. Auf den unterschiedlichen Systemebenen in der Biologie, zum Beispiel der Ebenen der Moleküle, der Zellen, der Organe, im Organismus, in Ökosystemen und in der Biosphäre findet man die Basiskonzepte wieder (Abb. 3).

Fast jedes Thema des Biologieunterrichts lässt sich einem Basiskonzept oder mehreren Basiskonzepten zuordnen. Das regelmäßige Arbeiten mit den Basiskonzepten trägt zum Aufbau strukturierten Wissens bei, verbessert den Überblick und kann dadurch das Lernen erleichtern. Das Wissen um Basiskonzepte ist ein wichtiges Werkzeug, um sich eigenständig neue biologische Sachverhalte zu erschließen und die neu erworbenen Kenntnisse mit vorhandenem Wissen zu verknüpfen. Die Kapitel über die fünf Basiskonzepte in diesem Buch können im Biologieunterricht unter anderem dazu genutzt werden

- sich über Basiskonzepte zu informieren,
- sich regelmäßig darin zu üben, biologische Sachverhalte des jeweiligen Unterrichtsthemas einem oder mehreren Basiskonzepten zuzuordnen,

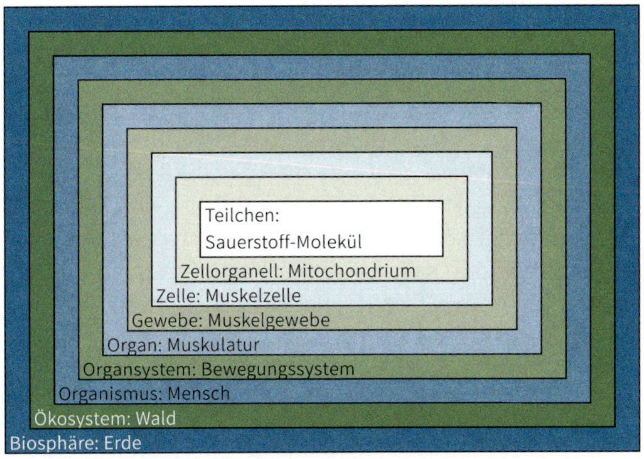

3 *Ein Schema der Systemebenen in der Biologie*

- mithilfe von Basiskonzepten neu erworbenes Wissen mit schon vorhandenem Wissen zu verknüpfen,
- sich mithilfe der Basiskonzepte neue biologische Sachverhalte und Zusammenhänge eigenständig zu erschließen,
- über biologische Zusammenhänge zwischen den Basiskonzepten nachzudenken,
- sich in der Vorbereitung auf Klausuren oder das Abitur einen wiederholenden Überblick der Basiskonzepte und relevanter Inhalte zu verschaffen.

Basiskonzept B1 „Struktur und Funktion“

1 *Was haben Lungengewebe (a), Wurzelhaare (b) und Mitochondrien (c) gemeinsam?*

Die Lungen eines Menschen sind aus mehreren Millionen Lungenbläschen aufgebaut, deren Funktion der Gasaustausch von Sauerstoff und Kohlenstoffdioxid ist. Insgesamt nehmen die Lungenbläschen eine Fläche von 90 m^2 ein. Die äußere Lungenoberfläche beträgt dagegen nur etwa 0,07 m^2. Diese große innere Oberfläche erhöht die Intensität des Stoffaustausches beträchtlich. Auch die große Oberfläche der Wurzelhaare (Abb. 1 b) und die große Oberfläche der vielfältig eingestülpten inneren Mitochondrienmembran (Abb. 1 c) begünstigen den Stoffaustausch. Hier wird der Zusammenhang von Struktur und Funktion deutlich.

Innerhalb dieses Basiskonzeptes gibt es einige Prinzipien, die einen eigenen Namen haben (Abb. 2, 3).

Der Zusammenhang von Struktur und Funktion ist auf allen Systemebenen, von den Molekülen bis hin zum Ökosystem, relevant. Lebewesen und ihre Teile (Moleküle, Zellorganellen, Zellen, Organe) sind in ihrer Struktur an bestimmte Funktionen angepasst.

In Ergänzung zum Biologieunterricht in den Jahrgängen 5 bis 10 wird das Basiskonzept „Struktur und Funktion“ in der Einführungsphase vor allem auf die Systemebenen der Zellen und der Moleküle angewandt.

Das **Schlüssel-Schloss-Prinzip** beschreibt Wechselwirkungen zwischen Teilen, die sich in ihrer Struktur räumlich ergänzen, d. h. die ähnlich wie ein Schlüssel zum Schloss zueinander passen müssen, um ganz bestimmte biologische Funktionen erfüllen zu können. Wenn Moleküle nach dem Schlüssel-Schloss-Prinzip miteinander in Wechselwirkung treten, wird die Genauigkeit der Passung durch den chemischen Aufbau und die Verteilung von Ladungen bestimmt. Beispiele: Antigen-Antikörper-Reaktion, Enzym-Substrat-Komplex.

Das Prinzip der **Kompartimentierung** beschreibt den Sachverhalt, dass ein biologisches System in voneinander abgegrenzte Räume, die Kompartimente, unterteilt ist. In diesen Kompartimenten können gleichzeitig verschiedene biologische Vorgänge stattfinden. Beispiele: Zellorganellen, wie Zellkern, Mitochondrien oder Chloroplasten.

Das **Prinzip der Oberflächenvergrößerung** besagt, dass ein Körper umso mehr Fläche hat, je stärker er durch Auffaltungen oder Einstülpungen strukturiert ist. Solche Körper haben im Vergleich zu ihrem Volumen eine sehr große Oberfläche. Eine große Oberfläche pro Volumeneinheit begünstigt unter anderem den Stoffaustausch.

Mit dem **Bausteinprinzip** wird der Aufbau von Lebewesen aus Grundbausteinen beschrieben. Auf molekularer Ebene sind vier verschiedene Nucleotide die Bausteine der DNA und 20 verschiedene Aminosäuren die Bausteine aller Proteine. Grundbausteine aller Lebewesen sind Zellen. Eng verknüpft mit dem Bausteinprinzip ist das **Abwandlungsprinzip**. Es besagt, dass durch Abwandlungen in der Struktur oder durch verschiedene Kombinationen von Grundbausteinen Teile mit veränderter Funktion entstehen. Beispiele: verschiedene Zelltypen, DNA-Basentripletts.

Das **Prinzip der Gegenspieler** nennt man auch „antagonistisches Prinzip“. Die Gegenspieler oder Antagonisten wirken entgegengesetzt auf einen bestimmten biologischen Vorgang. Beispiele: Beuge- und Streckmuskel, die Hormone Insulin und Glukagon bei der Blutzuckerregulation.

Das **Prinzip der Komplementarität** verdeutlicht die räumliche Passung und die gegenseitige Bindung von Molekülen. Beispiel: Komplementäre Basenpaarung beim DNA-Doppelstrang.

2 *Biologische Prinzipien beim Basiskonzept "Struktur und Funktion"*

Struktur und Funktion in der Einführungsphase

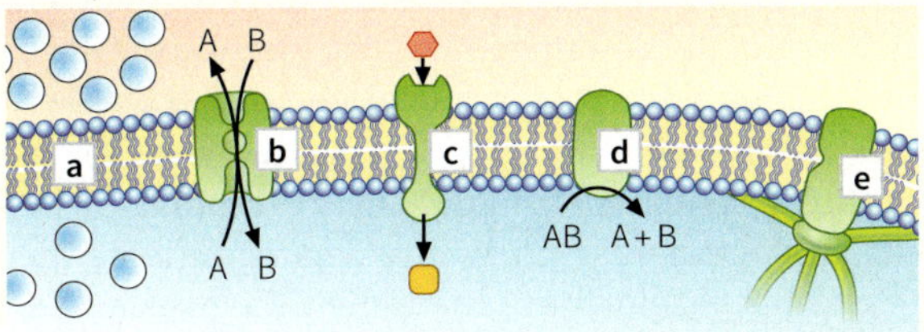

Abwandlungsprinzip: Die Biomembranen verschiedener Zellen zeigen ähnliche Grundbaupläne: In die Doppellipidschicht sind unterschiedliche Proteine eingebettet. So entstehen vielfältige Variationen.

Kompartimente stehen miteinander in Verbindung. So kann beispielweise die energiereiche Substanz ATP, die bei der Zellatmung im Mitochondrium entsteht, in andere Kompartimente transportiert werden, wo sie als Energielieferant wirkt (Stoffanreicherung).

Kompartimentierung:
In den Zellen eines Menschen laufen Tausende biochemischer Reaktionen gleichzeitig nebeneinander ab. Dies wird durch die räumliche Gliederung der Zelle in verschiedene membranumschlossene Kompartimente ermöglicht. So laufen zum Beispiel im Kern Proteinbiosynthese und im Chloroplasten die Fotosynthese ab.

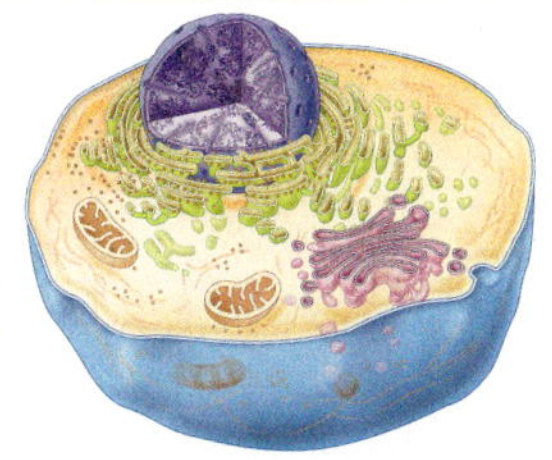

Membranfluss: Durch das Membransystem des Endoplasmatischen Retikulums und des Golgi-Apparates werden innerhalb der Zelle verschiedene Kompartimente gebildet, die mit anderen Membranen, beispielsweise der Kernhülle, in Verbindung stehen

Prinzip der Oberflächenvergrößerung: Die innere Membran der Mitochondrien beinhaltet viele Enzyme. Durch die Auffaltung der inneren Membran wird deren Oberfläche stark vergrößert und damit auch die Zahl der Enzyme innerhalb der Membran. Pro Zeit können daher die Stoffwechselprozesse verstärkt gleichzeitig stattfinden. Dies erhöht die Stoffwechselleistung.

Schlüssel-Schloss-Prinzip: Die Bindung des Substrates an das aktive Zentrum eines Enzyms erfolgt, indem sich zwischen Substratmolekül und Enzym zwischenmolekulare Anziehungskräfte ausbilden. Dafür ist eine exakte Passung von räumlichen Strukturen und Ladungsverteilungen des aktiven Zentrums des Enzyms und des Substratmoleküls erforderlich. Noch während das Substrat an das Enzym bindet, es verändert. Es entsteht ein Enzym-Produkt-Komplex.

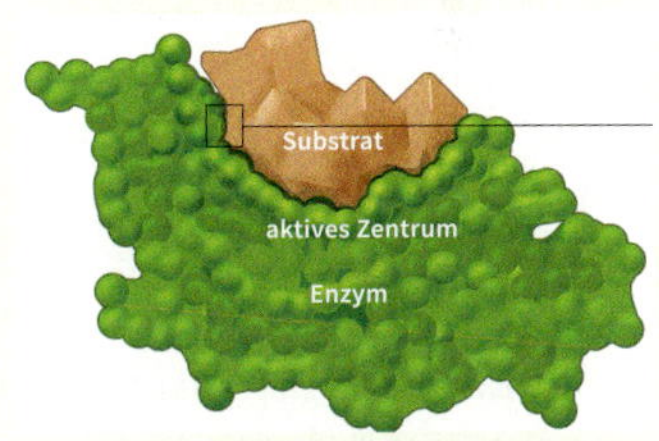

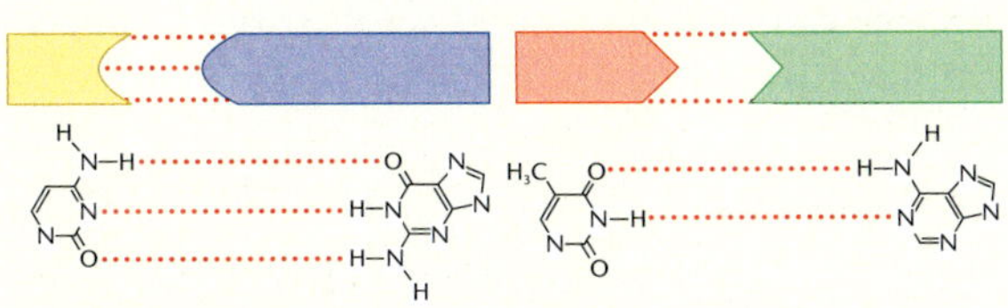

Prinzip der Komplementarität: Die komplementären Basen der DNA tragen die genetische Information. Die Komplementarität ermöglicht erst beispielweise die identische Verdopplung bei der Replikation. Die komplementären Basen Cytosin und Guanin sowie Thymin und Adenin gewährleisten bei der identischen Verdopplung der DNA, dass aus jedem Einzelstrang ein identischer neuer Tochterstrang gebildet wird.

Abwandlungsprinzip: In der Natur gibt es viele unterschiedliche Fettsäuren. Je nach Veresterung mit verschiedenen Fettsäuren resultieren unterschiedliche Phospholipidmoleküle.

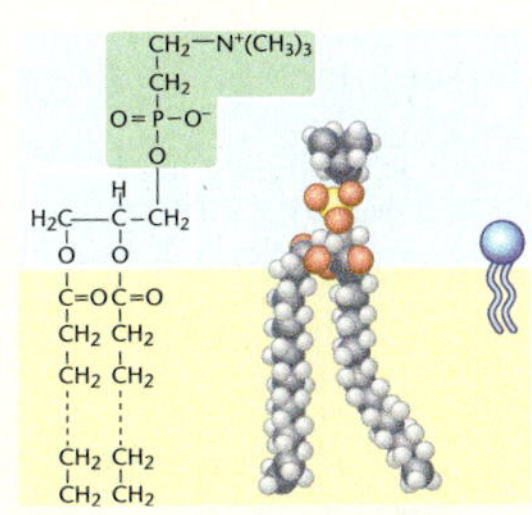

Bausteinprinzip: Phospholipide sind Ester von Glycerin und zwei langkettigen Fettsäuren. Sie verfügen über hydrophobe und hydrophile Bereiche. Sie eignen sich daher sehr gut als Grundbaustein von Biomembranen.

Basiskonzept B2 „Stoff- und Energieumwandlung“

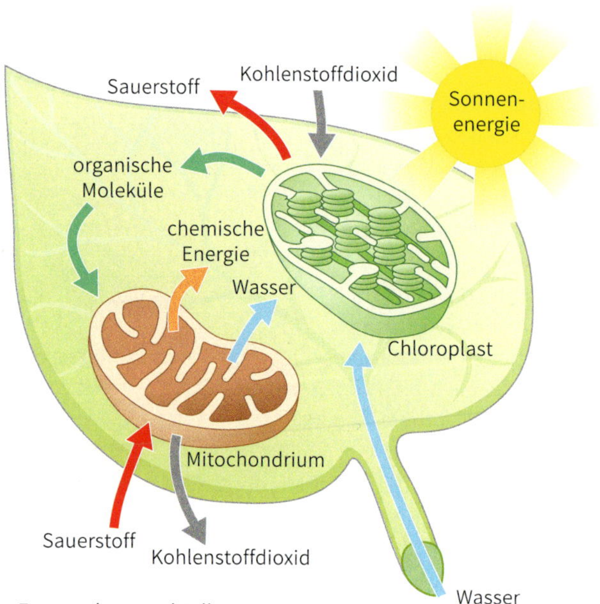

1 *Fotosynthese und Zellatmung*

Lebewesen sind **offene Systeme**. Sie nehmen ständig Stoffe aus ihrer Umgebung auf, wandeln sie durch enzymatische Reaktionen um und geben Endprodukte des Stoffwechsels an ihre Umgebung ab. Lebewesen benötigen ständig nutzbare Energie, die sie aus Energieumwandlungen beziehen. Stoff- und Energieumwandlungen dienen den Lebensäußerungen, dem Erhalt, dem Wachstum und der Fortpflanzung der Lebewesen.

Kohlenstoff ist der Grundbaustein aller organischen Verbindungen. Die Prozesse, bei denen schrittweise körpereigene Substanzen aufgebaut werden, werden als **aufbauenden Stoffwechsel** bezeichnet. Er ist in der Regel energiebedürftig. Ein bedeutender aufbauender Stoffwechselweg ist die **Fotosynthese**, bei der mithilfe von Lichtenergie aus energiearmem Kohlenstoffdioxid und Wasser energiereiche organische Substanzen wie Glucose aufgebaut werden. Der Abbau energiereicher organischer Verbindungen wie beispielsweise Glucose wird **abbauender Stoffwechsel** genannt. Lebewesen beziehen aus dem abbauenden Stoffwechsel Energie für ihre Lebensäußerungen. Die **Zellatmung** ist ein Beispiel für einen aeroben, also Sauerstoff benötigenden Stoffwechselprozess. Menschen, die meisten Tiere und Pflanzen sowie viele Arten von Pilzen beziehen aus der Zellatmung nutzbare Energie. Aufbauender und abbauender Stoffwechsel sind stets eng miteinander verknüpft (Abb. 1).

In biologischen Systemen sind Bewegungsenergie, Lichtenergie, elektrische Energie und vor allem chemische Energie von Bedeutung. In Biomasse ist chemische Energie gespeichert. Grundsätzlich bleibt bei allen Energieumwandlungen die Energie vollständig erhalten, es ändert sich lediglich die Energieform, beispielsweise, wenn eine Pflanze im Verlauf der Fotosynthese Lichtenergie in chemische Energie und Wärme wandelt. Alle Lebewesen beziehen Energie für endotherme, also energiebedürftige Vorgänge unmittelbar aus der exothermen, d. h. Energie freisetzenden Hydrolyse von ATP zu ADP und einer Phosphatgruppe. Man bezeichnet ATP daher als universellen biologischen Energieüberträger. Das ATP-ADP-System vermittelt zwischen exothermen und endothermen Stoffwechselprozessen.

Bei **Energieumwandlungen** in biologischen Systemen wird ein Teil als **Wärme** frei. Wärme ist eine Energieform, die kein Lebewesen in eine andere Energieform wandeln kann. Wenn nutzbare Energie in nicht mehr nutzbare Energie gewandelt wird, spricht man von **Energieentwertung**.

Prinzip des Fließgleichgewichtes: Wenn die Ein- und Ausströme von Stoffen und Energie dauerhaft in etwa gleichem Maße erfolgen, kommt es zu einem Gleichgewichtszustand. Dieser wird in der Biologie als Fließgleichgewicht bezeichnet. Zur Natur des Fließgleichgewichts gehört, dass es sich um ein offenes System handelt und dass Transportvorgänge die Gleichgewichtskonzentrationen der einzelnen Stoffe in jeder Zelle bestimmen.
Mit dem **Prinzip der Energieentwertung** wird ausgesagt, dass bei allen Energieumwandlungen und -übertragungen Energieverluste auftreten. Der Anteil der nutzbaren Energie verringert sich. Durch die Energieentwertung kann ein chemischer Vorgang, der unter Energieentwertung abläuft, nicht von selbst in umgekehrter Richtung ablaufen.
Das **Prinzip der energetischen Kopplung** besagt, dass es bei Stoffwechselprozessen oft zu einer Kopplung von Energie bereitstellenden, exergonischen Reaktion wie z.B. der Spaltung von ATP mit Energie verbrauchenden, endergonischen Reaktionen kommt. Die Energie verbrauchenden Reaktionen werden dadurch energetisch erst möglich.

2 *Biologische Prinzipien beim Basiskonzept "Stoff- und Energieumwandlung"*

Stoff- und Energieumwandlung in der Einführungssphase

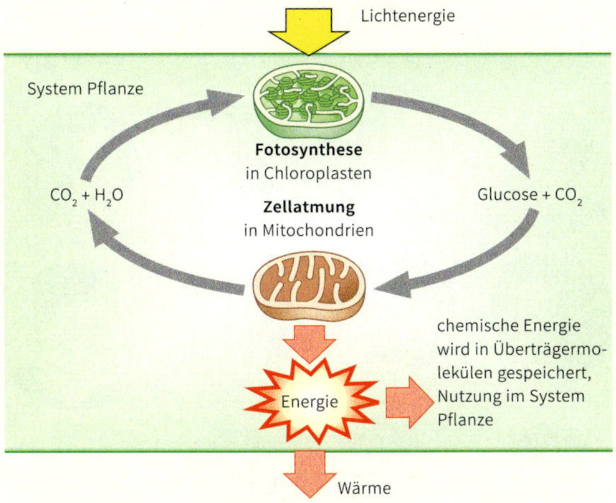

Fotosynthese und Zellatmung: Die Umwandlung von Licht- in chemische Energie erfolgt in Chloroplasten im aufbauenden Prozess der Fotosynthese, bei der Sauerstoff freigesetzt und energiereiche Glucose gebildet wird. Durch Zellatmung wird bei Anwesenheit von Sauerstoff durch Abbau von Glucose unter Beteiligung der Mitochondrien ATP aus ADP und P gebildet.

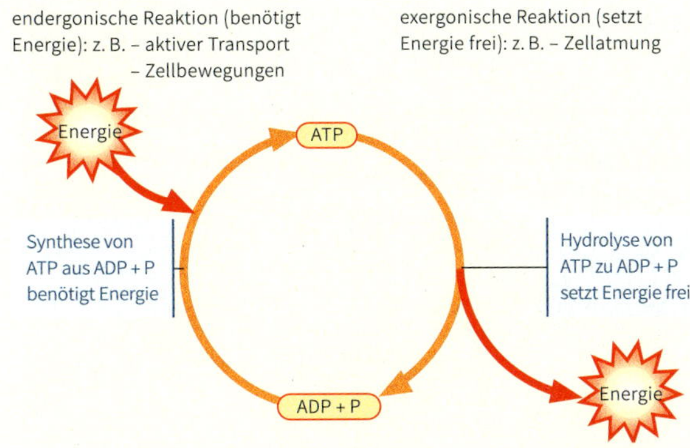

Energetische Kopplung: ATP-Moleküle dienen dem Energietransport. Sie koppeln die Energievorgänge bei den Abläufen in den Energie freisetzenden Vorgängen in den Mitochondrien und den Energie benötigenden Vorgängen, z.B. bei dem aktiven Transport von Stoffen durch die Membran. Transportiert wird die Energie in Form von chemisch gebundener Energie. Beim Abbau von ATP zu ADP + P wird Energie frei. Zum Aufbau von ATP aus ADP + P wird Energie benötigt.

Ablauf einer Enzymreaktion: Enzyme sind Biokatalysatoren. Am aktiven Zentrum eines Enzyms wird das Substrat gebunden und zum Produkt umgewandelt. Im Verlauf der Enzymreaktion wird im aktiven Zentrum das Substrat im Enzym-Substrat-Komplex so gebunden, dass die Aktivierungsenergie der Reaktion sinkt. Enzyme gehen selbst unverändert aus der Reaktion hervor. Die meisten Enzymmoleküle können nur bestimmte Substratmoleküle umsetzen. Sie verhalten sich substratspezifisch. Enzymmoleküle katalysieren in der Regel nur eine ganz bestimmte Reaktion. Diese Eigenschaft nennt man Wirkungsspezifität.

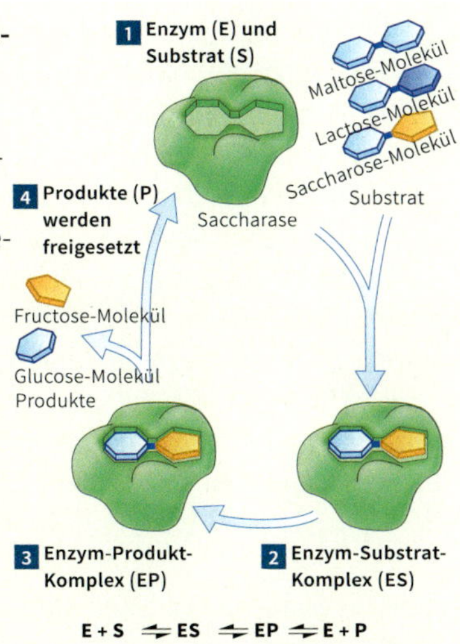

Fließgleichgewichte gibt es auf allen Systemebenen: auf Ebene der Zelle, der Organe, des Organismus und des Ökosystems. Zellen stehen zum Beispiel in permanentem Stoffaustausch mit ihrer Umgebung. Nährstoffe werden aufgenommen, in der Zelle abgebaut oder zum Aufbau anderer Stoffe verwendet, Stoffwechselprodukte werden ausgeschieden. Nur in offenen Systemen können sich Fließgleichgewichte einstellen. Das Fließgleichgewicht beschreibt einen ausgeglichenen Zustand, bei dem fortgesetzt Stoffe und/oder Energie in ein System einströmen und Reaktionsprodukte und/oder Energie herausgeschleust werden. Im Fließgleichgewicht halten sich diese Ein- und Ausströme die Waage. Nach Störungen des Fließgleichgewichts-Zustands besteht bei offenen Systemen die Tendenz, zum ursprünglichen Zustand zurückzukehren.

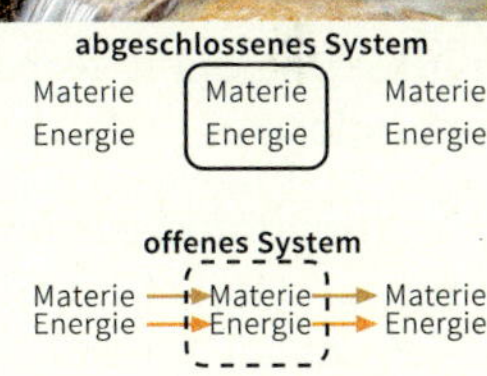

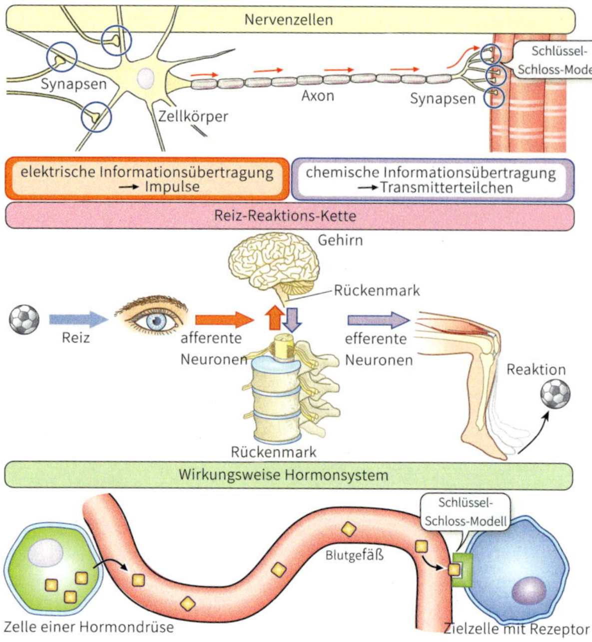

1 *Übersicht: Informationsaufnahme, -verarbeitung und Reaktion beim Menschen*

2 *Der Austausch von Informationen durch Kommunikation setzt grundsätzlich voraus, dass der Empfänger die vom Sender verschlüsselten Signale entschlüsseln kann. Entworfen nach dem Gemälde: „Die Tratscher" von* Norman Rockwell *(1894–1978).*

Jeder Organismus und jede lebende Zelle nimmt fortwährend Informationen auf, überträgt, verarbeitet und speichert Informationen und kann auf Informationen reagieren. Informationen, die sich im Zustand der Übertragung befinden, werden auch Signale genannt. Signale können aus der Umwelt oder aus dem Inneren eines Lebewesens oder einer Zelle stammen. Der Weg der Information im Verlauf der Übertragung wird als **Informationsfluss** bezeichnet. Erfolgt der Austausch von Informationen wechselseitig, spricht man von Kommunikation.

Der Informationsfluss kann im sogenannten Sender-Empfänger-Modell beschrieben werden. Der Sender verschlüsselt die Information und überträgt das Signal. Nur dann, wenn das Signal den Empfänger erreicht und der Empfänger das Signal entschlüsseln kann, sind die Informationen für den Empfänger nutzbar (Abb. 1, 2).

In einem vielzelligen Organismus sind alle Organe, Gewebe, und Zellen beständig an der Kommunikation beteiligt. Beispiele für Zell-Zell-Kommunikation innerhalb eines Vielzellers sind die Informationsübertragung zwischen Nervenzellen sowie zwischen Zellen der Immunabwehr (Abb. 1). Die Fähigkeit zur Umwandlung von extrazellulären in intrazelluläre Signale ist eine Eigenschaft aller lebenden Zellen. Diese Signaltransduktion erfolgt immer nach dem gleichen Prinzip über Rezeptorproteine, die meistens in der Zellmembran sitzen. Nur solche extrazellulären Signale, zu denen es ein passendes Rezeptorprotein gibt, können in der Zelle biologische Wirkung entfalten.

Signaltransduktion bezeichnet den Vorgang, bei dem ein extrazelluläres Signal durch einen spezifischen Rezeptor, oft ein Protein in der Zellmembran, aufgenommen und in ein intrazelluläres Signal umgewandelt wird, das in der Folge zu einer spezifischen Zellantwort führt. Die Zellantwort auf ein äußeres Signal kann zum Beispiel in Veränderungen des Stofftransports, in veränderter Aktivität von Enzymen oder in veränderter Genaktivität bestehen.
Das **Prinzip der Codierung und Decodierung** von Information beschreibt die Umwandlung von Information aus einer Informationssprache in eine andere. Die Codierung (Umwandlung) der Information ist oft eine Voraussetzung zur Übertragung der Information. Das Decodieren (Rückwandlung) ist der entsprechende Gegenprozess.

2 *Biologische Prinzipien beim Basiskonzept "Information und Kommunikation"*

Information und Kommunikaton in der Einführungsphase

Codierung und Decodierung: Im Blut und im Gewebe befinden sich T-Helferzellen mit jeweils unterschiedlichen Rezeptoren. Passt ein Rezeptor zu einem Antigen, vermehrt sich diese T-Helferzelle stark. T-Helferzellen leiten die Immunantwort ein. Nur diejenigen B-Zellen, die passende Rezeptoren für das Antigen des Erregers besitzen, werden massenhaft vermehrt. Sie differenzieren sich dabei zu Plasmazellen und produzieren Antikörper, die spezifisch gegen das Erregerantigen gerichtet sind. Bei der Immunabwehr kommunizieren die an der Immunabwehr beteiligten Zellen über Cytokine oder durch direkte Zell-Zell-Kontakte.

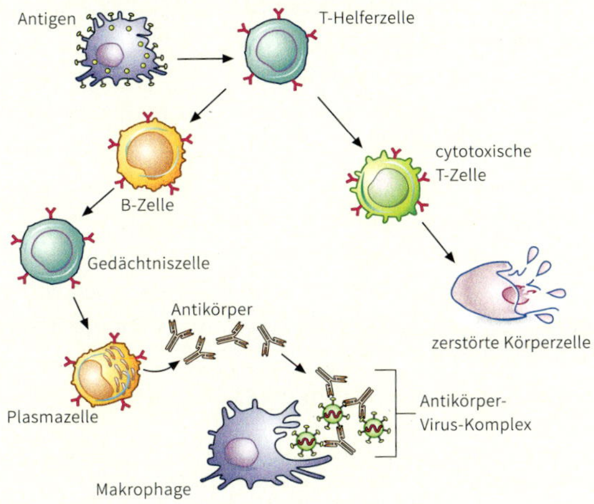

Signaltransduktion: Ein extrazellulares Signal, das auf einen passenden Rezeptor trifft, ist der Ausgangspunkt der Signaltransduktion. Das Signal kann ein Molekül sein, aber beispielsweise auch ein Lichtreiz. Durch Rezeptorproteine wird ein extrazellulares Signal in ein intrazellulares Signal umgewandelt. Eine Kette intrazellulärer Signalmoleküle wird aktiviert. Die intrazellulären Signalmoleküle bewirken eine spezifische Zellreaktion.

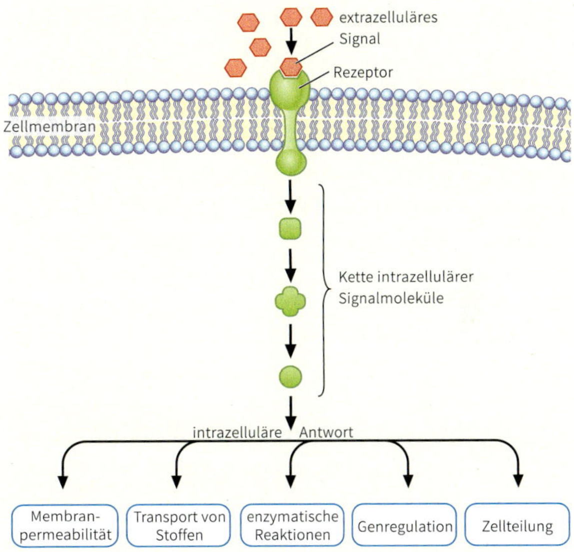

Signaltransduktion: Innerhalb einer Zelle werden Informationen von Organell zu Organell weitergegeben. Transportvesikel, die vom endoplasmatischen Retikulum, kurz ER, gebildet werden, bewegen sich zur Front- oder Empfängerseite des Golgi-Apparates. Die Transportvesikel vereinigen sich mit der Membran der cis-Seite und entleeren ihren Inhalt in das Innere des Golgi-Apparates. Die ER-synthetisierten Moleküle gelangen durch das Kanalsystem des Golgi Apparates zum entgegengesetzten Ende, der trans-Seite. Durch Abschnürung entstehen Sekretionsvesikel, die mit der Zellmembran verschmelzen, sodass ihr Inhalt in das Außenmilieu der Zelle abgegeben wird. Zellen können über diese Exocytose nützliche Stoffe nach außen abgeben. Das können zum Beispiel verschiedene Botenstoffe sein, die eine reibungslose Kommunikation zwischen mehreren Zellen ermöglichen.

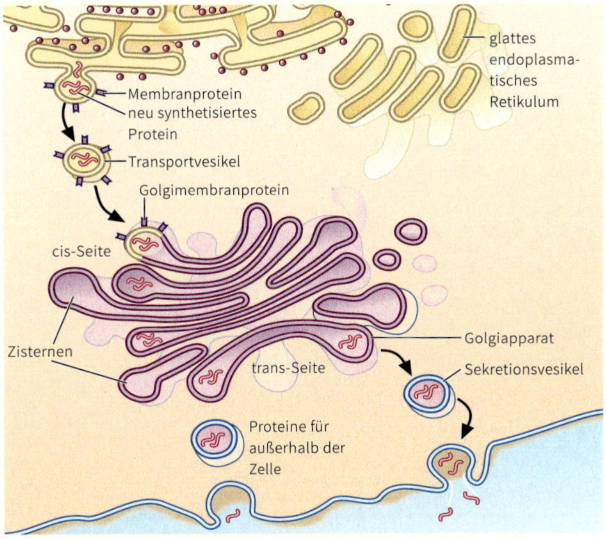

Basiskonzept B4 "Steuerung und Regelung"

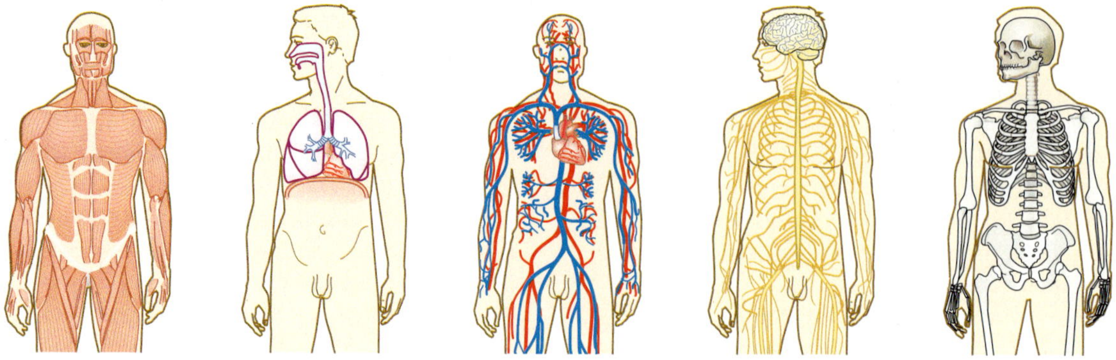

1 *Ein Individuum ist ein lebendes System, Systemelemente sind die Organsysteme mit ihren Wechselwirkungen*

Das Basiskonzept „Steuerung und Regelung“ ist eng mit dem Begriff „System“ verbunden (Abb. 1, 2). In biologischen Systemen wie Zellen und Lebewesen finden dauernd Wechselwirkungen statt. Wenn eine Wechselwirkung darin besteht, dass ein Vorgang in gerichteter Weise beeinflusst wird, spricht man von Steuerung. Zum Beispiel steuern Hormone Zustandsgrößen im Stoffwechsel, unter anderem den Glucosegehalt im Blut. In biologischen Systemen sind Steuerungen meistens in Regelungsvorgänge eingebettet. Von Regelung spricht man dann, wenn eine bestimmte Zustandsgröße, z. B. der Glucosegehalt im Blut, durch **negative Rückkopplung** auf sich selbst zurückwirkt.

Regelungen in Zellen und Lebewesen setzen die Messung des aktuellen Wertes einer Zustandsgröße, z. B. des aktuellen Glucosegehalts im Blut, voraus. Dieser Ist-Wert wird mit einem im System vorgegebenen Soll-Wert verglichen. Bei Abweichungen von Ist- und Soll-Wert werden Regelungsvorgänge ausgelöst, die zur Angleichung des Ist-Wertes an den Soll-Wert führen. Modellbeispiel ist dafür der Regelkreis (Abb. 3). Eine Systemeigenschaft von Organismen und Zellen ist die Fähigkeit zur **Homöostase**. Dies ist die Gesamtheit der Regelungen, die bestimmte Zustandsgrößen der Innenwelt (z. B. die Körpertemperatur) gegenüber Einflüssen von außen in engen Grenzen stabil halten.

Positive und negative Rückkopplung: Rückkopplung ist die (Rück-)Wirkung einer veränderlichen Größe auf sich selbst. Eine Rückkopplung heißt positiv, wenn die Wirkungsbeziehung gleichsinnig ist (je mehr …, desto mehr …; je weniger …, desto weniger …). Bei negativer Rückkopplung besteht eine gegensinnige Beziehung (je mehr …, desto weniger; je weniger …, desto mehr). Als **Homöostase** wird die Fähigkeit bezeichnet, unabhängig von den Schwankungen der Umwelt im Inneren von Zellen, Organen und Organismen annähernd gleichbleibende Bedingungen zu erhalten. Zellen, Organe und Organismen sind biologische Systeme, die über die Fähigkeit zur Regulation innerer Bedingungen verfügen. Zum Beispiel können viele Tiere den pH-Wert, den Salzgehalt und den Wassergehalt sowie den Gehalt an Glucose im Körper regulieren. Durch die Fähigkeit zur Regulation werden Lebewesen unabhängiger von ungünstigen Außenbedingungen, zum Beispiel von Hitze oder Kälte.

2 *Biologische Prinzipien beim BK "Steuerung und Regelung"*

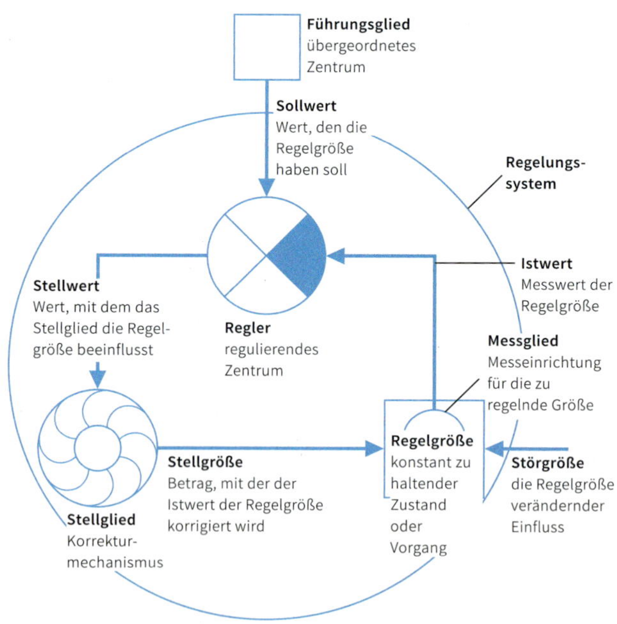

3 *Allgemeiner Regelkreis*

Steuerung und Regelung in der Einführungsphase

Osmotische Regulation bei Zellen: In Zellen und Lebewesen finden vielfältige Prozesse statt, die sich wechselseitig bedingen. Oft sind Steuerungen in Regelungsvorgänge eingebunden, bei denen bestimmte Prozesse durch Rückkopplungen aktiviert oder gehemmt werden. In der Einführungsphase wird dieses Basiskonzept aus dem Sekundarbereich I aufgegriffen und erstmalig auf molekularbiologischer Ebene bei der Regulation des Wasserhaushalts modellhaft betrachtet. Auch die Aktivität von Genen wird durch negative Rückkopplung gesteuert.

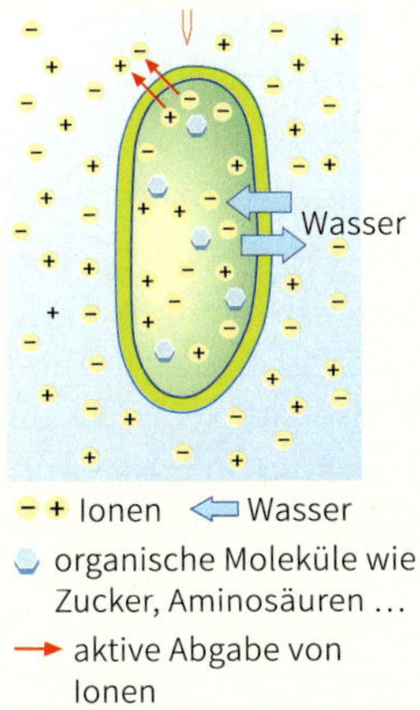

Tierzellen und Bakterien kontrollieren ihren intrazellulären Gehalt an gelösten Substanzen durch aktiven Transport von anorganischen Ionen, zum Beispiel Natriumionen. Dadurch wird ein Anschwellen der Zelle verhindert. Durch diese Regelung werden die Konzentration an gelösten Stoffen und der Wassergehalt innerhalb der Zelle konstant gehalten.

Negative Rückkopplung: Das Pantoffeltierchen reguliert den Wassergehalt und dadurch die Konzentration gelöster Stoffe aktiv durch die Tätigkeit der kontraktilen Vakuolen. Es gehört zu den Osmoregulierern, also zu den Organismen, die den Gehalt an gelösten Stoffen regulieren können. Bei der osmotischen Regulation, zum Beispiel beim Pantoffeltierchen, findet normalerweise eine negative Rückkopplung statt.

Es erfolgt demnach eine Rückmeldung, welche Folgen die jeweilige Beeinflussung hat:

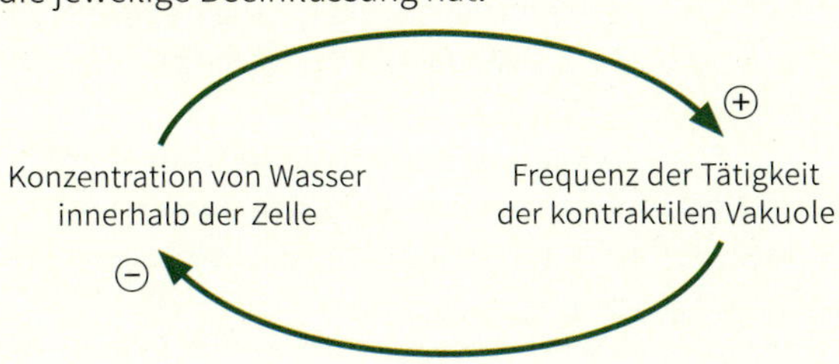

Osmotische Regulation beim Pantoffeltierchen: Viele einzellige Tiere, wie beispielsweise das Pantoffeltierchen, vermeiden das Anschwellen und Platzen durch regelmäßiges Ausstoßen von Wasser aus einer kontraktilen Vakuole. Die Tätigkeit der pulsierenden Vakuole nimmt mit zunehmender Salzkonzentration im Außenmedium ab. Dies ist ein Hinweis auf die regulatorische Funktion der pulsierenden Vakuole. Bei geringen Salzkonzentrationen im Außenmedium diffundieren viele Wassermoleküle entlang des Konzentrationsgefälles in das Innere des Pantoffeltierchens. Ohne die Tätigkeit der pulsierenden Vakuole würde das Pantoffeltierchen platzen. Mit steigender Salzkonzentration im umgebenden Wasser diffundieren immer weniger Wassermoleküle in das Pantoffeltierchen. Die Wahrscheinlichkeit der Diffusion von Wassermolekülen aus der Zelle hinaus steigt jedoch an. Die Regulation des osmotischen Drucks der Körperflüssigkeiten eines Organismus wird als Osmoregulation bezeichnet. Die biologische Funktion der osmotischen Regulation ist die Homöostase des Wassergehalts.

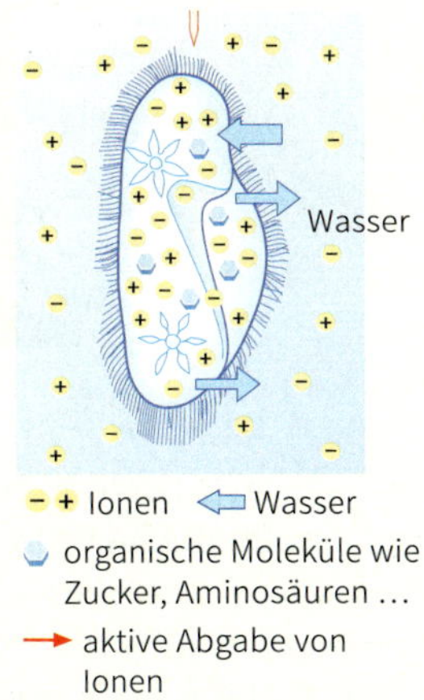

Endprodukthemmung: Vorhandene Endprodukte können gleichzeitig Hemmstoffe sein. Sind viele Produkte vorhanden, hemmen diese ein Enzym des Syntheseweges und unterbinden damit ihre weitere Bildung. Dadurch wird eine Überproduktion verhindert. Es findet eine negative Rückkopplung statt.

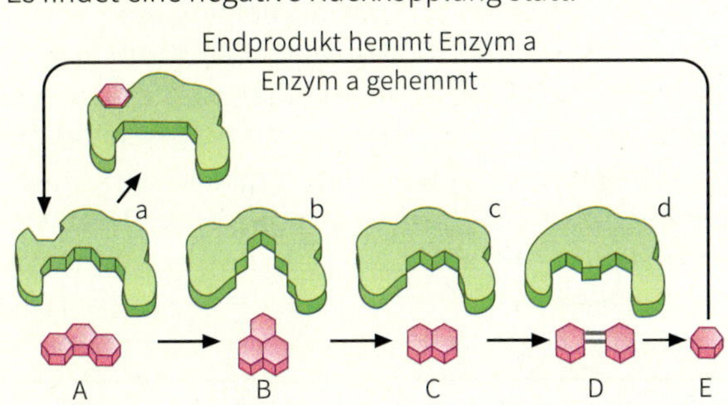

Basiskonzept B5 "Individuelle und evolutive Entwicklung"

1 *Evolution vor der Haustür*

Um das Basiskonzept richtig zu verstehen, muss zwischen „individueller Entwicklung“ und „evolutiver Entwicklung“ unterschieden werden. Obwohl beide Phänomene das Wort „Entwicklung“ aufweisen, bezeichnen "individuelle Entwicklung" und "evolutive Entwicklung" jedoch zwei ungleiche Phänomene. Beide Phänomene sind allerdings über die Prozesse der Fortpflanzung vielfältig miteinander verknüpft. Das Einbeziehen der individuellen Entwicklung in das Basiskonzept hilft dabei, die Ursachen der Evolution mithilfe von genetischer Variation sowie Reproduktion (Fortpflanzung) zu verstehen.

Chamäleons sind für ihre einzigartige Anpassungsfähigkeit bekannt. Je nach Stimmung und körperlicher Verfassung können sie ihre Farbe kurzzeitig verändern. Diese Fähigkeit zur aktiven Veränderung der Körperfarbe haben nur wenige andere Tiere. Es handelt sich, wie beispielsweise auch die zunehmende, nicht dauerhafte Bräunung der menschlichen Haut unter Sonneneinstrahlung, um eine nichterbliche **Anpassung**.

Angepasstheiten sind dagegen erblich bedingte Merkmale und Verhaltensweisen, die in der Auseinandersetzung mit der Umwelt vorteilhaft sind. Angepasstheiten sind im Laufe der Zeit durch natürliche Auslese entstanden. In einer Population haben diejenigen Lebewesen eine höhere Wahrscheinlichkeit, länger zu (über-) leben und sich fortzupflanzen, die Angepasstheiten aufweisen.

Am Beispiel der Bänderschnecken lassen sich wesentliche Aspekte des Basiskonzepts deutlich machen. Beide Arten von Bänderschnecken zeigen eine große **Variabilität** in Bezug auf die Bänderung der Schneckengehäuse (Abb. 1). Die phänotypische Variabilität der Schneckengehäuse beruht auf genetischer Variabilität. Genetische Variabilität entsteht durch zufällige, nicht zielgerichtete **Mutationen** sowie durch **Neukombination** (Rekombination) von Erbanlagen bei der Bildung der Geschlechtszellen und bei der Befruchtung. Variabilität ist auf allen Ebenen biologischer Systeme zu finden.

Aus der Vielzahl der Varianten in einer Population haben diejenigen Individuen eine höhere Wahrscheinlichkeit sich fortzupflanzen und ihre Gene in die nächste Generation weiterzugeben, die in der Auseinandersetzung mit der belebten und unbelebten Umwelt vorteilhafte, das Überleben fördernde Merkmale und Verhaltensweisen haben. Man spricht von **Selektion** oder natürlicher Auslese. Selektion ist ein anderer Ausdruck für Unterschiede im Fortpflanzungserfolg der Individuen, also Unterschieden in ihrer **reproduktiven Fitness**. Selektion basiert auf Variabilität und führt in einem viele Generationen währenden Prozess zur Angepasstheit einer Population an die jeweilige Umwelt. Im Beispiel der Bänderschnecken sind die dunklen Gehäuse eine Angepasstheit an die Temperaturbedingungen. Dieser Zusammenhang von Variabilität und natürlicher Auslese ist Kern der Evolutionstheorie von CHARLES DARWIN (1809–1882).

Zelldifferenzierung, so nennt man die Entwicklung von unspezialisierten zu spezialisierten Zellen, findet während der Entwicklung eines vielzelligen Individuums statt. In einem Vielzeller gibt es nicht nur differenzierte Zellen sondern auch undifferenzierte Körperzellen, die Stammzellen. Aus Stammzellen können neue spezialisierte Zellen entstehen.
Lebewesen sind fähig zur **Reproduktion (Fortpflanzung).** Dabei geben sie die Erbinformation weiter. Die Fähigkeit der Erbinformation, sich identisch zu verdoppeln, bildet die Basis für die Reproduktion. Man unterscheidet die geschlechtliche und die ungeschlechtliche Fortpflanzung.
Selektion ist ein Begriff für unterschiedlichen Überlebens- und Fortpflanzungserfolg. Lebewesen mit zweckmäßigen Merkmalen und Verhaltensweisen haben eine höhere Wahrscheinlichkeit zu überleben und sich fortzupflanzen und ihre Erbanlagen an die Nachkommen weiterzugeben. Selektion bewirkt im Verlauf langer Zeiträume, dass Lebewesen mit zweckmäßigen Merkmalen und Verhaltensweisen in einer Art häufiger werden.

2 *Biologische Prinzipien beim Basiskonzept "Individuelle und evolutive Entwicklung"*

Individuelle und evolutive Entwicklung in der Einführungsphase

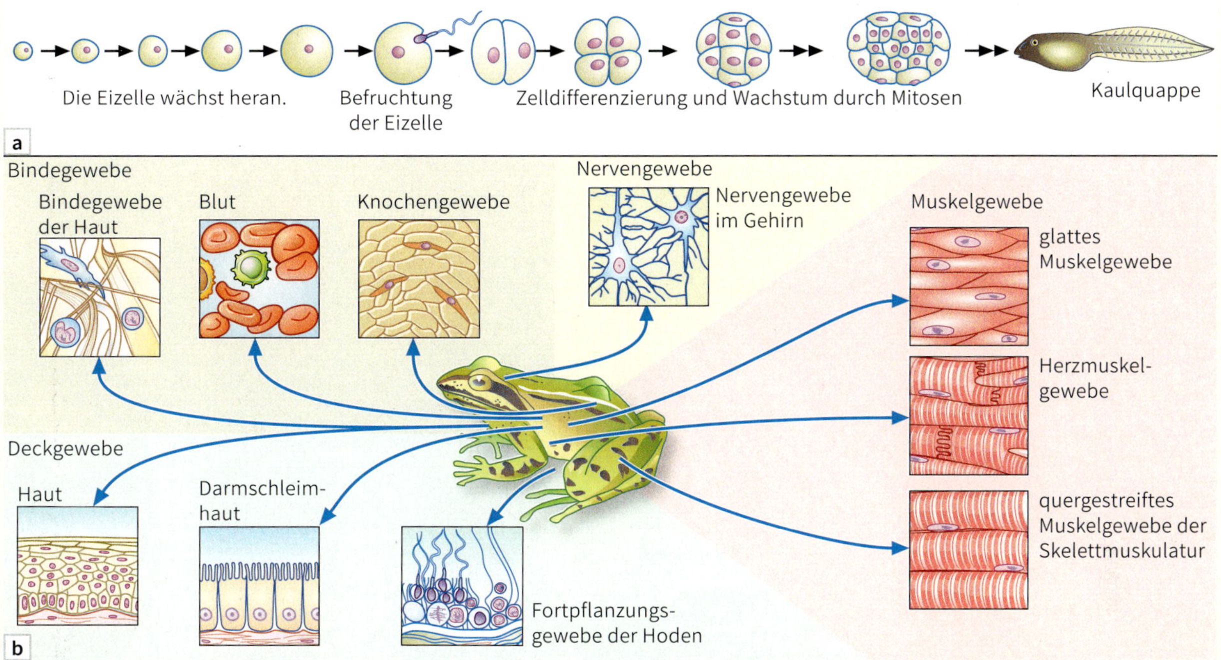

Reproduktion und Zelldifferenzierung: Alle Körperzellen eines Vielzellers entstehen durch Mitosen aus der befruchteten Eizelle (a, b). Körperzellen und befruchtete Eizelle sind genetisch identisch. Die Entwicklung von unspezialisierten zu spezialisierten Zellen wird Zelldifferenzierung genannt (b). Verschieden differenzierte Zellen, wie beispieslweise eine weiße Blutzelle und eine Nervenzelle, unterscheiden sich im Muster ihrer aktiven Gene. Dies wird als differenzielle Genaktivität bezeichnet. In allen Lebewesen gibt es immer auch undifferenzierte Körperzellen, die sogenannten Stammzellen. Stammzellen können durch Teilung spezialisierte Zellen bilden.

Selektion: In einer Population von Erdbeerfröschchen gleicht kein Frosch dem anderen. Die Frösche unterscheiden sich vor allem in der Hautfarbe, aber auch in anderen Merkmalen. Obwohl in einer Froschpopulation eine große phänotypische Variabilität auftritt, gehören alle Frösche zur selben Art. Ihre unterschiedliche Hautfarbe sowie die anderen unterschiedlichen Merkmale haben sie von ihren Eltern geerbt.
Durch Fortpflanzung werden die Erbanlagen von Generation zu Generation weitergegeben. Mit ihrer auffälligen Körperfärbung signalisieren die Erdbeerfrösche ihre Ungenießbarkeit. Die Mechanismen der Selektion und die Evolution der Signalfarben führen letztendlich zur Angepasstheit der verschiedenen Farbvarianten an die jeweilige Umwelt.

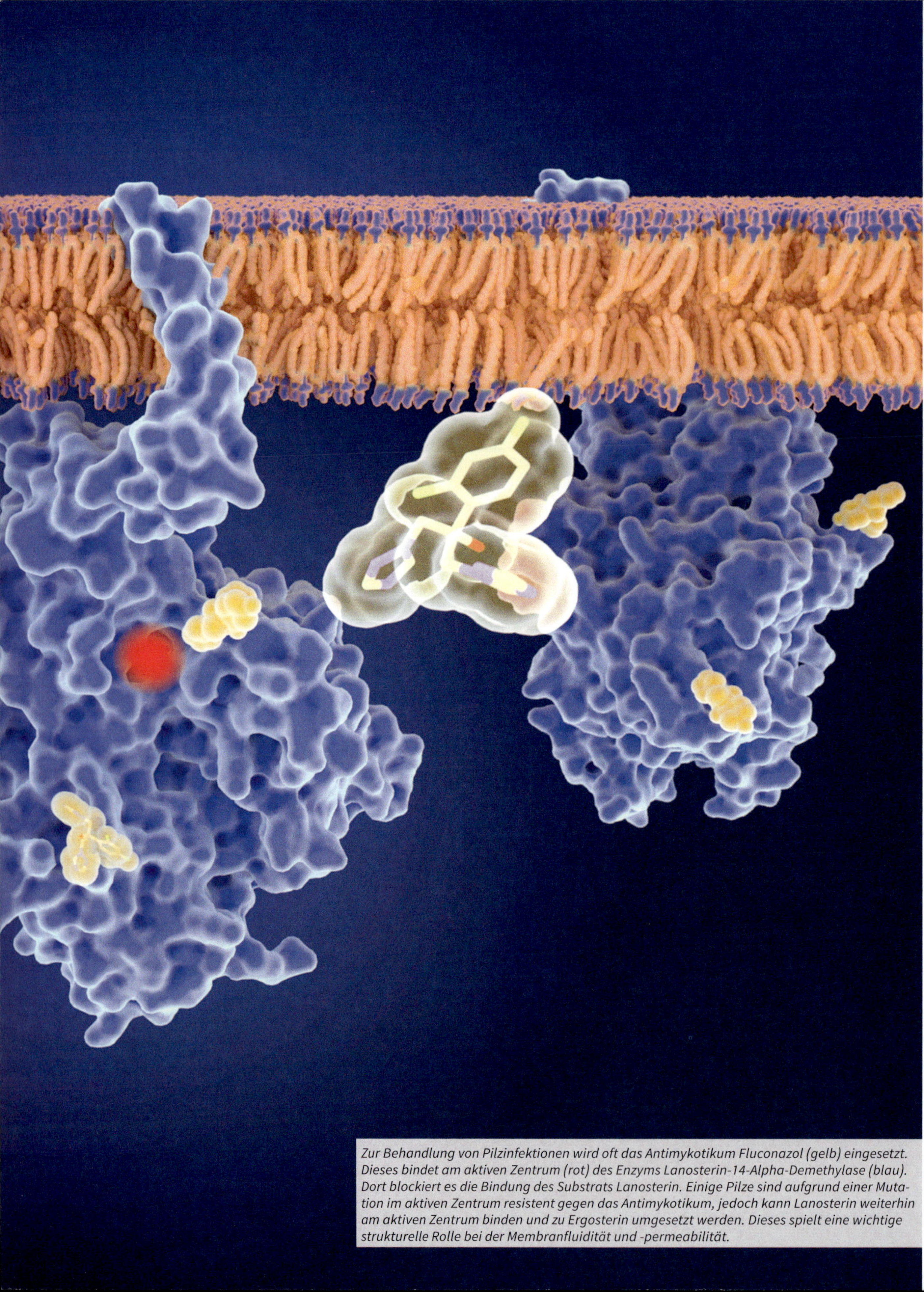

Zur Behandlung von Pilzinfektionen wird oft das Antimykotikum Fluconazol (gelb) eingesetzt. Dieses bindet am aktiven Zentrum (rot) des Enzyms Lanosterin-14-Alpha-Demethylase (blau). Dort blockiert es die Bindung des Substrats Lanosterin. Einige Pilze sind aufgrund einer Mutation im aktiven Zentrum resistent gegen das Antimykotikum, jedoch kann Lanosterin weiterhin am aktiven Zentrum binden und zu Ergosterin umgesetzt werden. Dieses spielt eine wichtige strukturelle Rolle bei der Membranfluidität und -permeabilität.

Enzyme steuern Lebensvorgänge in Zellen

Proteine

- Aktives Zentrum
- Quartärstruktur
- Tertiärstruktur
- Sekundärstruktur
- Primärstruktur
- Aminosäuren

Enzyme als Biokatalysatoren

- Aktivierungsenergie
- Biokatalysator
- Wirkungsspezifität
- Substratspezifität
- Schlüssel-Schloss-Prinzip
- Enzyme im Alltag

Enzym

Beeinflussung der Enzymaktivität

- Reaktionsgeschwindigkeit
- Substratkonzentration
- Sättigungs- und Optimumskurven
- pH-Wert
- Temperatur und RGT-Regel
- Denaturierung von Enzymen

Hemmung und Aktivierung der Enzymaktivität

- kompetitive Hemmung
- Inhibitoren und Aktivatoren
- allosterische, nichtkompetetive Hemmung
- negative Rückkopplung
- irreversible Hemmung
- allosterische Aktivierung

2.1 Enzyme im Alltag

1 *Anwendungsbeispiele für Enzyme im Alltag: (a) Labenzyme; (b) Pektinasen; (c) Lactase-Tabletten; (d) Cellulasen*

Die Menschen nutzen Enzyme bereits seit mehr als 8000 Jahren, beispielsweise als in Mesopotamien aus Getreide durch Gärungsprozesse ein bierähnliches Getränk hergestellt wurde. Enzyme sind Proteine mit Katalysatorfunktion. Katalysatoren beschleunigen chemische Reaktionen, ohne sich dabei bleibend zu verändern. Durch Katalysatoren laufen viele chemische Reaktionen schneller oder bereits bei niedrigeren Temperaturen ab. Im Stoffwechsel aller Lebewesen sind Enzyme an allen Reaktionen beteiligt.

Heute werden Enzyme sehr häufig eingesetzt und sind aus dem Alltag kaum wegzudenken (Abb. 1). Die meisten Waschmittel enthalten unterschiedliche Enzyme. **Proteasen**, **Amylasen**, **Cellulasen** und **Lipasen** sorgen dafür, dass Verschmutzungen bereits bei niedrigen Temperaturen effektiv entfernt werden. Bei der Käseherstellung sorgen **Labenzyme** dafür, dass die Milch eingedickt wird (Abb. 1 a). **Pektinasen** greifen pflanzliche Zellwände an und sorgen für höhere Ausbeuten bei der Fruchtsaftherstellung (Abb. 1 b).

Viele Menschen leiden unter Lactoseintoleranz. Diesen Menschen fehlt das Enzym **Lactase**, das den in der Milch enthaltenen Milchzucker, die Lactose, spaltet. Die Betroffenen können Milch- und Milchprodukte nicht verdauen und reagieren mit Bauchschmerzen und Übelkeit, wenn sie Milchprodukte essen. Durch Einnahme von Tabletten, die das Enzym Lactase enthalten, kann die Stoffwechselstörung kurzfristig aufgehoben und der Verzehr von Milchprodukten ermöglich werden (Abb. 1 c).

Ananas und andere Pflanzen enthalten **Proteasen**. Diese Enzyme zersetzen Proteine. Sie sorgen nach kurzer Einwirkzeit dafür, dass Fleisch zarter wird und sind in allen Fleischzartmachern enthalten. In Waschmitteln sorgen Proteasen dafür, dass Eiweißflecken besser ausgewaschen werden können. Um Jeans im stonewashed-Look zu erhalten, wurden früher Hosen mit hohem Energieaufwand und Wasserverbrauch bei hohen Temperturen mit Steinen gewaschen. Heute werden **Cellulasen** eingesetzt. Die Enzyme sorgen unter schonenderen Bedingungen für Risse in den Baumwollfasern, sodass sich der Farbstoff leicht auswaschen lässt (Abb. 1 d).

Auch in der Futtermittelindustrie kommen Enzyme zum Einsatz. Nur Wiederkäuer wie Rinder können das in den Futterpflanzen in Form von Phytinsäure gebundene Phosphat nutzen. Für andere Tiere muss Phosphat in Form von Mineralsalzen dem Futter zugegeben werden. Das dem Futter zugesetzte Enzym **Phytase** spaltet Phytinsäure und macht das Phosphat für die Tiere verwertbar. So kann man auf Mineralsalzgaben verzichten und die Gülle ist ärmer an Phosphat. Dadurch sinkt die Grundwasserbelastung.

Der Bedarf an Enzymen für viele Anwendungen ist hoch. Die Enzyme müssen häufig besondere Anforderungen erfüllen und auch unter extremen Bedingungen funktionieren, zum Beispiel bei hohen Temperaturen. Enzyme werden zunehmend mit biotechnologischen Verfahren hergestellt, wobei häufig gentechnisch veränderte Mikroorganismen eingesetzt werden.

→ Kap. 2.3, Kap. 2.4

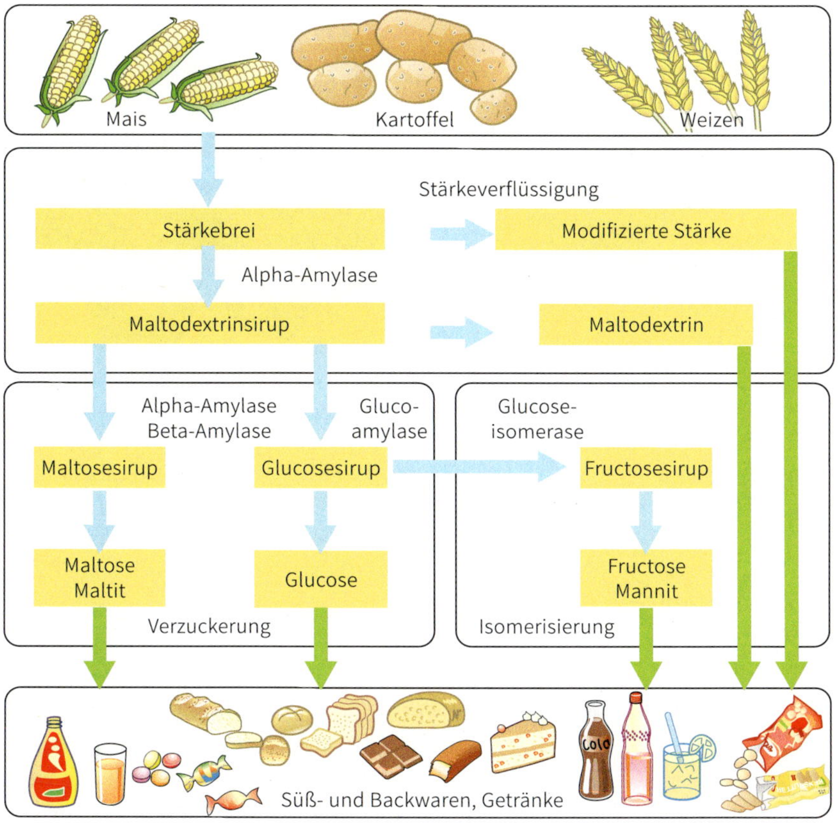

2 *Stärkeverzuckerung*

Stärke: Polyglucose, lange Molekülketten aus Glucosebausteinen, wichtigster pflanzlicher Speicherstoff, in Wasser nicht löslich und daher osmotisch unwirksam
Maltodextrin : wasserlösliches Gemisch aus Glucoseketten mit unterschiedlichen Längen, das durch Hydrolyse von Stärke hergestellt wird
Modifizierte Stärke: durch chemische oder physikalische Verfahren veränderte Stärke, die höheren technischen Anforderungen genügt
Sirup: dickflüssige konzentrierte Lösung
Maltose: Zweifachzucker aus zwei Glucoseeinheiten
Glucose: Einfachzucker
Fructose: Einfachzucker
Maltit: aus Maltose synthetisierter Zuckeraustauschstoff
Mannit: aus Fructose synthetisierter Zuckeraustauschstoff

3 *Stoffe bei der Stärkeverzuckerung*

1. Enzyme im Alltag. Erläutern Sie die Bedeutung von Enzymen im Alltag anhand drei auf dieser Seite beschriebenen Beispielen.

2. Stärkeverzuckerung. Viele Nutzpflanzen enthalten viel Stärke. Aus Stärke können verschiedene Zucker hergestellt werden (Abb. 2, 3). Früher wurden für die Stärkespaltung starke Säuren eingesetzt, heute fast ausschließlich Enzyme.

a) Beschreiben Sie den Ablauf der in Abbildung 2 dargestellten Stärkeverzuckerung.

b) Nennen Sie mögliche Vorteile des Enzymeinsatzes gegenüber der Säurespaltung der Stärke.

c) Erläutern Sie, wie durch gezielten Einsatz von Enzymen bei der Stärkeverzuckerung die Produktzusammensetzung beeinflusst werden kann.

d) Die bei der Stärkeverzuckerung anfallenden Produkte können für die Produktion von Lebensmitteln genutzt werden. Auf der Verpackung müssen aber lediglich die bei der Produktion zugesetzten Zucker konkret ausgewiesen werden. Dort findet man Formulierungen wie „in 100 g enthalten: Kohlenhydrate 30 g, davon Zucker 14 g, Zuckeranteil 14 %". Nehmen Sie begründet Stellung zu dieser Art der Deklaration.

3. Enzyme in Waschmitteln. Erläutern Sie die unterschiedliche Waschaktivität enzymhaltiger und enzymfreier Waschmittel unter Berücksichtigung von Abbildung 4.

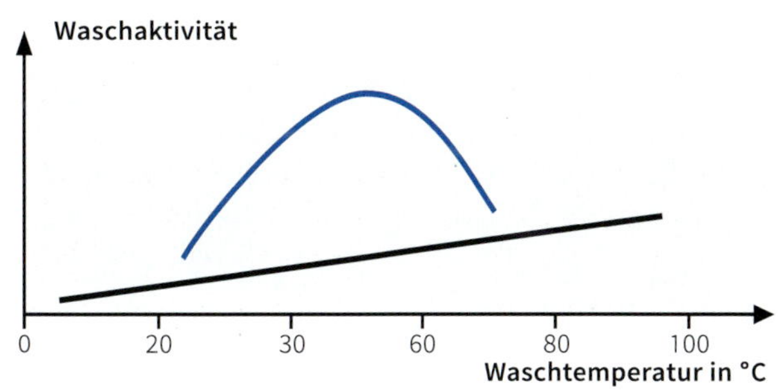

4 *Waschaktivität von enzymhaltigen (blaue Kurve) und enzymfreien (schwarzer Graph) Waschmitteln*

→ Kap. 2.3, Kap. 2.4

2.2 Biologisch bedeutsame Makromoleküle: Proteine

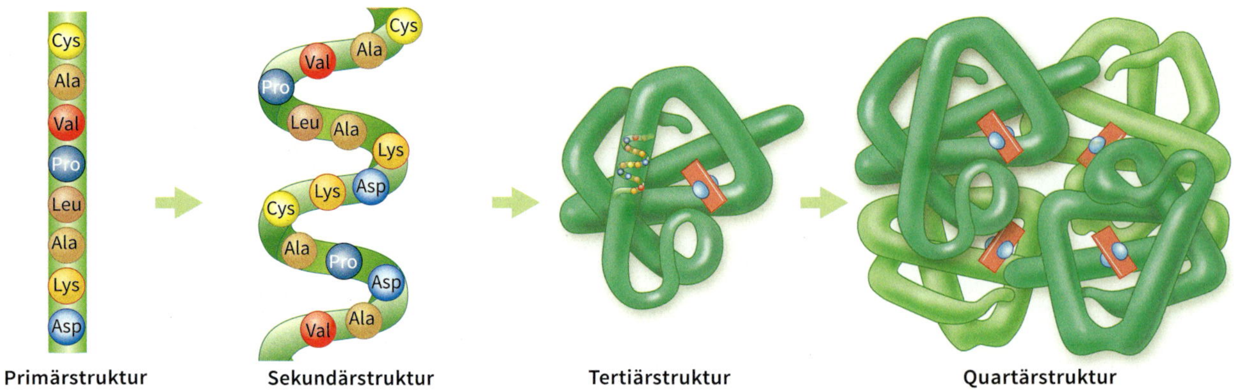

1 *Bau und Struktur eines Proteins*

Proteine gehören neben Kohlenhydraten und Fetten zu den Nährstoffen. Umgangssprachlich werden Proteine auch als **Eiweiße** bezeichnet. Die Bedeutung von Proteinen als Energielieferanten ist eher gering. Hauptsächlich liefern die Proteine aus der Nahrung **Aminosäuren** als Baustoffe für den Aufbau körpereigener Proteine. Proteine haben im Körper vielfältige Funktionen. In Muskelzellen bilden sie die Elemente, die sich kontrahieren. Als Enzyme sind Proteine zum Beispiel bei der Verdauung unerlässlich.

Die Funktion eines Proteins ist eng mit seinem räumlichen Aufbau verknüpft. Bausteine der Proteine sind zwanzig verschiedene Aminosäuren. Diese sind über Peptidbindungen zu langen Polypeptidketten verbunden (Abb. 2). Der räumliche Aufbau eines Proteins lässt sich auf vier Ebenen beschreiben (Abb. 1). Als **Primärstruktur** wird die Reihenfolge der Aminosäuren in der Polypeptidkette bezeichnet. Diese Reihenfolge der Aminosäuren ist auf der DNA genetisch festgelegt.

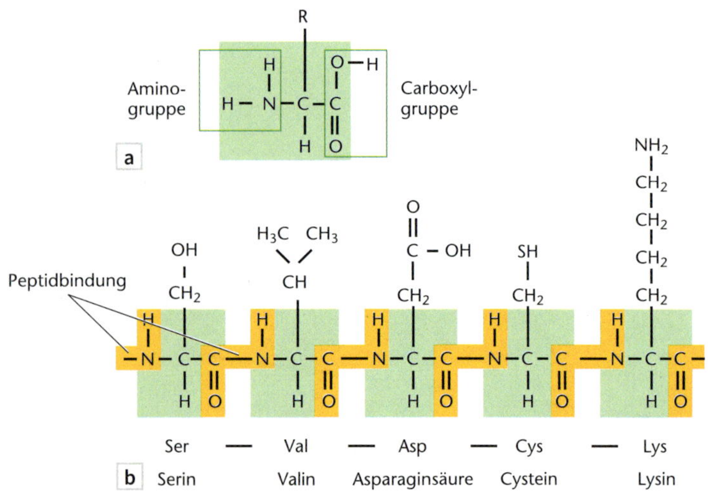

2 *a) Aufbau einer Aminosäure, b) Ausschnitt aus einer Polypeptidkette mit Peptidbindungen*

Viele Abschnitte einer Polypeptidkette sind zu Faltblatt- oder Helixstrukturen gefaltet. Diese räumlichen Strukturen werden als **Sekundärstrukturen** bezeichnet. Ursache dafür sind **Wasserstoffbrücken**, die sich zwischen nahe benachbarten Aminosäuren ausbilden. Zwischen Aminosäuren, die in der Polypeptidkette weiter voneinander entfernt sind, bilden sich auch schwächere **Van der Waals-Kräfte**, die besonders stabilen **Disulfidbrücken** und starke **ionische Wechselwirkungen** aus. Dadurch kommt es zu einer weiteren räumlichen Auffaltung der Polypeptidkette. Diese Raumstruktur wird als **Tertiärstruktur** bezeichnet. Die Tertiärstruktur ist bereits durch die Primärstruktur vorgegeben. Eine bestimmte Abfolge von Aminosäuren führt unter gleichen äußeren Bedingungen, wie beispielsweise Temperatur oder pH-Wert immer zu identischen räumlichen Strukturen des Proteins.

Manche Proteine bestehen aus mehreren Polypeptidketten. Diese Polypeptidketten werden dann häufig auch Untereinheiten genannt. Ein solcher Komplex aus mehreren Polypeptidketten wird als **Quartärstruktur** eines Proteins bezeichnet (Abb. 1). Ein Beispiel dafür ist das Hämoglobin.

Manche Proteine beispielsweise das Chlorophyll in den grünen Pflanzenteilen oder auch das Hämoglobin enthalten zusätzlich Metallionen oder kleinere organische Moleküle. Diese Proteinbestandteile werden als **Cofaktoren** bezeichnet.

→ Kap. 1.8, B1

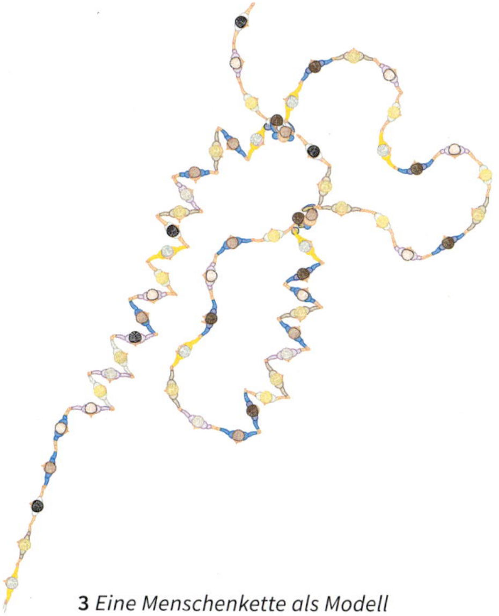

3 *Eine Menschenkette als Modell*

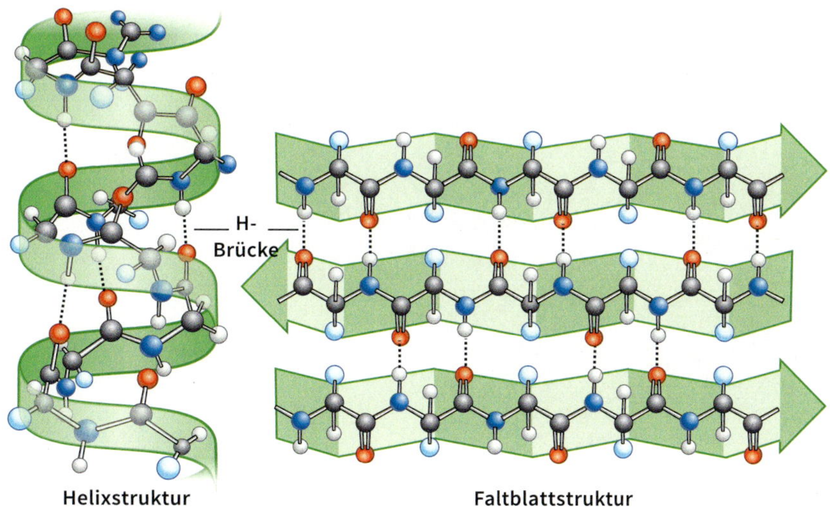

4 *Sekundärstrukturen von Polypeptidketten*

1. Menschenkette als Modell für die Proteinstruktur?
a) Erläutern Sie die Ursachen für die Ausbildung der in Abbildung 4 dargestellten Sekundärstrukturen.
b) Erläutern Sie, inwiefern die in Abbildung 3 dargestellte Menschenkette als Modell für den Aufbau eines Enzyms aufgefasst werden kann.

2. Bau von Aminosäuren. Vergleichen Sie den Aufbau der in Abbildung 2 b dargestellten Aminosäuren.

3. Bildung einer Peptidbindung. Beschreiben Sie die Vorgänge bei der Bildung einer Peptidbindung (Abb. 5).

4. Anziehungskräfte.
a) Erläutern Sie, wie sich die in Abbildung 6 dargestellten Anziehungskräfte auf die Struktur von Proteinen auswirken.
b) Bei Untersuchungen von Bakterien, die in heißen Quellen leben, wurden sogenannte thermostabile Proteine entdeckt. Beurteilen Sie, inwiefern ihnen folgende Hypothesen plausibel erscheinen:
- Thermostabile Proteine haben einen hohen Anteil an der Aminosäure Cystein (Cys).
- Thermostabile Proteine haben einen hohen Anteil an der Aminosäure Valin (Val).

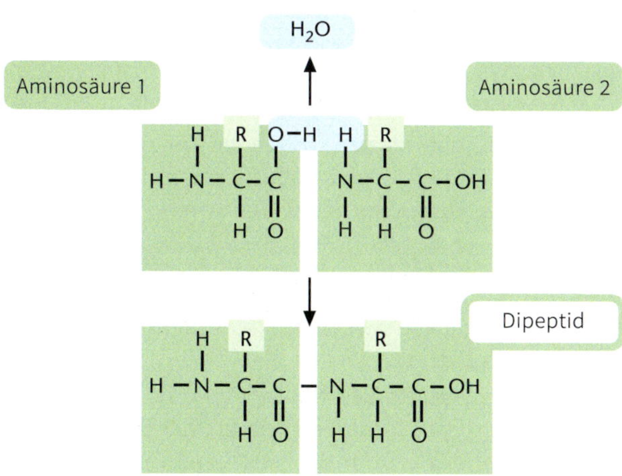

5 *Bildung einer Peptidbindung*

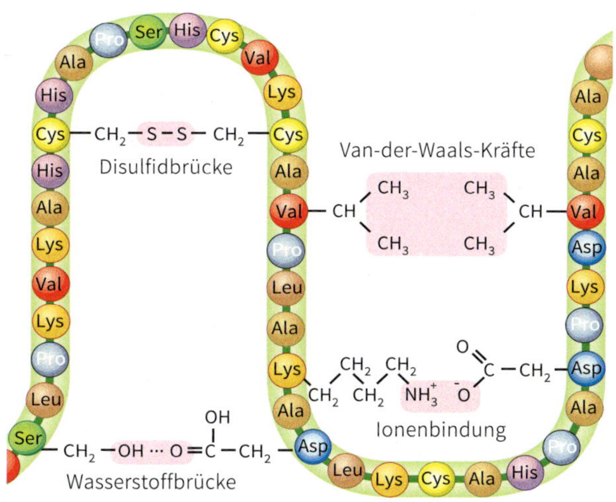

6 *Anziehungskräfte in Polypeptidketten*

→ Kap. 1.8, B1

2.3 Enzyme als Biokatalysatoren

1 *3D-Struktur der Amylase mit gebundenem Substrat (rot)*

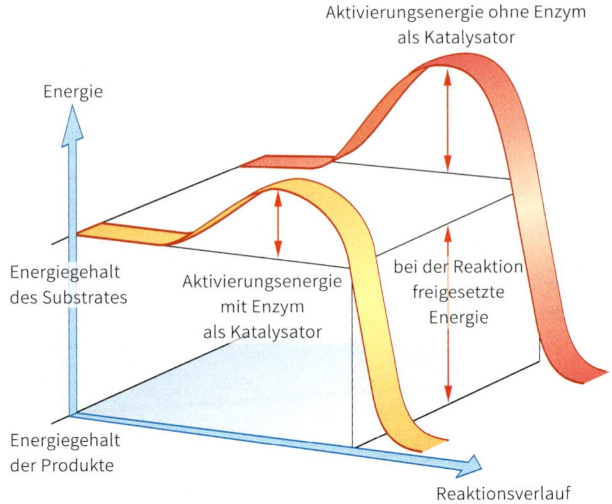

2 *Enzyme verringern die Aktivierungsenergie*

Enzyme sind Proteine mit besonderen Funktionen in Zellen. Ohne Enzyme gäbe es kein Leben. Als Biokatalysatoren setzen sie viele chemische Prozesse in unserem Stoffwechsel in Gang und beschleunigen sie. So spaltet beispielsweise das Enzym Amylase die in der Nahrung befindliche Stärke, damit die Einzelzucker verstoffwechselt werden können (Abb. 1). Ohne Enzyme könnten diese Vorgänge gar nicht oder nur sehr langsam ablaufen. Wie alle Katalysatoren sind Enzyme an Reaktionsschritten beteiligt, gehen aber unverändert aus den Reaktionen, die sie beschleunigen, hervor. Sie stehen nach Ablauf jeder Reaktion wieder zur Verfügung. Deshalb wirken Enzyme bereits in sehr geringen Konzentrationen.

Für jede chemische Reaktion ist **Aktivierungsenergie** notwendig (Abb. 2). Dieser Energiebetrag muss überwunden werden, damit eine chemische Reaktion stattfinden kann. Ist die benötigte Aktivierungsenergie hoch, läuft eine Reaktion im Körper eines Lebewesens

3 *Enzymwirkung im Modell: Bergwanderung*

gar nicht oder nur sehr langsam ab. Enzyme ermöglichen alternative Reaktionswege. Für diese ist weniger Aktivierungsenergie notwendig (Abb. 2, 3). Die Reaktion wird dadurch stark beschleunigt und läuft um ein Vielfaches schneller ab.

Auf der Teilchenebene bewegen sich alle Teilchen mit einer bestimmten Geschwindigkeit. Aufgrund dieser Teilchenbewegung haben die Teilchen eine bestimmte Bewegungsenergie und stoßen zusammen. Für eine Reaktion wird eine bestimmte Aktivierungsenergie benötigt und die Teilchen müssen die richtige räumliche Ausrichtung zueinander haben, sodass allgemein wenig Reaktionen ungerichtet ablaufen. Diese Reaktionsträgheit der Teilchen verhindert ungewünschte Reaktionen im Stoffwechsel. Enzyme können bestimmte Teilchen binden und sorgen so für eine für die Reaktion passende Ausrichtung. Gleichzeitig wird die Bewegungsenergie des gebundenen Teilchens für die Reaktion genutzt, sodass für die gleiche Reaktion mit Enzym eine geringere Aktivierungsenergie notwendig ist. Dadurch ist ein größerer Anteil der Teilchen reaktionsfähig und die Reaktion verläuft schneller.

Ausgangsstoffe, die von Enzymen umgesetzt werden, nennt man **Substrate**. Die Namen vieler Enzyme werden aus den Namen des Substrates und der Endung -ase gebildet. Die Namen lassen auf die Funktion der Enzyme schließen. Zum Beispiel spaltet das Enzym Amylase Stärke (Amylose) und das Enzym Saccharase zerlegt den Zucker Saccharose.

→ B2, Kap. 2.4, Kap. 2.5

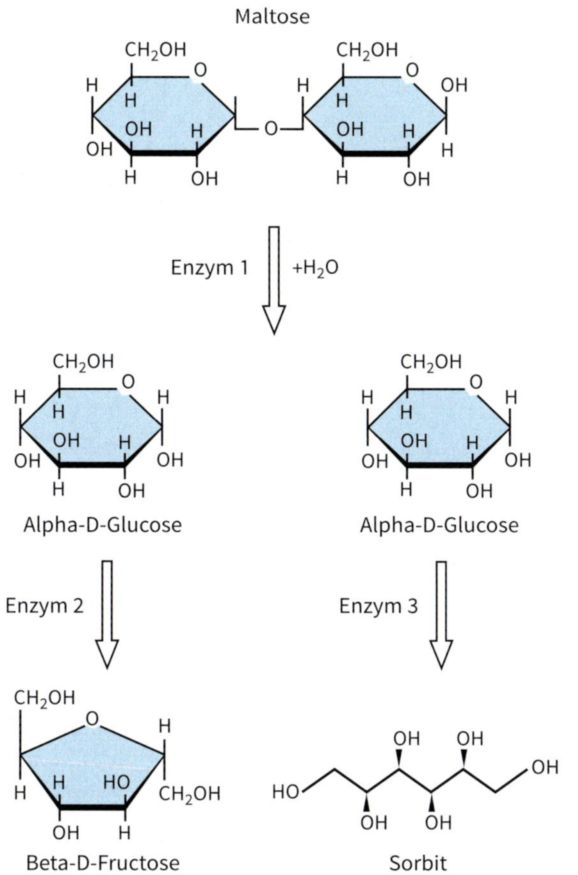

4 *Von der Maltose zu Produkten – enzymkatalysierte Reaktionen*

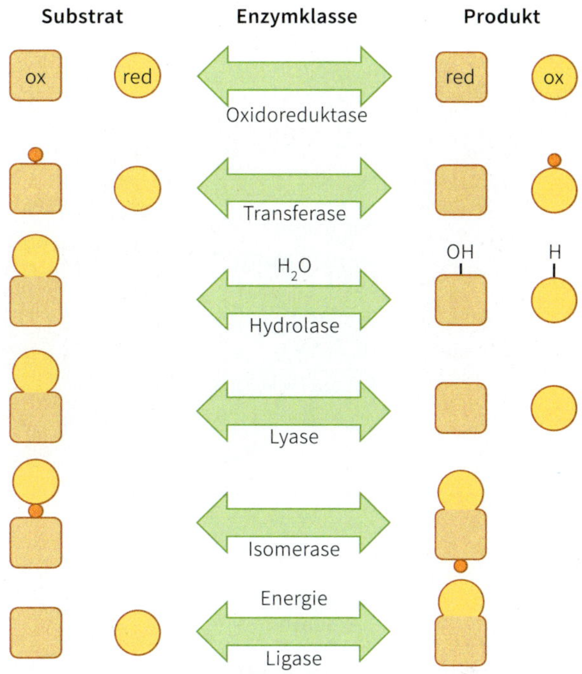

5 *Enzymklassen und Enzymfunktionen*

6 *(a) Muschelschale und (b) REM-Aufnahme von Perlmutt*

1. Aspekte der Enzymwirkung. Nennen Sie die im Grundwissentext genannten Aspekte der Enzymwirkung.

2. Enzymwirkung im Modell.

a) Beschreiben und erläutern Sie die Abbildung 3.

b) Erläutern Sie, inwiefern Abbildung 3 eine geeignete Modellvorstellung zur Erklärung der Enzymfunktion darstellt.

c) Entwickeln Sie ein eigenes mechanisches Modell, mit dem Sie die im Grundlagentext beschriebene Wirkungsweise eines Enzyms demonstrieren können.

3. Enzymklassen und Enzymfunktionen.

a) Beschreiben Sie die in Abbildung 5 vereinfacht dargestellten Funktionen der jeweiligen Enzymklassen.

b) Beschreiben Sie die in Abbildung 4 dargestellten Reaktionen und ordnen Sie die Enzyme 1 – 3 jeweils begründet einer der in Abbildung 5 genannten Enzymklassen zu.

4. Perlmutt. Perlmutt wächst an der Innenfläche von Muschel- und Schneckenschalen als schillernde Schicht (Abb. 6). Es enthält Calciumsalze und Proteine. Perlmutt könnte ein wichtiger Werkstoff der Zukunft werden, der heutige Industriekeramik aus vielen Bereichen verdrängen könnte. Werden Proteine aus den Schneckenschalen zu einer Lösung gegeben, die Calciumsalze und andere Verbindungen enthält, bilden sich bei Raumtemperatur dünne Schichten aus Perlmutt. Für die Herstellung von Keramik sind dagegen hohe Temperaturen nötig. Begründen Sie, warum Perlmutt in der Natur bei wesentlich niedrigeren Temperaturen als Keramik in der Technik entstehen kann.

2.4 Der Mechanismus der Enzymwirkung

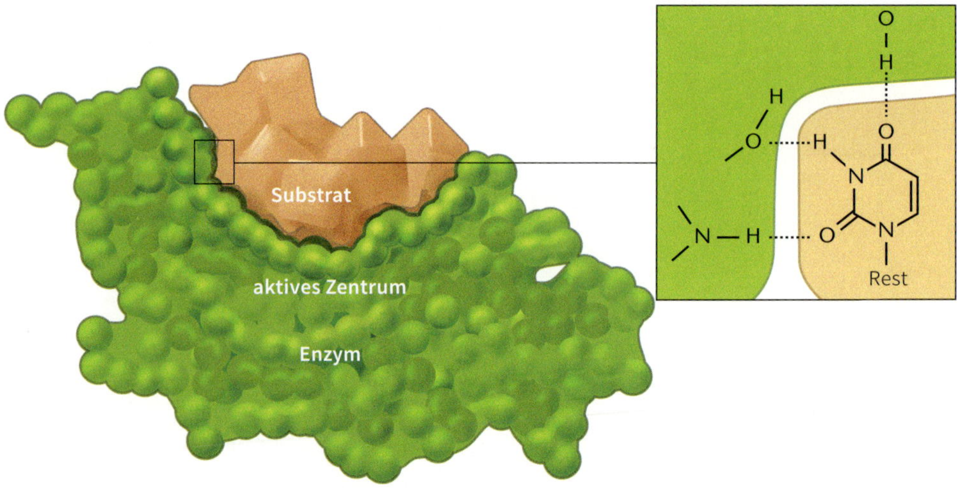

Wenn ein Substrat zum aktiven Zentrum eines Enzyms passt, bedeutet das, dass sich Anziehungskräfte wie Wasserstoffbrücken zwischen den Aminosäuren im aktiven Zentrum und dem Substrat ausbilden können.

1 *Enzym-Substrat-Komplex mit einem vergrößerten Ausschnitt aus dem aktiven Zentrum*

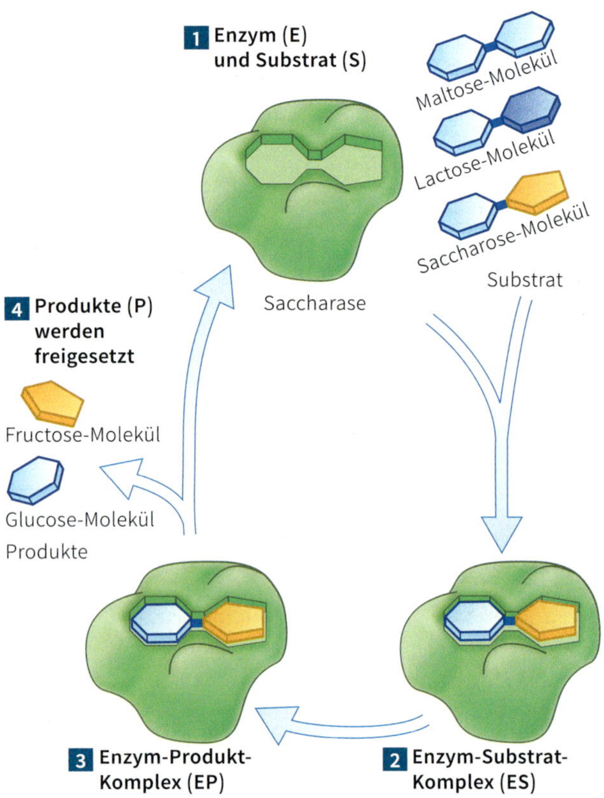

$$E + S \rightleftharpoons ES \rightleftharpoons EP \rightleftharpoons E + P$$

2 *Ablauf einer Enzymreaktion am Beispiel des Enzyms Saccharase*

Die meisten Enzyme können nur bestimmte Substrate umsetzen. Sie sind **substratspezifisch**. Die Substratspezifität lässt sich über den Mechanismus der Enzymwirkung erklären. In einem ersten Schritt bindet das Substrat an die Stelle des Enzyms, an der die Umsetzung stattfindet. Diese Stelle ist das **aktive Zentrum** des Enzyms (Abb. 1). Es bildet sich ein **Enzym-Substrat-Komplex** (Abb. 1, 2). Die Bindung des Substrates an das aktive Zentrum des Enzyms erfolgt, indem sich zwischen Substratmolekül und Enzymmolekül zwischenmolekulare Anziehungskräfte ausbilden. Dafür ist eine exakte Passung von räumlichen Strukturen und Ladungsverteilungen des aktiven Zentrums des Enzymmoleküls und des Substratmoleküls erforderlich. Das exakte Zusammenpassen von Enzymmolekül und Substratmolekülen als Voraussetzung für die Reaktion wird als **Schlüssel-Schloss-Prinzip** bezeichnet (Abb. 2). Noch während das Substratmolekül an das Enzymmolekül bindet, wird es verändert. Es entsteht ein Enzym-Produkt-Komplex. Anschließend werden die Produktmoleküle freigesetzt. Das Enzymmolekül geht unverändert aus dieser Reaktion hervor und kann in der Folge weitere Reaktionszyklen durchlaufen.

In einigen Fällen verändern Enzym- und Substratmoleküle ihre Strukturen erst bei der Annäherung. Dieser Mechanismus wird als ***"induced fit"***, "induzierte Passform", bezeichnet. Jedes Enzym kann in der Regel nur eine ganz bestimmte Veränderung des Substrates bewirken. Diese Eigenschaft wird als die **Wirkungsspezifität** eines Enzyms bezeichnet.

→ B1, B2, Kap. 2.3

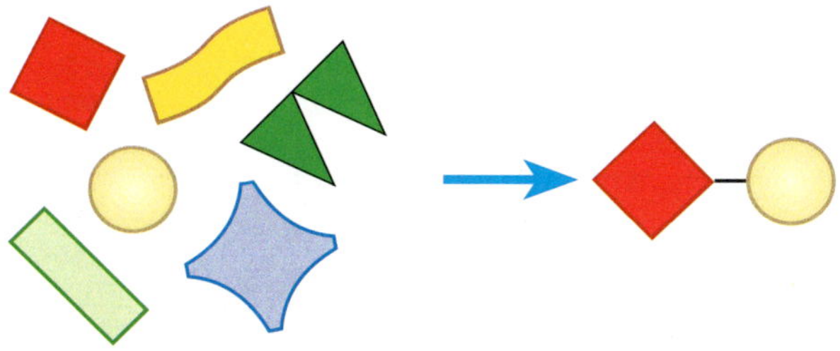

3 *Modell für eine enzymkatalysierte Reaktion*

1. Enzymfunktion im Modell.

a) Abbildung 3 zeigt Abläufe bei einer chemischen Reaktion. Die abgebildete Reaktion wird durch ein spezifisches Enzym katalysiert. Entwickeln Sie ein Modell, mit dem Sie die Funktion des Enzyms bei dieser Reaktion erklären und veranschaulichen können.

b) Stellen Sie aus geeigneten Materialien und Knetgummi ein dreidimensionales Modell her, mit dem Sie die Wirkungsweise von Enzymen veranschaulichen. Berücksichtigen Sie auch den „*induced fit*"-Mechanismus der Enzymwirkung.

c) Erläutern Sie, welche Aspekte der Enzymwirkung sich durch die verschiedenen in den Aufgaben a und b genutzten Modelle veranschaulichen lassen und wodurch die Veranschaulichung geschieht. Diskutieren Sie auch Grenzen der Modelle.

2. Antibiotika und Resistenzen. Antibiotika sind Substanzen, die Bakterien abtöten oder ihre Vermehrung verhindern. Sie werden bei bakteriellen Infektionen verabreicht. Manche Bakterien lassen sich durch das Antibiotikum Penicillin nicht abtöten. Diese Bakterien sind resistent gegen Penicillin. Sie verfügen über das Enzym Penicillinase. Verwendet man jedoch Penicilline, bei denen ein Molekülteil verändert wurde, erzielt man häufig die erwünschte Wirkung (rot markierter Teil in Abb. 4). Begründen Sie diese Tatsache.

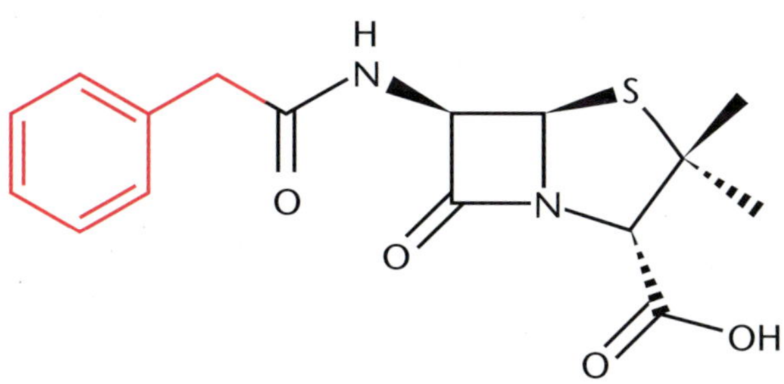

4 *Penicillin G*

PRAXIS

Frage

Sind Enzyme auf bestimmte Substrate spezialisiert?

Information

Stärkemoleküle bestehen aus langen Ketten von Glucosemolekülen. Inulinmoleküle bestehen aus langen Ketten von Fructosemolekülen.

Vorversuch

Eine Lösung von Inulin und eine Stärkelösung werden mit Benedictreagenz versetzt und erwärmt. In beiden Fällen tritt keine Bildung eines roten Niederschlags auf.

Materialien

Wasserbad, Stärkelösung 1 %, Inulinlösung 1 %, Amylase, Benedict-Reagenz

Durchführung

In einen Erlenmeyerkolben füllt man Stärkelösung (a), in den nächsten Inulinlösung (b) und in den dritten eine Lösung, die Stärke und Inulin enthält. (c). Dann gibt man zu allen Lösungen Amylase und stellt die Lösungen für 15 Minuten in ein 30 °C warmes Wasserbad. Danach gibt man zu allen Ansätzen Benedict-Reagenz und erwärmt 5 Minuten in einem heißen Wasserbad. Das Bild zeigt das Ergebnis nach 5 Minuten.

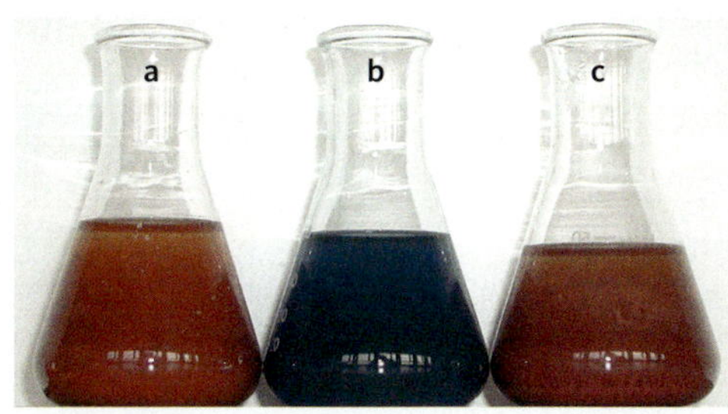

Auswertung

a) Beschreiben Sie die Versuchsbeobachtungen. Deuten Sie diese.
b) Erläutern Sie, warum der Vorversuch durchgeführt wird.

Entsorgung

Lösungen neutralisieren, im Waschbecken entsorgen

5 *Experiment zur Substratspezifität*

→ B1, B2, Kap. 2.3

2.5 Enzyme: Reaktionsgeschwindigkeit und Substratkonzentration

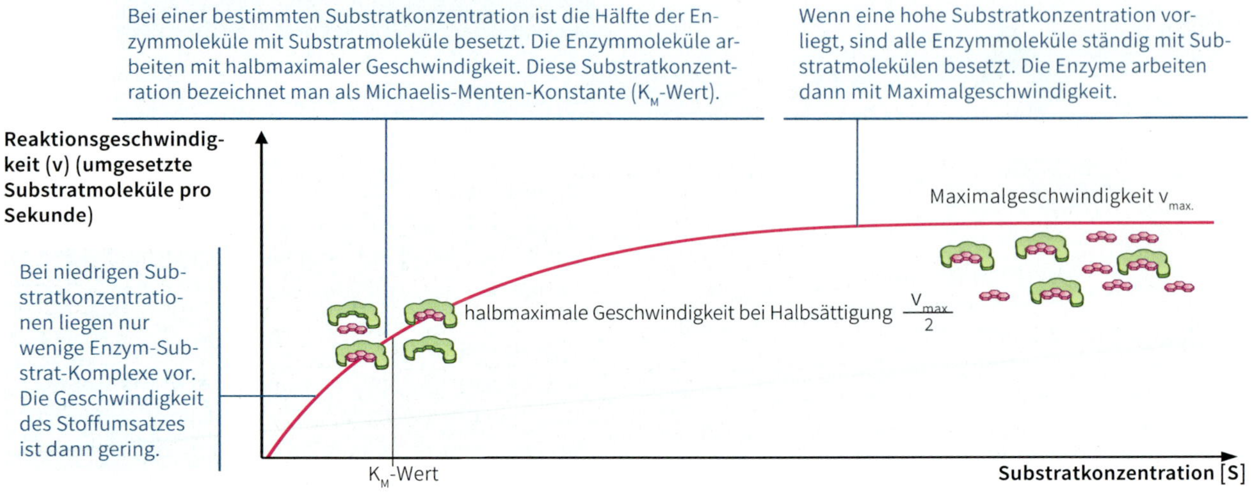

1 *Abhängigkeit der Reaktionsgeschwindigkeit v von der Substratkonzentration [S] bei gleichbleibender Enzymkonzentration: Michaelis-Menten-Diagramm*

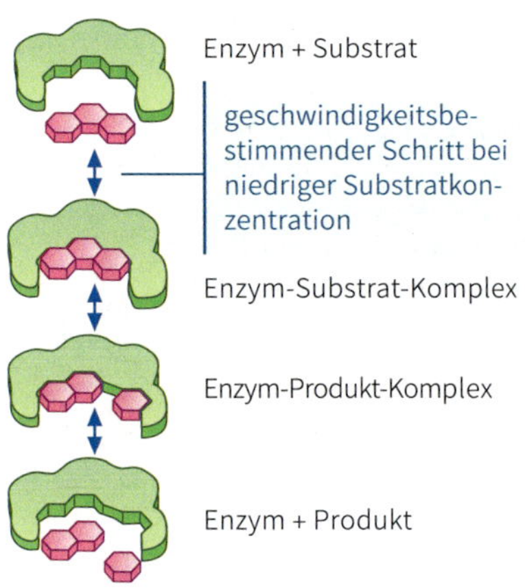

2 *Ablauf einer Enzymreaktion*

Enzym	Wechselzahl
Carboanhydrase	600 000
Acetylcholinesterase	25 000
Lactat-Dehydrogenase	1 000
Chymotrypsin	100
DNA-Polymerase I	15
Tryptophan-Synthetase	2
Lysozym	0,5

3 *Anzahl von Substratmolekülen, die ein Enzymmolekül pro Sekunde umsetzt*

Enzymkatalysierte Reaktionen verlaufen in aufeinander folgenden Schritten ab (Abb. 2). Diese Reaktionsschritte laufen mit unterschiedlichen Geschwindigkeiten ab. Der langsamste Schritt ist die Bildung des Enzym-Substrat-Komplexes. Dieser Schritt bestimmt die Geschwindigkeit des Stoffumsatzes bei niedrigen Substratkonzentrationen. Je mehr Substratmoleküle vorhanden sind, desto schneller können sich Enzym-Substrat-Komplexe bilden. Bei hohen Substratkonzentrationen bindet jedes Enzymmolekül nach Abspaltung des Produktmoleküls sofort wieder ein neues Substratmolekül. Alle Enzymmoleküle sind also ständig mit Substratmolekülen besetzt. Die Enzymmoleküle arbeiten dann mit Maximalgeschwindigkeit. Eine Steigerung des Stoffumsatzes ist auch bei weiterer Erhöhung der Substratkonzentration nicht möglich.

Die Abhängigkeit der Reaktionsgeschwindigkeit von der Substratkonzentration wird in einem **Michaelis-Menten-Diagramm** dargestellt (Abb. 1). Die Substratkonzentration, bei der die Maximalgeschwindigkeit erreicht wird, wird als **Sättigungskonzentration** bezeichnet. Diese ist aus dem Michaelis-Menten-Diagramm schwer zu ermitteln, da die Kurve stark abgeflacht ist. Deshalb wird der **K_M-Wert** bestimmt, welcher die Substratkonzentration beschreibt, bei der die halbmaximale Geschwindigkeit erreicht wird. Bei Vorliegen der Sättigungskonzentration von Substratmolekülen sind praktisch alle Enzymmoleküle ständig mit Substratmoelkülen beladen. Eine Erhöhung der Substratkonzentration hat dann keine weitere Steigerung der Reaktionsgeschwindigkeit zur Folge. Dann wird die Geschwindigkeit der Reaktion von der **Wechselzahl** des jeweiligen Enzyms bestimmt. Darunter ist die Anzahl der Substratmoleküle zu verstehen, die ein Enzymmolekül pro Sekunde umsetzt. Die Geschwindigkeit, mit der Enzymmoleküle Substratemoleküle umsetzen, kann sehr unterschiedlich sein (Abb. 3). Eine hohe Wechselzahl bedeutet, dass die katalysierte Reaktion bei Vorliegen der Sättigungskonzentration schnell verläuft (Abb. 3).

→ B1, B2, Kap. 2.4, M9, Kap. 2.6, Kap. 2.7

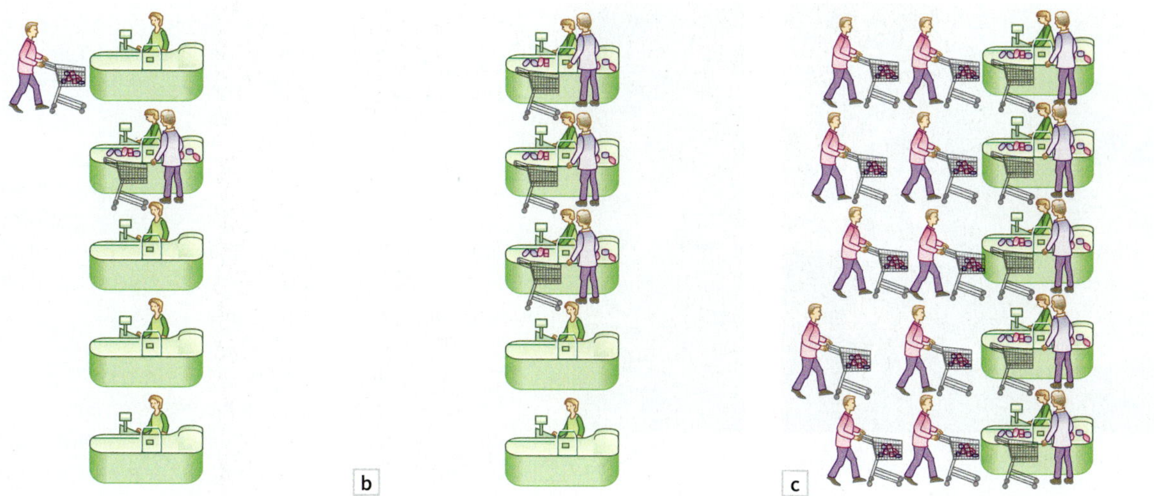

4 *Supermarktkassen: Modell zum Michaelis-Menten-Diagramm*

1. Enzymkinetik – mit einer Modellvorstellung veranschaulicht. Die Enzymkinetik soll mit Hilfe eines „Supermarktmodells“ veranschaulicht werden.
In diesem Modell entsprechen Kassen mit Kassierer den Enzymen und Kunden den Substraten. Kunden, die bezahlt haben, entsprechen den Produkten (Abb. 4).

a) Beschreiben Sie die in Abbildung 4 dargestellten Situationen a – c im Supermarkt.

b) Erläutern Sie, wie mithilfe des Supermarktmodells in Abbildung 4 die im Michaelis-Menten-Diagramm dargestellten Zusammenhänge veranschaulicht werden können (Abb. 1).

c) Beschreiben Sie, wie die folgenden Aspekte mithilfe des Supermarktmodells veranschaulicht werden können.
- Halbsättigung der Enzyme
- Reaktionsgeschwindigkeit
- Maximalgeschwindigkeit
- K_M-Wert
- Wechselzahl

d) Begründen Sie, warum eine weitere Erhöhung der Substratkonzentration bei hohen Substratkonzentrationen fast keinen Einfluss auf die Reaktionsgeschwindigkeit hat.

2. Substrataffinität von Enzymen. Für Enzyme gilt allgemein: Je kleiner der K_M-Wert, desto größer ist die Affinität, also das Bindungsbestreben, zwischen Substratmolekülen und Enzymmolekülen. Begründen Sie diesen Zusammenhang und verdeutlichen Sie ihn mit dem Supermarktbeispiel.

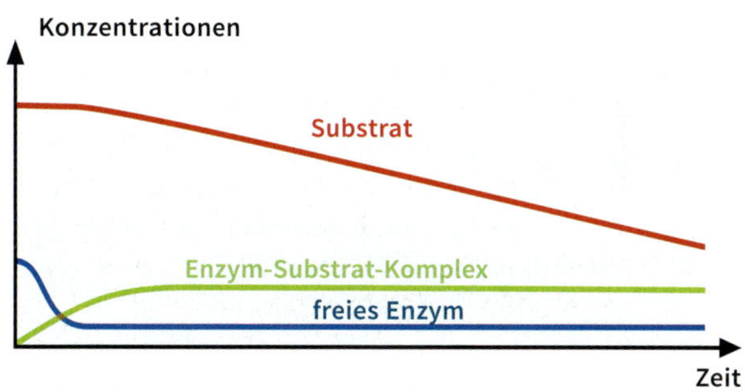

5 *Konzentrationsänderungen bei Enzymreaktionen*

3. Konzentrationsänderungen bei Enzymreaktionen. Beschreiben und erklären Sie die in Abbildung 5 dargestellten Konzentrationsänderungen.

4. Penicillinase. In einer Versuchsreihe wird untersucht, welche Penicillinmengen innerhalb einer Sekunde von 10^{-8} g ($3{,}4 \cdot 10^{-13}$ mol) des Enzyms Penicillinase umgesetzt – hier gespalten – werden:

Penicillinkonzentration in mol/l · 10^{-5}	0,1	0,3	0,5	1,0	3,0	5,0
gespaltenes Penicillin in mol · 10^{-9} · sec^{-1}	0,11	0,25	0,34	0,45	0,58	0,60

a) Zeichnen Sie mit diesen Daten das Michaelis-Menten-Diagramm. Bestimmen Sie K_M und $V_{max.}$

b) Bestimmen Sie die Wechselzahl der Penicillinase. Vergleichen Sie das Ergebnis mit den Wechselzahlen der Enzyme in Abb. 3.

→ B1, B2, Kap. 2.4, M9, Kap. 2.6, Kap. 2.7

Methode M9 Praktikum: Enzymwirkung I

1 *Sojabohnenpflanze*

Stickstoff ist eines der wichtigsten Nährsalze für das Pflanzenwachstum. Eine Stickstoffquelle für die Pflanze ist Harnstoff. Er wird beim Düngen mit Gülle auf die Felder aufgebracht, aber wird auch von den Pflanzen selbst, beispielsweise beim Abbau von Proteinen, gebildet. Um den Harnstoff als Stickstoffquelle nutzen zu können benötigen sie das Enzym **Urease**. Urease katalysiert die Spaltung von Harnstoff durch Wasser in Kohlenstoffdioxid und Ammoniak.

$$H_2N\text{-}CO\text{-}NH_2 + H_2O \rightarrow CO_2 + 2\,NH_3$$

Ammoniak reagiert in wässriger Lösung zu Ammonium-Ionen und Hydroxid-Ionen. Durch die entstehenden Hydroxid-Ionen erhöht sich der pH-Wert.

$$CO_2 + 2\,NH_3 \rightarrow 2\,NH_4^+ + OH^- + HCO_3^-$$

Bereits im Jahr 1798 wurde die Wirkung von Urease von Fourcroy und Vauquelin entdeckt, jedoch erst 1926 gelang es James Batcheller Sumner das Enzym zu isolieren.
Sojabohnen werden in Asien bereits seit mehreren tausend Jahren als Nutzpflanze kultiviert und sind in den letzten fünfzig Jahren zu einer der wichtigsten Nutzpflanzen weltweit geworden. Ihre Eiweiß und Fett reichen Samen werden in erster Linie als Futtermittel, aber auch zur Lebensmittelproduktion verwendet. Die Samen der Sojabohnen sind reich an Urease. Durch sie können die Samen ihre Proteinreserven bei der Keimung als Stickstoffquelle nutzen. Die Urease lässt sich mit einfachen Mitteln aus den Samen der Sojabohne gewinnen und zur Untersuchung der Abhängigkeit der Enzymaktivität von verschiedenen Faktoren nutzen.

1. Schritt: Das Formulieren einer naturwissenschaftlichen Fragestellung. Diese Frage muss so formuliert sein, dass sie mit einem Experiment überprüft werden kann.

2. Schritt: Das Aufstellen einer Hypothese, die dann im Experiment überprüft werden soll. Diese Hypothese ist eine mögliche Antwort auf die naturwissenschaftliche Frage. Eine Hypothese muss widerspruchsfrei, überprüfbar und widerlegbar sein.

3. Schritt: Die Planung des Experiments. Hierbei ist zu beachten, dass pro Versuchsansatz immer nur eine einzige Variable verändert werden darf, alle anderen Variablen müssen konstant gehalten werden. Bei der Planung muss auch der Kontrollversuch berücksichtigt werden.
Er wird unter den gleichen Bedingungen, aber ohne die zu untersuchende Variable, durchgeführt. Der Kontrollversuch dient dazu die Funktionsfähigkeit der gewählten Versuchsmethode sicherstellen. Die Planung des Experiments sollte in Form einer Beschreibung oder eine beschriftete Zeichnung zu dokumentieren werden, aus der auch die verwendeten Materialien und Chemikalien klar erkennbar sind.

4. Schritt: Die Durchführung des Experiments. Bei der Durchführung ist auf die Sicherheitshinweise zu achten. Es muss sauber und genau gearbeitet werden, um die Ergebnisse nicht durch Fehler zu verfälschen.

5. Schritt: Das Protokollieren der Beobachtungen sowie die Darstellung der beobachteten Daten (beispielsweise Daten einer Messung werden notiert und grafisch dargestellt).

6. Schritt: Die Deutung der Versuchbeobachtungen. Hier wird versucht, die Versuchsbeobachtungen in Hinblick auf die Fragestellung und die selbst formulierte Hypothese zu erklären. Es wird festgestellt, ob die Hypothese durch das Experiment bestätigt oder widerlegt wurde. Außerdem erfolgt eine Fehleranalyse. Es wird überprüft, ob es systematische Fehler bei der Versuchsplanung gab oder ob zufällige Fehler und äußere Einflüsse bei der Durchführung die Versuchsbeobachtungen beeinflusst haben.

2 *Planung und Durchführung von Experimenten*

→ Kap. 2.4, Kap. 2.5

ERKENNTNISGEWINNUNG NACHVOLLZIEHEN

Frage
Enthalten Sojabohnen Urease?

GHS08

Hypothese
Sojabohnen enthalten Urease um den in der Pflanze gebildeten Harnstoff als Stickstoffquelle für die Pflanze verfügbar zu machen. Wenn Suspension aus Sojamehl und Wasser mit einer Harnstofflösung gemischt wird, entstehen Kohlenstoffdioxid und Ammoniak.
Der Ammoniak reagiert weiter zu Ammonium-Ionen und Hydroxid-Ionen. Dadurch erhöht sich der pH-Wert.
Dies kann durch einen pH-Indikator nachgewiesen werden.

Material
3 Reagenzgläser mit Stopfen, 3 Messpipetten (5 ml), 1 Pasteurpipette, Reagenzglasständer

Chemikalien
demineralisiertes Wasser, Ureaselösung, 1%-ige Harnstofflösung , Phenolphtalein-Lösung (< 1%-ig)

Hinweis: Phenolphtalein ist ein pH-Indikator, der in sauren Lösungen farblos ist und dessen Farbe mitsteigendem pH-Wert in pink umschlägt.

Durchführung
Befüllen Sie drei Reagenzgläser nach folgendem Schema:

Reagenzglas-Nr.	1	2	3
demin. Wasser	1 ml	5 ml	---
Harnstoff-Lösung	5 ml	---	5 ml
Phenolphthalein-Lösung	2 Tropfen	2 Tropfen	2 Tropfen
Urease-Lösung	---	1 ml	1 ml

Verschließen Sie die Reagenzgläser mit den Stopfen und schütteln Sie sie.

Ergebnis

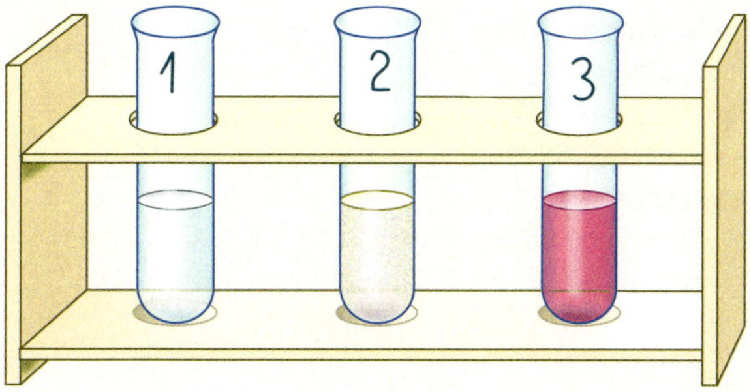

Deutung

Reagenzglas 1:
Es erfolgt keine Veränderung der Farbe im Kontrollansatz und damit keine Veränderung des pH-Werts. Der Harnstoff wird ohne Ureasesuspension nicht in Ammoniak gespalten.

Reagenzglas 2:
Es erfolgt keine Veränderung der Farbe und damit keine Veränderung des pH-Werts. Es findet keine Reaktion zwischen der Ureasesuspension und dem Phenolphthalein statt. Die Lösungen enthalten keine Verunreinigungen, die zu einer Reaktion führen könnten.

Reagenzglas 3:
Die Farbe des Indikators verändert sich. Die in dem Sojamehl enthaltene Urease katalysiert die Spaltung von Harnstoff durch Wasser in Ammoniak und Kohlenstoffdioxid. Der entstehende Ammoniak reagiert in wässriger Lösung zu Ammonium-Ionen und Hydroxid-Ionen. Durch die entstehenden Hydroxid-Ionen steigt der pH-Wert der Lösung an und die Indikator-Lösung schlägt von farblos zu pink um.

Die Hypothese, dass Sojabohnen Urease enthalten, wird somit bestätigt.

Entsorgung
Die Lösungen werden mit Wasser verdünnt in den Ausguss gegeben.

3 *Versuch zum Nachweis von Urease in Samen der Sojabohne*

→ Kap. 2.4, Kap. 2.5

Methode M9 Praktikum: Enzymwirkung II

PRAXIS – SUBSTRATABHÄNGIGKEIT

Frage
Hängt die Aktivität des Enzyms Urease von der Menge an vorhandenem Substrat ab?

GHS08

Hypothese
Je mehr Substrat vorhanden ist, desto aktiver ist das Enzym. Im Umkehrschluss ist das Enzym weniger aktiv, wenn weniger Substrat vorhanden ist.

Material
5 Reagenzgläser mit Stopfen, 5 Messpipetten (5 ml), 1 Pasteurpipette, Reagenzglasständer, 5 Messkolben mit Stopfen (100 ml), 2 Spatel, Waage, Stoppuhr

Chemikalien
demineralisiertes Wasser, Ureaselösung (Abb. 1), verschieden konzentrierte Harnstofflösung (Abb. 1), Phenolphtalein-Lösung (< 1%-ig)

Hinweis: Phenolphtalein ist ein pH-Indikator, der in sauren Lösungen farblos ist und dessen Farbe mitsteigendem pH-Wert in pink umschlägt.

Durchführung
Stellen Sie die für diesen Versuch benötigten Lösungen mit Hilfe der Abbildung 1 her.

Je ein Reagenzglas wird mit 2 ml Harnstoff-Lösung unterschiedlicher Massenanteile (0,02 %, 0,05 %, 0,1 % und 1,0 %) und ein Reagenzglas mit 2 ml demineralisiertem Wasser befüllt.
Zu jedem Reagenzglas werden 2 Tropfen Phenolphtalein-Lösung zugegeben.

Jedes der Reagenzgläser wird möglichst zeitgleich mit 1 ml Urease-Lösung versetzt und kurz geschüttelt. Anschließend wird die Zeit bis zum Einsetzen des Farbumschlags gemessen und notiert.

Auswertung
a) Protokollieren Sie Ihre Beobachtungen in einer geeigneten Tabelle.
b) Deuten Sie Ihre Beobachtungen.

Entsorgung
Die Lösungen werden mit Wasser verdünnt in den Ausguss gegeben

1%-ige Harnstofflösung
Wiegen Sie mithilfe der Waage 2,5 g Harnstoff ab. Geben Sie den Feststoff in einen Messkolben (250 ml) und füllen Sie den Messkolben mit demineralisiertem Wasser auf 250 mL auf. Schütteln Sie den verschlossenen Messkolben, bis sich der gesamte Harnstoff gelöst hat.

0,1%-ige Harnstoff-Lösung
Wiegen Sie mithilfe der Waage 0,1 g Harnstoff ab. Geben Sie den Feststoff in einen Messkolben (100 ml) und füllen Sie den Messkolben mit demineralisier-tem Wasser auf 100 mL auf. Schütteln Sie den ver-schlossenen Messkolben, bis sich der gesamte Harnstoff gelöst hat.

0,05%-ige Harnstoff-Lösung
Wiegen Sie mithilfe der Waage 0,05 g Harnstoff ab. Geben Sie den Feststoff in einen Messkolben (100 ml) und füllen Sie den Messkolben mit demineralisiertem Wasser auf 100 mL auf. Schütteln Sie den verschlossenen Messkolben, bis sich der gesamte Harnstoff gelöst hat.

0,02%-ige Harnstoff-Lösung
Wiegen Sie mithilfe der Waage 0,02 g Harnstoff ab. Geben Sie den Feststoff in einen Messkolben (100 ml) und füllen Sie den Messkolben mit demineralisiertem Wasser auf 100 mL auf. Schütteln Sie den verschlossenen Messkolben, bis sich der gesamte Harnstoff gelöst hat.

Ureaselösung
Wiegen Sie 3 g Sojabohnen ab und zerkleinern Sie sie im Mixer. Das so erhaltene Sojapulver geben Sie zusammen mit 20 ml demineralisiertem Wasser in ein Becherglas. Rühren Sie kurz mit einem Glasstab um. Das Sojapulver setzt sich nach kurzer Zeit auf dem Boden des Becherglases ab, die trübe Urease-Suspension kann direkt eingesetzt werden.

1 *Ansetzen der Lösungen*

→ Kap. 2.4, Kap. 2.5

ERKENNTNISGEWINNUNG NACHVOLLZIEHEN

Frage
Wird N-Methylharnstoff von Urease gespalten?

GHS08

Material
5 Reagenzgläser mit Stopfen, 5 Messpipetten (5 ml), Pasteurpipette, Reagenzglasständer, Stoppuhr

Chemikalien
Urease-Lösung, Harnstoff-Lösung (1 %ig), N-Methylharnstoff-Lösung (7 %ig), Phenolphthalein-Lösung (0,1 %ig), demineralisiertes Wasser

Hinweis: Phenolphtalein ist ein pH-Indikator, der in sauren Lösungen farblos ist und dessen Farbe mit steigendem pH-Wert in pink umschlägt.

Vorversuch
Zur Klärung der Fragestellung wurden in einem Reagenzglas 2 ml Harnstoff mit Phenolphthalein und 1 ml Urease versetzt. In einem zweiten Reagenzglas wurde der Harnstoff durch das selbe Volumen an N-Methylharnstoff ersetzt.

Beobachtung
RG 1: Färbung
RG 2: keine Färbung

Frage
Welchen Einfluss hat N-Methylharnstoff auf die Aktivität von Urease?

Durchführung
Befüllen Sie drei Reagenzgläser nach dem folgenden Schema:

Reagenzglas-Nr.	3	4	5
demin. Wasser	2 ml	1 ml	---
N-Methylharnstoff-Lösung	---	1 ml	2 ml
Phenolphthalein-Lösung	2 Tr.	2 Tr.	2 Tr.
Harnstoff-Lösung	2 ml	2 ml	2 ml
Urease-Lösung	1 ml	1 ml	1 ml

Beobachtung
RG 3: Färbung
RG 4: Färbung langsamer als RG 3, schneller als RG 5
RG 5: Färbung langsamer als RG 4

Entsorgung
Die Lösungen werden mit Wasser verdünnt in den Ausguss gegeben.

2 *Katalyse von Harnstoff und N-Methylharnstoff durch Urease*

1. Temperaturabhängigkeit der Urease. Nachdem Sie den Versuch zur Untersuchung der Subtratabhängigkeit durchgeführt haben, vermutet eine Mitschülerin, dass die Urease bei 40 °C am aktivsten ist. Ein weiterer Mitschüler widerspricht und behauptete, dass die Urease der Sojabohne bei 60 °C am aktivsten sei.
a) Planen Sie auf Grundlage des Versuchs zum Nachweis von Urease in Sojabohnen ein Experiment zur Untersuchung des Einflusses der Temperatur auf die Enzymaktivität von Urease.
Folgende Materialien stehen Ihnen hierfür zur Verfügung: Reagenzgläser mit Stopfen, Messpipetten, Pasteurpipetten, Wasserbäder, Stoppuhr.
Als Chemikalien stehen Ihnen die Lösungen aus Abbildung 1 zur Verfügung.
b) Stellen Sie die von Ihnen geplante Experimentieranordnung dar.
c) Begründen Sie Ihre Planungsentscheidungen zur Durchführung des Experiments.
d) Führen Sie Ihr Experiment durch.
e) Protokollieren Sie Ihre Beobachtungen.
f) Deuten Sie Ihre Beobachtungen.
g) Beurteilen Sie die Aussagekraft Ihres selbstentworfenen Experimentes.

2. Harnstoff und N-Methylharnstoff.
a) Stellen Sie die dem in Abbildung 2 beschriebenem Experiment zugrundeliegenden Hypothesen auf.
b) Werten Sie den Versuch in Bezug auf die aufgestellten Hypothesen auf.

→ Kap. 2.4, Kap. 2.5, Kap. 2.6, Kap. 2.8

2.6 Temperaturabhängigkeit der Enzymaktivität

1 *Temperaturkontrolle in einem Gärbottich für die Bierherstellung*

Bei industriellen Prozessen, wie dem Bierbrauen, in denen Enzyme verwendet werden, ist es sehr wichtig die Temperatur ständig zu überprüfen (Abb. 1). Die Geschwindigkeit aller chemischen Reaktionen nimmt mit steigender Temperatur zu. Damit Reaktionen ablaufen können, müssen die beteiligten Teilchen, zum Beispiel Moleküle, zusammenstoßen. Die Geschwindigkeit von Teilchen nimmt mit steigender Temperatur zu. Zusammenstöße finden bei höherer Temperatur deshalb häufiger und heftiger statt.

Bei biochemischen Reaktionen kann beobachtet werden, dass sich die Reaktionsgeschwindigkeit bei einer Temperaturerhöhung um 10 °C etwa verdoppelt. Dieser Zusammenhang wird durch die sogenannte Reaktionsgeschwindigkeits-Temperatur-Regel, kurz **RGT-Regel**, beschrieben, welche bereits 1884 von JACOBUS HENRICUS VAN 'T HOFF aufgestellt wurde. Die RGT-Regel gilt auch bei enzymkatalysierten Reaktionen.

Weil die Substrat- und die Enzymmoleküle bei höheren Temperaturen häufiger aufeinander treffen, laufen die Reaktionen schneller ab (Abb. 2). Bei Temperaturen über 40 °C werden jedoch zwischenmolekulare Kräfte zwischen den Polypeptidketten des Enzymmoleküls gelöst. Als Folge ändert sich die Raumstruktur des Enzymmoleküls. Diesen Vorgang wird als **Denaturierung** bezeichnet. Dadurch verlieren die Enzyme ihre Wirksamkeit und die durch sie katalysierten Reaktionen kommen zum Erliegen.

Jedes Enzym hat eine bestimmte Temperatur, bei der es am besten arbeitet. Diese Temperatur wird als **Temperaturoptimum** bezeichnet. Temperaturoptima liegen bei den meisten Enzymen bei 35 °C bis 40 °C. Bei höheren Temperaturen setzt die Denaturierung ein.

Eine Ausnahme bilden Enzyme von Organismen aus extremen Lebensräumen. Die Enzyme von thermophilen Bakterien, die heiße Quellen besiedeln, haben sehr hohe Temperaturoptima bis 100 °C. Dagegen haben Enzyme von psychrophilen Bakterien, die vor allem in der Arktis und Antarktis vorkommen, sehr niedrige Temperaturoptima. Mikroorganismen, die in extremen Lebensräumen vorkommen, sind für die Industrie besonders interessant.

Extremophile Mikroorganismen leben in sehr salzhaltigen, sehr heißen oder sehr kalten Lebensräumen, sie widerstehen extremen Drücken oder kommen ohne Sauerstoff aus. Die Widerstandskraft gegen extreme chemische und physikalische Bedingungen macht die Enzyme der Bakterien und Pilze zu interessanten Werkzeugen für die Biotechnologie. Extreme Bedingungen herrschen auch in Bioreaktoren. Mithilfe von Extremozymen, Enzymen aus Extremophilen, werden immer mehr technische Prozesse auf biotechnische Verfahren umgestellt.

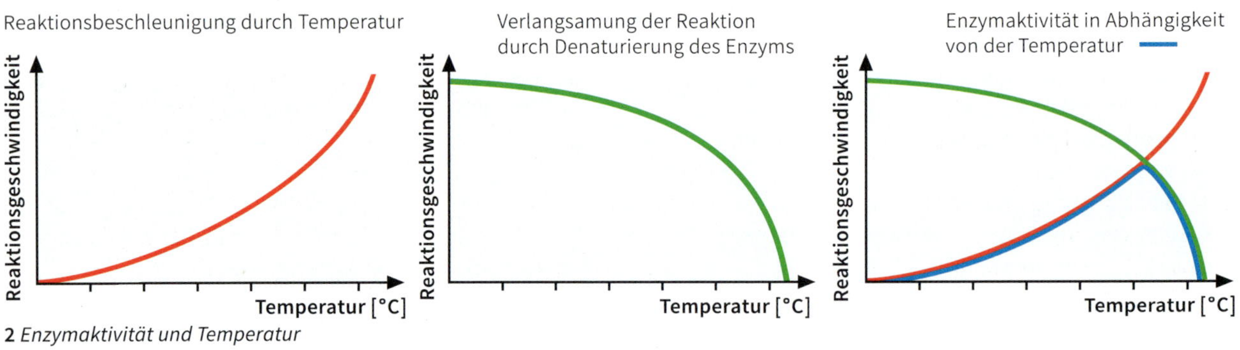

2 *Enzymaktivität und Temperatur*

→ B1, B2, Kap. 2.2, Kap. 2.4, Kap. 2.5

ERKENNTNISGEWINNUNG NACHVOLLZIEHEN

Frage

Hängt die Aktivität des Enzyms Phenoloxidase von der Temperatur ab?

Information

In den Zellen vieler Pflanzen befindet sich das Enzym Phenoloxidase. Dieses Enzym wird freigesetzt, wenn die Pflanzenzelle beschädigt wird. Das Enzym wandelt farblose Phenole, die aus den beschädigten Pflanzenzellen austreten, in braune Chinone um.
Chinone wirken antibakteriell und schützen so das verletzte Pflanzengewebe. Auf diese Reaktion ist beispielsweise auch das Braunwerden von angeschnittenen Äpfeln zurückzuführen.

Durchführung

In 6 Reagenzgläser werden jeweils einige kleine Kartoffelwürfel gegeben. In 5 der Reagenzgläser werden jeweils 10 ml einer Lösung von Brenzkatechin als Phenolkomponente gegeben. Das rechts abgebildete Reagenzglas enthält Wasser anstelle von Brenzkatechinlösung. Alle Ansätze werden jeweils 10 Minuten lang unterschiedlichen Temperaturen ausgesetzt.

Beobachtung

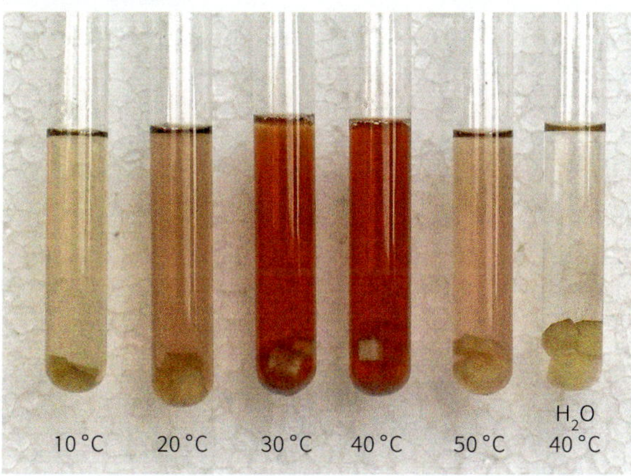

3 *Enzymaktivität und Temperatur*

1. Enzymatische Bräunung.

a) Beschreiben Sie die in Abbildung 3 dargestellten Versuchsbeobachtungen. Deuten Sie diese.

b) Erklären Sie die Bedeutung des Versuchs im rechten Reagenzglas (Abb. 3).

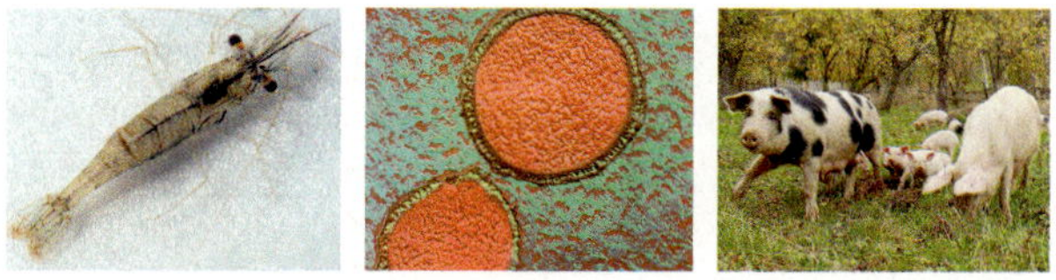

Shrimp aus Alaska | Bakterium aus heißer Quelle | Schwein

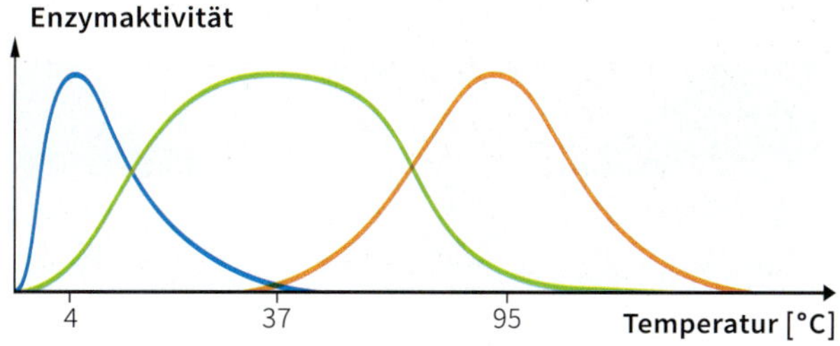

4 *Unterschiedliche Temperaturoptima von drei Enzymen*

2. Enzymaktivität und Lebensraum. Abbildung 4 zeigt die Temperaturoptima von drei gleichnamigen Enzymen unterschiedlicher Lebewesen. Beschreiben Sie, welche Fakten Sie dem Diagramm entnehmen können. Ordnen Sie die Kurven den abgebildeten Lebewesen zu.

3. Ermittlung des Temperaturoptimums der Speichelamylase. Im menschlichen Speichel ist das Enzym Amylase enthalten. Amylase spaltet Stärke in kleinere Moleküle bis zur Maltose. Entwickeln Sie eine Versuchsvorschrift für die Ermittlung des Temperaturoptimums der Amylase. Formulieren Sie die zu erwartenden Beobachtungen.

4. Molisch's Todesring. Wird eine heiße Münze einige Sekunden auf ein grünes Blatt gedrückt, so kann nach einigen Minuten die Bildung eines dunklen Rings beobachten werden (Abb. 5). Die Münze darf nicht so heiß sein, dass das Blatt verkohlt. Erläutern Sie dieses Phänomen mithilfe der Informationen im Text.

5 *Molisch's Todesring*

→ B1, B2, Kap. 2.2, Kap. 2.4, Kap. 2.5

2.7 pH-Wert der Enzymaktivität

1 *Ausgeflockte Milch*

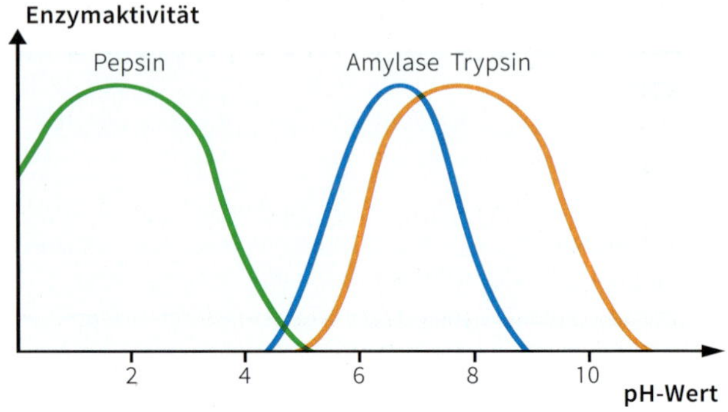

2 *pH-Optima von Enzymen*

Wird Milch mit etwas Zitronensaft versetzt, flockt das in der Milch enthaltene Eiweiß aus (Abb. 1). Der Zitronensaft säuert die Milch an. In sauren Lösungen liegen höhere Konzentrationen an Protonen (H^+-Ionen) vor. Deshalb werden an einigen Stellen der Polypeptidkette Protonen angelagert. In alkalischen Lösungen herrscht dagegen ein Überschuss an Hydroxidionen (OH^-). Diese spalten Protonen von der Polypeptidkette ab. Durch Anlagerung oder Abspaltung von Protonen werden Wasserstoffbrücken und Ionenbindungen in der Polypeptidkette des Enzymmoleküls gelöst oder an anderer Stelle neu gebildet. Dadurch ändert sich die räumliche Struktur des Enzymmoleküls, es denaturiert. Die **Denaturierung** ist meist reversibel: Stellt sich der ursprüngliche pH-Wert wieder ein, bildet das Enzym seine ursprüngliche Struktur wieder aus. Da Struktur und Funktion von Enzymen eng miteinander verknüpft sind, beeinflusst der pH-Wert stark die Funktionsfähigkeit der Enzyme. Für jedes Enzym gibt es einen pH-Wert, bei dem es mit größter Geschwindigkeit arbeitet. Dieser pH-Wert wird als **pH-Optimum** bezeichnet (Abb. 2).

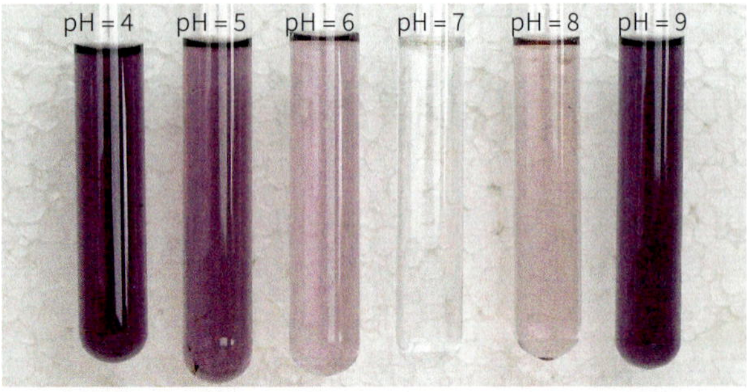

3 *Aktivitätnachweis der Amylase bei verschiedenen pH-Werten mittels Iodkaliumiodidlösung*

Wenn die Nahrung unseren Verdauungstrakt passiert, gelangt sie in Verdauungsorgane mit unterschiedlichen pH-Werten. Der Mundspeichel ist neutral. Die Amylase des Mundspeichels arbeitet bei einem pH-Wert von 7 am besten (Abb. 2). Zur Überprüfung der pH-Abhängigkeit der Amylaseaktivität kann beispielsweise ein Versuch mit Iodkaliumiodidlösung durchgeführt werden.

Das Enzym Amylase spaltet Stärke in Maltose. Die Stärke zeigt in Iodkaliumiodidlösung eine charakteristische Blaufärbung. Bei Maltose zeigt sich hingegen keine Färbung. Für die Durchführung werden in 6 Reagenzgläser jeweils 10 ml einer Stärkelösung und 1 ml einer Amylasesuspension gegeben. Anschließend werden jeweils 2 ml einer Pufferlösung dazugegeben, um den jeweiligen pH-Wert einzustellen. Nach 10 Minuten wird zu jedem Ansatz ein Milliliter Iodkaliumiodidlösung gegeben und die Reagenzgläser geschüttelt. Es ist zu beobachten, dass bei einem pH-Wert von 7 keine Blaufärbung auftritt. Bei den pH-Werten = 6 und pH = 8 ergeben sich hellviolette Verfärbungen und bei pH = 4 sowie 5 und 9 verfärbt sich die Lösung dunkelviolett (Abb. 3). Daraus lässt sich deuten, dass bei pH = 7 die Stärke vollständig abgebaut ist. Bei pH = 6 und 8 zum Teil und bei pH = 4, 5 und 9 kaum. Die Amylase arbeitet somit am besten bei einem pH-Wert von 7 und dort liegt auch ihr pH-Optimum (Abb. 2).

Im stark sauren Magensaft herrscht ein pH-Wert von 2. Dieser pH-Wert ist für das Eiweiße spaltende Enzym Pepsin optimal. Die Amylase aus dem Mundspeichel ist bei diesen pH-Werten inaktiv und wird selbst verdaut. Im Dünndarm liegt eine alkalische Lösung vor. Dort verliert das Pepsin seine Wirkung. Enzyme, die im Dünndarm tätig werden, wie die Lipase oder das Chymotrypsin, haben pH-Optima im alkalischen Bereich.

→ B1, B2, Kap. 2.2, Kap. 2.4

ERKENNTNISGEWINNUNG NACHVOLLZIEHEN

Frage
Beeinflusst der pH-Wert die Aktivität des Enzyms Trypsin?

Durchführung
In 4 Reagenzgläser werden die gleichen Mengen rot gefärbter Gelatine, 5 ml einer Trypsinsuspension und je 2 ml der jeweiligen Pufferlösung zur Einstellung des pH-Wertes gegeben. Das folgende Bild zeigt die Ansätze 10 Minuten nach Versuchsbeginn.

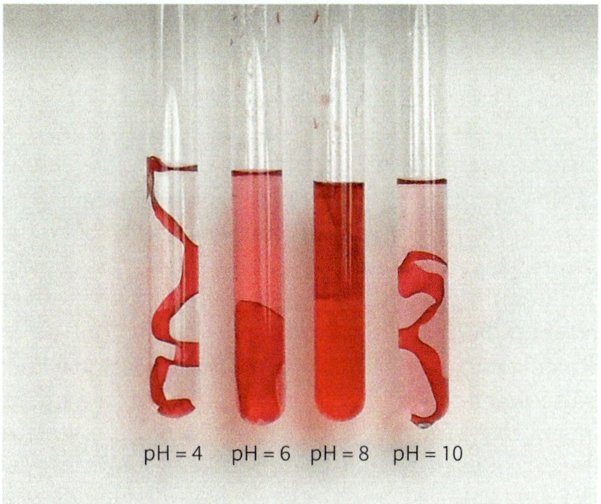

4 *Versuch zur Abhängigkeit der Aktivität von Trypsin vom pH-Wert*

1. Experiment zur Wirkung von Trypsin.
a) Protokollieren Sie die in Abbildung 4 abgebildeten Versuchsbeobachtungen. Deuten Sie diese.
b) Trypsin ist ein Enzym, das im menschlichen Dünndarm vorkommt. Erläutern Sie, inwiefern das Enzym an seinen Wirkort angepasst ist.
c) Kritiker des Experiments bemängeln, dass kein Kontrollversuch durchgeführt wurde. Mit einem Kontrollversuch wird hier nachgewiesen, dass es in Abwesenheit des Enzyms zu keiner Spaltung der Gelatine kommt. Beurteilen Sie, ob diese Kritik berechtigt ist. Entwickeln Sie eine Versuchsvorschrift für einen Kontrollversuch.
d) Analysieren Sie, ob ähnliche Kritikpunkte auch für das auf der Grundwissen-Seite beschriebene Experiment angeführt werden können (Abb. 3).
e) Erläutern Sie, welche Versuchsergebnisse zu erwarten wären, wenn die Trypsinsuspension vor Versuchsbeginn auf über 70 °C erhitzt worden wäre.

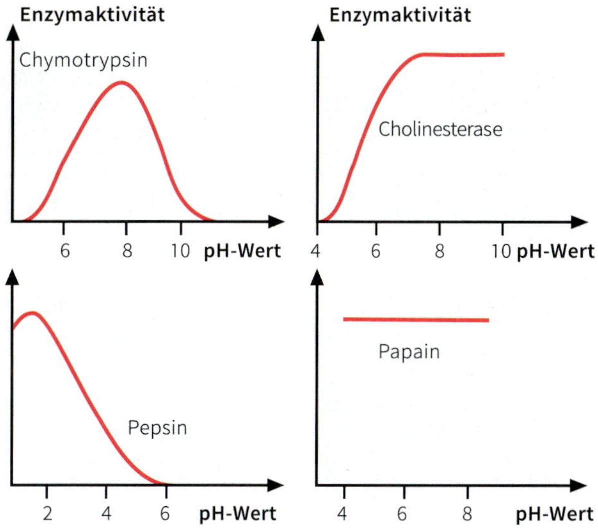

5 *Ergebnisse von Experimenten mit verschiedenen Proteasen*

PRAXIS

Frage
Beeinflusst der pH-Wert die Aktivität von Enzymen in Ananas?

Material
Reagenzgläser, Reagenzglasständer, frische Ananas, Pufferlösungen pH 4, 6, 8, 10

Durchführung
In 4 Reagenzgläser werden gleiche Mengen rot gefärbter Gelatine, 5 ml Ananassaft und 5 ml der jeweiligen Pufferlösung zur Einstellung des pH-Wertes gegeben. Nach Vermischen der Lösungen lässt man die Ansätze stehen.

Auswertung
Protokollieren Sie ihre Versuchsbeobachtungen. Deuten Sie die Beobachtungen.

Entsorgung
Die Reste werden in den Ausguss gegeben.

6 *Versuch zur Abhängigkeit der Aktivität von Enzymen in Ananas*

2. Wirkung verschiedener Proteasen. Abbildung 5 zeigt Ergebnisse von Experimenten mit verschiedenen Proteasen. Vergleichen Sie diese Ergebnisse mit denen des in Abbildung 4 dargestellten Experiments.

→ B1, B2, Kap. 2.2, Kap. 2.4

2.8 Hemmung und Aktivierung der Enzymaktivität

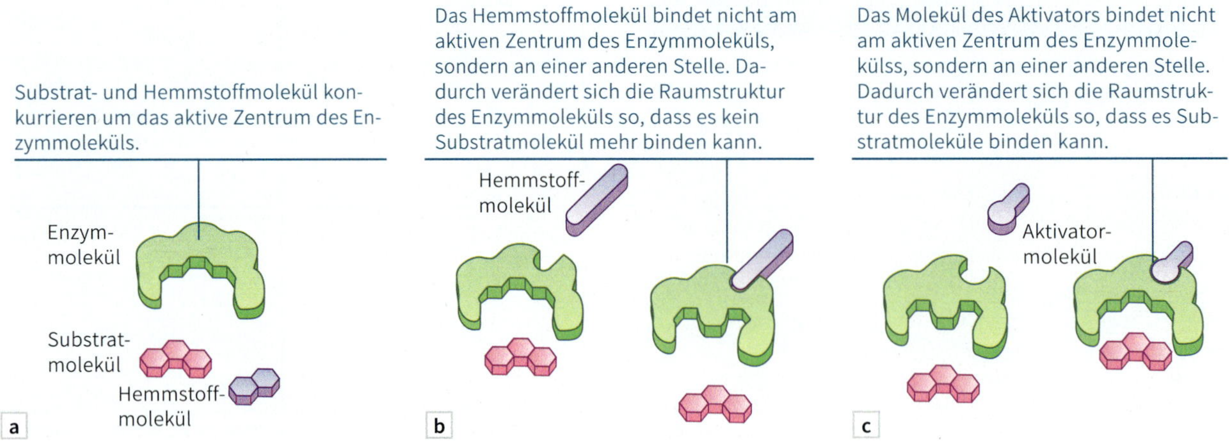

1 *(a) Kompetitive Hemmung; (b) Allosterische oder nichtkompetitive Hemmung; (c) Allosterische Aktivierung*

Die Geschwindigkeiten, mit denen Enzymreaktionen ablaufen, können auf verschiedene Weise beeinflusst werden. Hemmstoffe, sogenannte **Inhibitoren**, behindern die Enzymfunktion, sodass die entsprechenden Reaktionen langsamer ablaufen. Von einer **kompetitiven Hemmung** ist die Rede, wenn Hemmstoff- und Substratmolekül um das aktive Zentrum des Enzymmoleküls konkurrieren (Abb. 1a). Voraussetzung für diesen Hemmtyp ist, dass sich die Strukturen von Substrat- und Hemmstoffmolekül ähneln. Wie schnell das Enzymmolekül dann noch arbeiten kann, hängt vom Konzentrationsverhältnis von Substrat- und Hemmstoffmolekülen ab. Andere Hemmstoffe binden an anderer Stelle als das Substrat am Enzym und verursachen dadurch eine veränderte Raumstruktur des aktiven Zentrums. Das Enzymmolekül kann das Substratmolekül dadurch nicht mehr am aktiven Zentrum binden und wird gehemmt. Dieser Hemmtyp wird als **allosterische** oder **nichtkompetitive Hemmung** bezeichnet (Abb. 1b). Im Stoffwechselgeschehen dient er häufig der Regulation der Enzymaktivität.

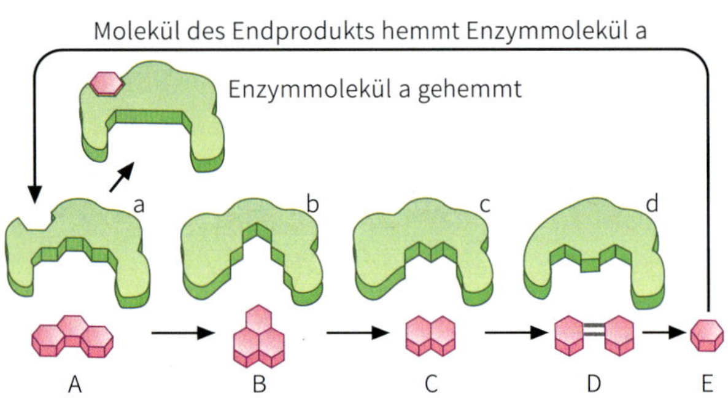

2 *Endprodukthemmung*

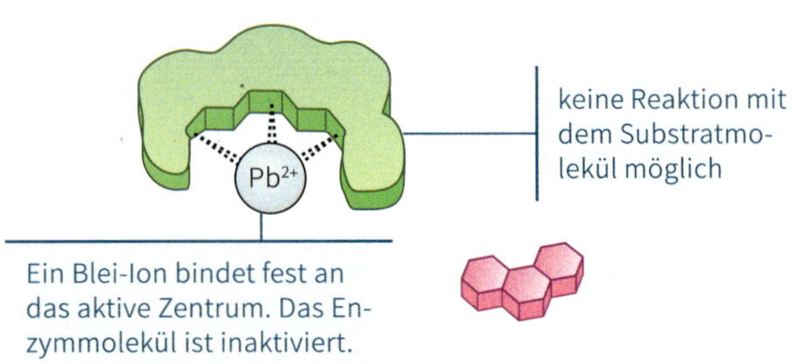

3 *Irreversible Hemmung eines Enzymmoleküls durch Bleiionen*

Vorhandene Endprodukte können auch gleichzeitig Hemmstoffe sein. Sind viele Produkte vorhanden, hemmen diese ein Enzym des Syntheseweges und unterbinden damit ihre weitere Bildung (Abb. 2). Dadurch wird eine Überproduktion verhindert. Diesen Zusammenhang als **negative Rückkopplung** bezeichnet. Sowohl kompetitive als auch nichtkompetitive Hemmstoffe können sich wieder vom Enzym lösen. Deshalb ist in beiden Fällen von einer reversiblen Enzymhemmung die Rede. Einige Hemmstoffe wie bestimmte Schwermetallionen, beispielsweise Blei- oder Silber-Ionen, binden jedoch so fest an Enzymmoleküle, dass sie diese dauerhaft inaktivieren (Abb. 3). Diese sogenannte Vergiftung der Enzymmoleküle wird auch als **irreversible Hemmung** bezeichnet. Daneben gibt es auch andere Stoffe, die bei ihrer Bindung das aktive Zentrum des Enzymmoleküls so verändern, dass es aktiviert wird (Abb. 1c). Diese Stoffe werden daher als **Aktivatoren** bezeichnet.

→ B1, B2, B4, Kap. 2.4, Kap. 2.5, M9

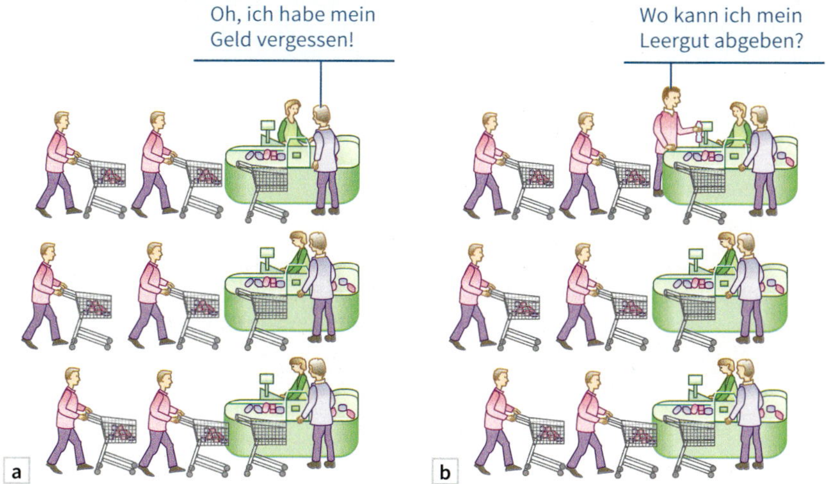

4 *Modellvorstellung zur (a) kompetitiven und (b) allosterischen Enzymhemmung*

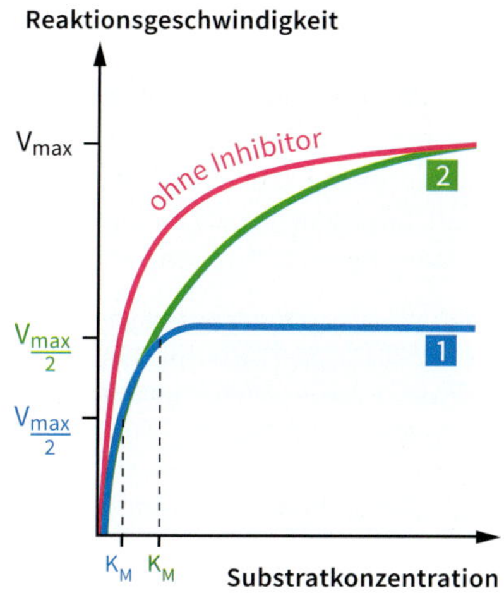

5 *Unterschiedliche Hemmtypen*

1. Ein Modell zur Veranschaulichung der Enzymhemmung.

Die Supermarktkasse in Abbildung 4 soll als Modell für ein Enzym aufgefasst werden. Erläutern Sie, inwiefern das dargestellte Supermarktmodell dazu geeignet ist, die Verhältnisse bei einer (a) kompetitiven und (b) allosterischen Hemmung modellhaft zutreffend darzustellen.

2. Wirkung der unterschiedlichen Hemmtypen auf die Enzymreaktion.

a) Beurteilen Sie jeweils, ob die folgenden Aussagen für eine kompetitive oder allosterische Hemmung zutreffen:

- Wenn die Substratkonzentration viel höher ist als die Hemmstoffkonzentration, wird annähernd die Maximalgeschwindigkeit der Enzymreaktion erreicht.
- Bei Anwesenheit des Hemmstoffes bleibt der K_M-Wert unverändert.
- Auch bei hohen Substratkonzentrationen wird bei Anwesenheit des Hemmstoffes keine Maximalgeschwindigkeit erreicht.

b) Für die Ermittlung der Kurven, die in Abbildung 5 dargestellt sind, wurden zwei unterschiedliche Hemmstoffe eingesetzt. Beide Hemmstoffe lagen in gleichen Konzentrationen vor. Ordnen Sie den Kurven 1 und 2 in Abbildung 5 den allosterischen und kompetitiven Hemmtyp begründet zu.

3. Die Wirkung von Silbernitrat auf das Enzym Urease. Das Enzym Urease ist in der Lage Harnstoff ($H_2N–CO–NH_2$) zu spalten. Dabei entstehen unter anderem

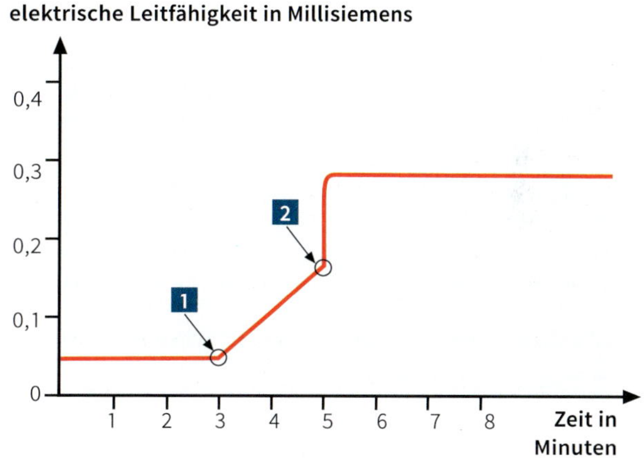

6 *Leitfähigkeitskurve der Harnstofflösung*

Ammonium- und Carbonat-Ionen. Bei einem Experiment wird die elektrische Leitfähigkeit einer Harnstofflösung kontinuierlich gemessen (Abb. 6). Zum Zeitpunkt 1 wird eine Spatelspitze Urease zugegeben. Zum Zeitpunkt 2 werden einige Tropfen Silbernitratlösung zugetropft.

a) Beschreiben und deuten Sie das Versuchsergebnis (Abb. 8).

b) Skizzieren Sie das Aussehen der Kurve, wenn zum Zeitpunkt 1 Silbernitrat und zum Zeitpunkt 2 Urease zugegeben worden wäre.

c) Thioharnstoff (H_2N-CS-NH_2) ähnelt in der Molekülstruktur stark dem Harnstoff. Erläutern Sie mögliche Auswirkungen auf das Versuchsergebnis, wenn der Harnstofflösung zum Zeitpunkt 1 zusätzlich etwas Thioharnstoff zugesetzt würde.

→ B1, B2, B4, Kap. 2.4, Kap. 2.5, M9

Wiederholen · Üben · Festigen

Dieser Abschnitt bietet Hilfestellungen zur eigentätigen oder arbeitsteiligen Organisation Ihrer Wiederholungen im Inhaltsfeld "Enzyme steuern Lebensvorgänge in Zellen", zum Beispiel in regelmäßigen zeitlichen Abständen, vor Klausuren oder umfassender vor der Abiturprüfung. Die inhaltlichen Schwerpunkte und alle inhaltsbezogenen und prozessbezogenen Kompetenzen aus dem Bereich "Enzyme steuern Lebensvorgänge in Zellen" des Kerncurriculums sind nachfolgend angegeben. Die Nummerierung der Kompetenzen soll der besseren Verständigung dienen und gibt weder eine Rangfolge noch eine zeitliche Abfolge vor. Oftmals können die angestrebten Kompetenzen mehreren inhaltlichen Schwerpunkten zugeordnet werden. In der Tabelle sind jeweils Kernabschnitte aus diesem Buch zur Wiederholung genannt.

Nr.	Kompetenz laut Kerncurriculum Die Schülerinnen und Schüler...	Kompetenz-bereich	W-Ü-F-Aufgaben	Abschnitte in diesem Buch
1	beschreiben die räumliche Struktur von Proteinen am Beispiel eines Enzyms.	Sachkompetenz	1a, 1b, 6	B1, B2, 2.2, 2.3, 2.4, 2.5, 2.8
2	stellen Substrat-, Wirkungsspezifität und kompetitive Hemmung bei Enzymen auf Basis des Schlüssel-Schloss-Prinzips modellhaft dar.	Erkenntnisgewinnungskompetenz	1a, 1b, 2, 4a, 4b, 4c, 4d, 5, 6, 7d	B1, B2, B4, 2.3, 2.4, 2.5, 2.8
3	stellen die Funktion von Enzymen als Biokatalysatoren mithilfe von Energiediagrammen dar.	Kommunikationskompetenz	1a, 1b, 3a, 3b	B2, 2.3,
4	erläutern die Abhängigkeit der Enzymaktivität von Temperatur, pH-Wert und Substratkonzentration.	Sachkompetenz	1a, 1b, 2, 4a, 4b, 4d, 7a, 7b, 7c	B2, 2.6, 2.7, 2.8, M9
5	entwickeln Fragestellungen zur Abhängigkeit der Enzymaktivität, planen ein hypothesengeleitetes Experiment unter Berücksichtigung des Variablengefüges, führen dieses durch, nehmen Daten auf, werten sie auch unter Berücksichtigung von Fehlerquellen aus, widerlegen oder stützen Hypothesen und reflektieren die Grenzen der Aussagekraft der eigenen experimentellen Daten.	Erkenntnisgewinnungskompetenz	4b, 4d, 7a, 7b, 7c	B2, 2.6, 2.7, 2.8, M9
6	präsentieren ihre Lern- und Arbeitsergebnisse sachgerecht.	Kommunikationskompetenz	1b, 3a, 4d, 6, 7c	M1, M3, M9, 2.3, 2.4, 2.5, 2.8

1. Schlüsselbegriffe zum Thema „Enzyme steuern Lebensvorgänge in Zellen".

a) Erläutern Sie die in Abbildung 1 genannten Begriffe.

b) Erstellen Sie eine Concept-Map zum Thema „Enzyme steuern Lebensvorgänge in Zellen" mithilfe von Abb. 1.

2. Temperatur und Enzymwirkung. Beschreiben Sie die in Abbildung 2 dargestellten Zusammenhänge. Erklären Sie den Kurvenverlauf.

3. Enzyme verringern die Aktivierungsenergie.

a) Erläutern Sie die Aussage „Enzyme verringern die Aktivierungsenergie" anhand einer geeigneten Skizze.

Primärstruktur, Sekundärstruktur, Tertiärstruktur, Quartärstruktur, Substratspezifität, allosterische Hemmung, kompetitive Hemmung, pH-Optimum, Temperaturoptimum, Schlüssel-Schloss-Prinzip, Endprodukthemmung, Saccharase, Wirkungsspezifität, Katalysator

1 *Begriffskasten „Enzymwirkung"*

b) Beschreiben Sie den Zusammenhang zwischen der Aktivierungsenergie und der Reaktionsgeschwindigkeit einer Enzymreaktion.

4. Substratkonzentration und Enzymwirkung. In einer Enzymlösung wurde die Reaktionsgeschwindigkeit bei unterschiedlichen Substratkonzentrationen experimentell ermittelt (Abb. 3).

a) Erläutern Sie die Veränderung der Reaktionsgeschwindigkeit bis zu ihrem Optimum.

b) Entwickeln Sie eine Hypothese für das Absinken der Reaktionsgeschwindigkeit bei noch höheren Substratkonzentrationen.

c) Erläutern Sie, inwiefern das „Schlüssel-Schloss-Prinzip" eine Erklärung für die Substratspezifität der Enzyme liefert.

d) Zu der Enzymlösung wird die doppelte Menge an Enzymmolekülen gegeben und anschließend auf gleiche Weise die Reaktionsgeschwindigkeit gemessen. Skizzieren Sie einen möglichen Kurvenverlauf. Begründen Sie Ihre Entscheidung.

→ M7

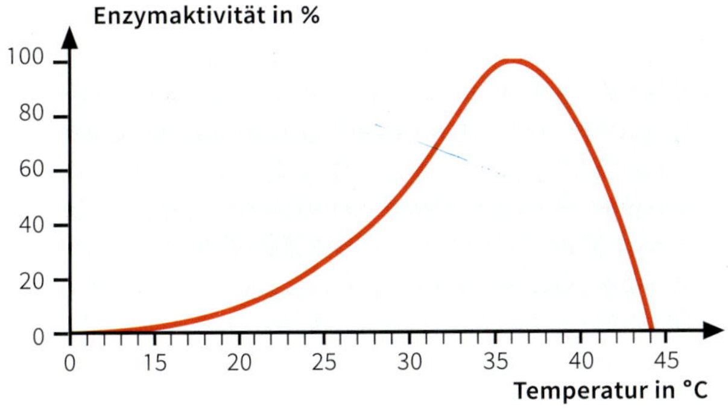

2 *Enzymaktivität der menschlichen Speichelamylase*

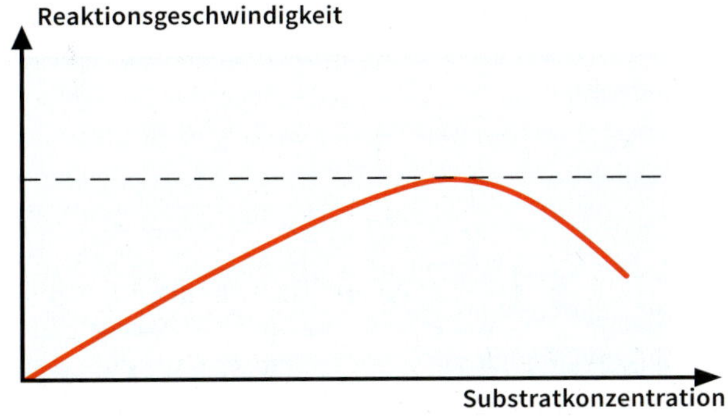

3 *In einem Experiment ermittelte Reaktionsgeschwindigkeit*

5. Enzymhemmung. Vergleichen Sie die Mechanismen der kompetitiven und allosterischen Enzymhemmung.

6. Modelldarstellung zum Mechanismus der Enzymwirkung. Die Abbildung 4 ist unvollständig. Übertragen Sie die Abbildung in Ihr Heft und vervollständigen die Abbildung. Vergleichen Sie Ihre Abbildung 4 mit der Abbildung 2 auf Seite 94. Erläutern Sie die Gemeinsamkeiten und die Unterschiede.

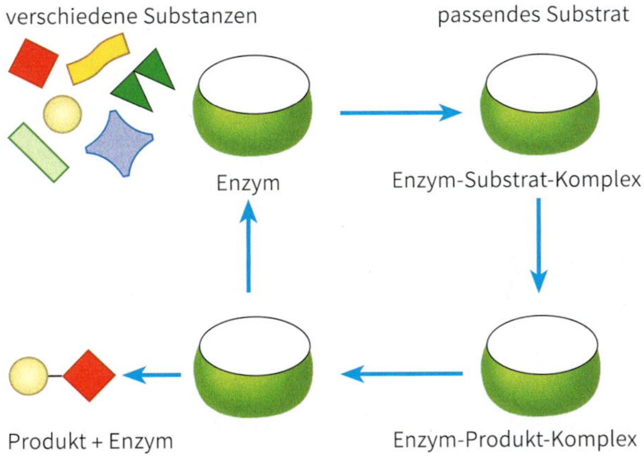

4 *Ablauf einer Enzymreaktion*

7. Auswertung eines Versuchs zur Eiweißverdauung
Ein Gramm Magerquark wird in einem Becherglas mit 20 ml Wasser verrührt. Es entsteht eine trübe Suspension, die hauptsächlich durch Eiweißflocken verusacht wird. Magerquark ist sehr eiweißhaltig und sehr fettarm. In einem weiteren Becherglas wird Pepsin wird in 10 ml Wasser gegeben und gründlich vermischt. Beide Lösungen werden zusammengegeben und auf vier Reagenzgläser verteilt.
Weitere Chemikalien werden hinzugegeben, wie in der Tabelle in Abbildung 5 dargestellt. Anschließend werden die Reagenzgläser in einem Wasserbad auf 38 °C erwärmt. Die Beobachtungen kann man dem Foto in Abbildung 5 entnehmen.

a) Beschreiben Sie die Beobachtungen in den vier Reagenzgläsern.

b) Deuten Sie die Beobachtungen.

c) Begründen Sie, ob einer der Ansätze als Kontrollexperiment angesehen werden kann. Entwickeln Sie gegebenenfalls eine optimierte Experimentalanleitung analog zu Abbildung 5. Erklären Sie ihre Vorgehensweise. Präsentieren Sie ihre Ergebnisse sachgerecht.

d) Erläutern Sie, welche Ergebnisse Sie erwarten würden, wenn man in dem Experiment in Abbildung 5 statt des Enzyms Pepsin das Enzym Trypsin verwenden würde.

	RG 1	RG 2	RG 3	RG 4
Quarksuspension	3 ml	3 ml	3 ml	3 ml
Pepsinlösung	---	2 ml	2 ml	2 ml
Wasser	2 ml	---	---	---
Salzsäure (1 mol/L)	---	0,1 ml	---	---
Natronlauge (1 mol/L)	---	---	---	0,1 ml

5 *Experiment zur Eiweißverdauung*

→ M7

ERKENNTNISGEWINNUNG NACHVOLLZIEHEN

Hypothese

Acarbose beeinflusst die Stärkespaltung im Körper.

Struktur der Acarbose

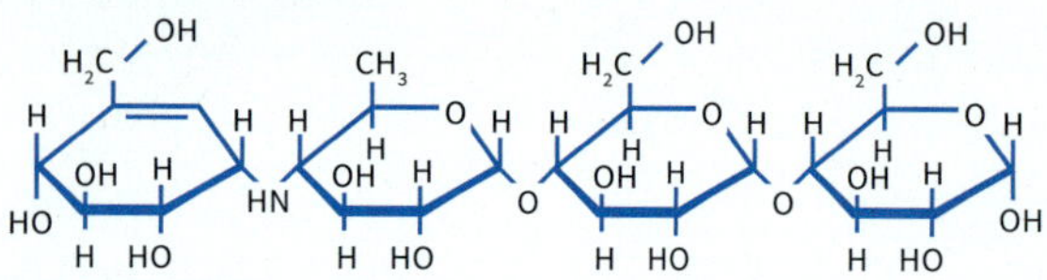

Struktur der Stärke

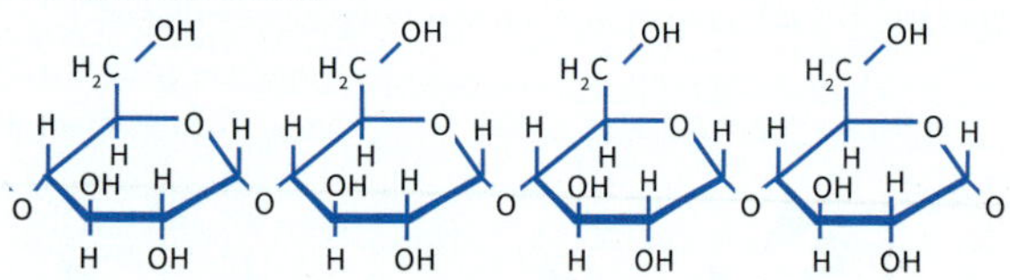

Durchführung

Etwas Acarbose wird in Wasser gelöst. Dann werden sechs Reagenzgläser mit je 0,1 %iger Stärkelösung befüllt. Weiterhin werden folgende Reagenzien zugegeben: 1: nichts, 2: Mundspeichel ohne Acarbose, 3 bis 6 erhalten neben Mundspeichel zusätzlich ansteigende Mengen an Acarbose. Alle Ansätze stellt man für 10 Minuten in ein 35 °C warmes Wasserbad. Dann gibt man einige Tropfen Iodkaliumiodidlösung zu.

Versuchsbeobachtung

1 *Versuch zum Einfluss von Acarbose auf die Spaltung von Stärke*

1. Acarbose – ein Medikament für Diabetiker?

a) Formulieren Sie die dem beschriebenen Experiment zugrunde liegende Fragestellung und begründen Sie den Versuchsansatz.

b) Beschreiben Sie das Versuchsergebnis und überprüfen Sie die Hypothese.

c) Leiten Sie aus dem Versuchsergebnis die Wirkungsweise von Acarbose ab.

d) Bewerten Sie die Einsatzmöglichkeiten von Acarbose bei Diabetikern.

2. Aktivität der Phosphofructokinase.

Der Abbau von Nährstoffen im Stoffwechsel erfolgt in aufeinanderfolgenden Schritten. An jedem dieser Schritte ist jeweils ein Enzym beteiligt. Ein Schritt beim Abbau von Glucose ist dabei die Phosphorylierung des Zwischenprodukts Fructose-6-phosphat. Dieser Schritt wird durch das Enzym Phosphofructokinase (PPK) katalysiert:

Fructose-6-phopsphat + ATP → Fructose-1,6-bisphosphat + ADP

Die nachfolgenden Abbauschritte führen dazu, dass das vom Körper benötigte ATP in größerer Menge gebildet wird.

In einem Experiment wurde daher die Aktivität des Enzyms Phosphofructokinase in Abhängigkeit von der ATP-Konzentration untersucht:

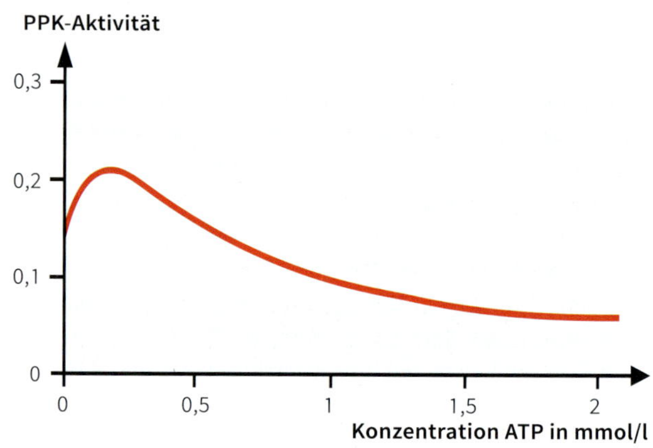

2 *Konzentrationsabhängigkeit der Phosphofructokinaseaktivität*

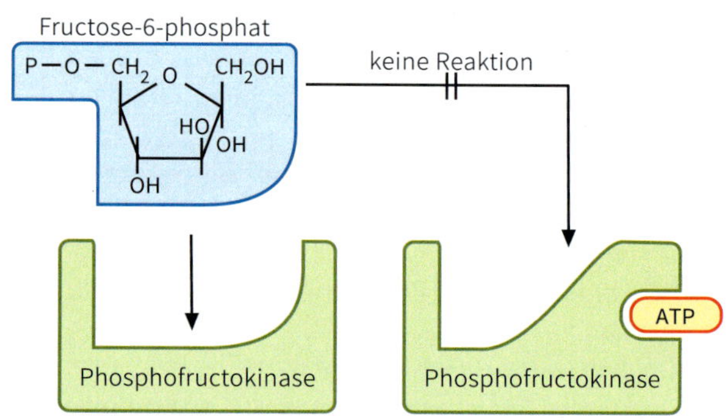

3 *Regulation der Phosphokinaseaktivität*

a) Beschreiben Sie das Ergebnis des Experiments.

b) Erklären Sie das Versuchsergebnis mithilfe der abgebildeten Modellvorstellung.

c) Erläutern Sie die biologische Bedeutung des untersuchten Phänomens.

→ M8

3. Biotechnische Herstellung von Lysin. Lysin ist eine essentielle Aminosäure, die im Körper unter anderem für den Muskelaufbau benötigt wird. Die Aminosäure trägt zur Bildung von Enzymen, Hormonen und Antikörpern bei. Sie unterstützt zudem das Wachstum der Knochen, die Zellteilung und Wundheilung. Früher wurde Lysin in einem aufwändigen Verfahren chemisch hergestellt. Heute werden Mikroorganismen für die biotechnischen Produktion von Lysin verwendet. Hierzu werden Mutanten eines Wildstammes von Corynebakterien eingesetzt.
Bei der Mutante A ist das Enzym Homoserin-Dehydrogenase inaktiv, bei der Mutante B ist die Bindungsstelle des Lysins an dem Enzym Aspartatkinase defekt.

a) Beschreiben Sie die drei möglichen Zustände anhand der Abbildung 4 a.

b) Erläutern Sie den Syntheseweg zur Lysinbildung bei Corynebakterien des Wildstamms (Abb. 4 b).

c) Beurteilen Sie, inwiefern der Wildstamm und/oder die Mutanten A bzw. B für die biotechnologische Herstellung von Lysin geeignet sind (Abb. 4 a und 4 b).

4. Abbau von Wasserstoffperoxid durch Katalase. Im Stoffwechsel aller Organismen entsteht in geringen Mengen Wasserstoffperoxid (H_2O_2). Wasserstoffperoxid ist giftig. Zellen enthalten das Enzym Katalase. Das Enzym setzt Wasserstoffperoxid zu Wasser (H_2O) und Sauerstoff (O_2) um. Im Experiment erkennt man die Entstehung von Sauerstoff an der Schaumbildung. In Kartoffelzellen ist Katalase enthalten. Es wird folgender Versuch mit frisch hergestelltem Kartoffelsaft durchgeführt: In 10 Reagenzgläser wird jeweils 1 ml Kartoffelsaft eingefüllt. Die Reagenzgläser werden auf unterschiedlich hohe Temperaturen gebracht (Abb. 5). Nach dem Abkühlen der Reagenzgläser 6 bis 10 (Verhinderung des Zerfalls von H_2O_2) gießt man in jedes Reagenzglas 2 ml Wasserstoffperoxidlösung (5 %ig). Nach einer Minute wird die Schaumhöhe gemessen.

a) Stellen Sie die Messwerte in einem geeigneten Diagramm dar (Abb. 5).

b) Erläutern Sie die unterschiedlichen Messergebnisse (Abb. 5).

c) Diskutieren Sie mögliche Fehlerquellen bei dem Experiment und leiten Sie daraus Optimierungen ab.

d) Entwickeln Sie analog zu dem dargestellten Experiment eine Experimentieranleitung zur Untersuchung des Zusammenhangs zwischen der Enzymkonzentration und der Reaktionsgeschwindigkeit sowie ihre erwarteten Beobachtungen. Berücksichtigen Sie dabei auch einen Kontrollansatz. Erläutern Sie Ihre Vorgehensweise.

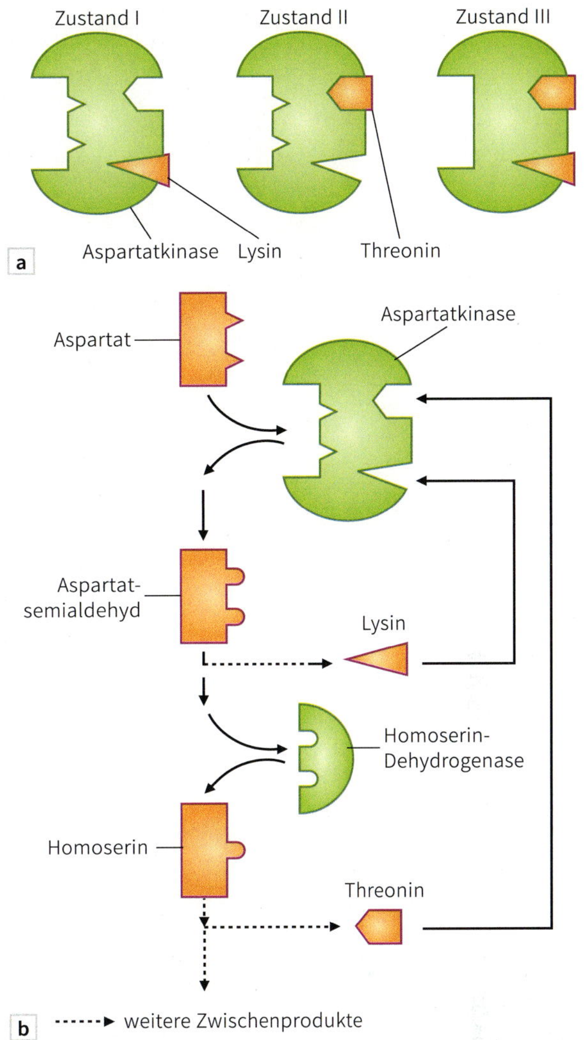

4 a) Veränderung des aktiven Zentrums bei der Aspartatkinase durch Anlagerung von Lysin- und Threoninmolekülen, b) Lysinbildung bei Corynebakterien (Wildstamm)

	RG 1	RG 2	RG 3	RG 4	RG 5
Temperatur (°C)	0	10	20	30	40
Schaumhöhe (cm)	0,4	0,9	1,6	3,3	6,4

	RG 6	RG 7	RG 8	RG 9	RG 10
Temperatur (°C)	50	60	70	80	90
Schaumhöhe (cm)	2,9	0	0	0	0

5 *Experiment zur Wirkung von Katalase*

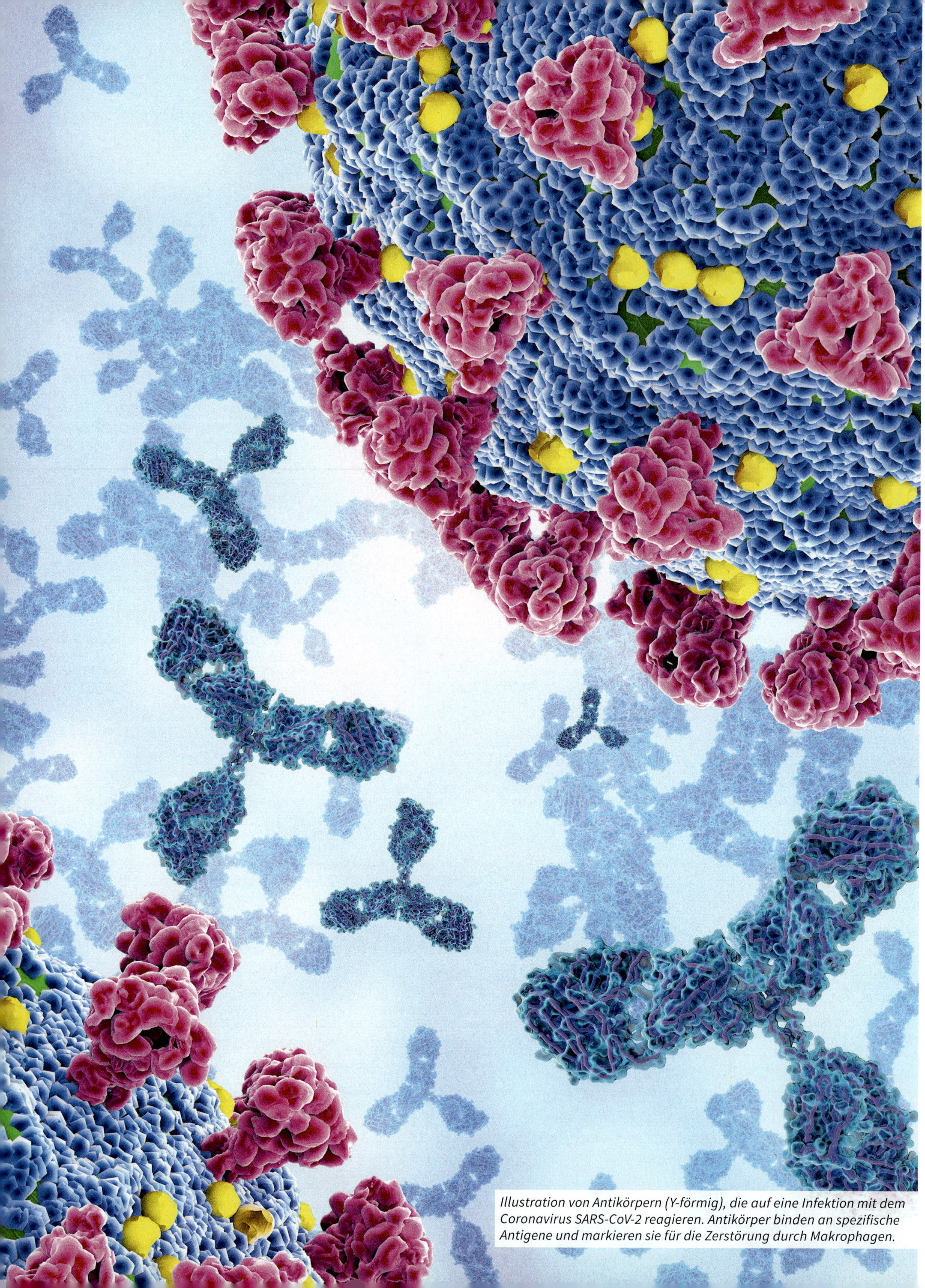

Illustration von Antikörpern (Y-förmig), die auf eine Infektion mit dem Coronavirus SARS-CoV-2 reagieren. Antikörper binden an spezifische Antigene und markieren sie für die Zerstörung durch Makrophagen.

Die Immunabwehr des Körpers

Immunabwehr

Viren als Krankheitserreger

- Übertragung von Viren
- Verlauf einer Viruserkrankung
- Oberflächenstrukturen: Spike-Proteine
- Vermehrungszyklus von Viren
- Virale Infektionskrankheiten
- Bau von Viren

SARS-CoV-2

- Maßnahmen
- Krankheitsverlauf
- Vermehrungsraten im Vergleich
- Corona-Pandemien
- Symptome
- Bau des Corona-Virus SARS-CoV-2

Immunabwehr

- Unspezifische Infektionsbarrieren
- Unspezifische Immunabwehr
- Spezifische Immunabwehr
- Humorale und zelluläre Immunantwort
- Kommunikation von Zellen über Moleküle
- Immunologisches Gedächtnis

Immunisierung

- Historische Entwicklung
- Aktive Immunisierung
- Impfungen und Herdenimmunität
- Impfungen und Antikörperkonzentration
- Klassische Impfstoffe und RNA-Impfstoffe
- Ethisches Bewerten: Impfpflicht

3.1 Infektionskrankheiten durch Coronaviren

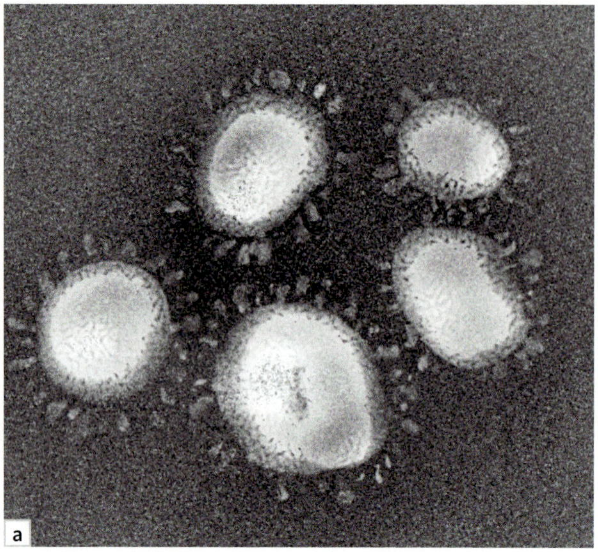

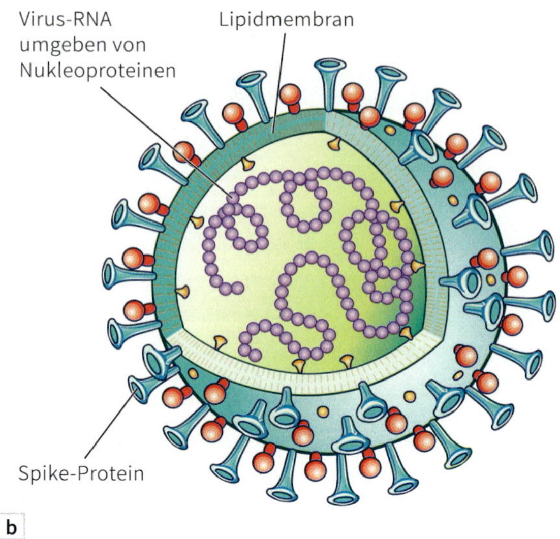

1 *Corona-Virus SARS-CoV-2: a) EM-Bild und b) Bau*

Im Dezember 2019 erkrankten in der Stadt Wuhan in der chinesischen Provinz Hubei viele Menschen an einer Lungenentzündung mit unbekannter Ursache. Zu Beginn des Jahres 2020 fanden chinesische Forschungsteams schließlich die Ursache: ein neuartiges Virus. Eine Infektion mit dem bis dahin unbekannten **Coronavirus SARS-CoV-2** verursacht die Erkrankung. SARS ist dabei die Abkürzung für ein schweres akutes respiratorisches Syndrom.

Coronaviren sind nur im Elektronenmikroskop sichtbar (Abb. 1a). Der Name leitet sich vom typischen elektronenmikroskopischen Erscheinungsbild der Virusoberfläche der Coronaviren (lat. *corona:* Krone) ab. Coronaviren können sich wie alle Viren nicht selbst fortbewegen und besitzen keinen eigenen Stoffwechsel. Für die Vermehrung benötigen sie eine Wirtszelle. Das sind Zellen von Organismen, die vom Virus befallen werden. Coronaviren bestehen aus der Virus-RNA, die von Hüllproteinen, den **Nukleoproteinen**, umgeben ist (Abb. 1b). Die RNA des Virus und die Nukleoproteine bilden gemeinsam das **Nukleocapsid**. Das Coronavirus ist, wie auch viele andere Viren, zusätzlich von einer Hüllmembran umgeben. Darauf befinden sich die **Spike-Proteine**, die dem Virus das Erkennen und Anheften an passende Oberflächenstrukturen auf den Zellen eines Lebewesens ermöglichen. Die Oberflächenstrukturen des Virus und der Zelle des Wirtes passen dabei zueinander wie ein Schlüssel in ein Schloss.

Die Coronaviren SARS-CoV-2 werden hauptsächlich über Tröpfchen übertragen. Diese entstehen beim Husten, Niesen und sogar beim Sprechen. Diese Übertragung wird als **Tröpfcheninfektion** bezeichnet. Zudem ist auch eine Übertragung durch das Anfassen von Gegenständen mittels **Kontaktinfektion** möglich. Die Viren werden vor allem über die Zellen der Schleimhäute in Nase und Mund aufgenommen. Die SARS-CoV-2-Viren vermehren sich im Rachen, wodurch ihre Übertragung durch Tröpfcheninfektion begünstigt ist. Vorteilhaft für die Viren ist ebenfalls, dass sie an ein Protein in der Zellmembran des Wirts binden, das eine konstante Struktur und eine lebenswichtige Funktion hat. Über die Blutgefäße gelangen die Viren schließlich weiter in die Lunge und andere Organe. Dort binden die Viren mithilfe der Spike-Proteine an ein Protein in der Zellmembran, das an der Regulation des Wasserhaushalts und des Blutdrucks beteiligt ist.

Infektionen mit dem Coronavirus SARS-CoV-2 lösen die COVID-19-Erkrankung aus und verursachen häufig Husten und Fieber sowie Störungen des Geschmackssinns. Die Verläufe von COVID-19 sind jedoch völlig unterschiedlich. Bei vielen Erkrankten nimmt die Infektion einen milden Verlauf. Einige Menschen entwickeln schwere Symptome wie Atemnot. Bei wenigen Betroffenen kommt es zu lebensbedrohlichen Auswirkungen wie Atemstillstand, Auswirkungen durch Überreaktion des Immunsystems oder Multiorganversagen.

→ B1, Kap. 3.2

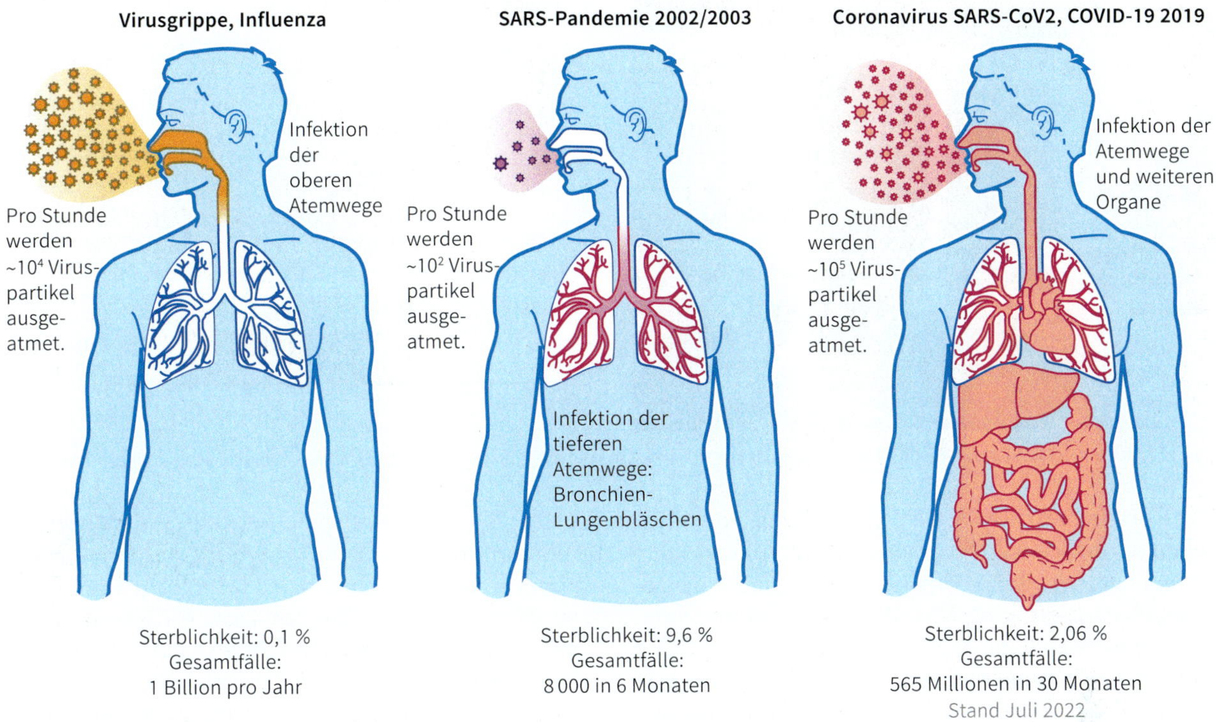

Die Covid-19-Pandemie ist nicht die erste durch Coronaviren hervorgerufene Pandemie. In den Jahren 2002 und 2003 breitete sich von China ein noch unbekanntes Coronavirus aus. Ähnlich wie bei COVID-19 trat bei vielen Betroffenen ein schweres akutes Atemwegssyndrom auf. Der Auslöser, das SARS-CoV-1-Virus, infizierte damals mehr als 8 000 Menschen in 26 Ländern der Erde. Die Symptome waren Infektionen der Atemwege, Lungenentzündung und Nierenversagen. Mitte 2003 gingen die Zahlen der SARS-Erkrankten weltweit rapide zurück. Die WHO erklärte rund ein Jahr später, dass die Pandemie besiegt sei. Dabei halfen sowohl die klinische Behandlung als auch die Isolation der Patienten.

Das *Middle East Respiratory Syndrome* (MERS) ist eine schwere Lungenerkrankung. Es wurde 2012 das erste Mal auf der Arabischen Halbinsel identifiziert. Die Symptome sind hauptsächlich eine Infektion der Atemwege sowie Lungenentzündungen. Es wurden mehr als 2 400 Fälle bestätigt, davon waren mehr als 800 tödlich. Die Sterblichkeitsrate war enorm hoch und lag bei etwa 35 Prozent. Ebenso wie bei SARS gab es auch bei MERS keine spezifische Therapie. Die isolierten Patienten wurden lediglich klinisch behandelt. Auch bei MERS spielte die Quarantäne eine wichtige Rolle. Das MERS-CoV-Virus gehört ebenfalls zu den Coronaviren, die vom Tier auf den Menschen übertragen werden können.

2 *Pandemien im Vergleich*

1. COVID-19 und andere Virus-Pandemien

a) Beschreiben Sie den Bau eines Coronavirus anhand von Abb. 1 sowie seine möglichen Übertragungswege.

b) Vergleichen Sie in Form einer Tabelle Symptome, Übertragungsart und Sterblichkeitsrate der dargestellten Virus-Pandemien anhand der Abb. 2 und 3.

c) Entwickeln Sie zwei Hypothesen, weshalb bei der SARS- und der MERS-Pandemie wesentlich weniger Menschen betroffen waren als bei der Covid-19-Pandemie.

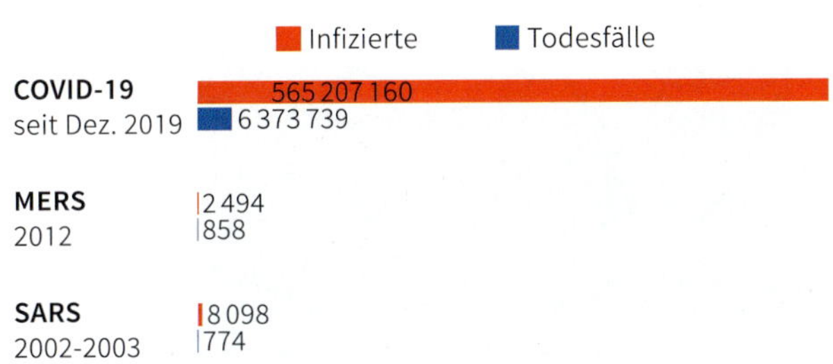

3 *Fallzahlen von COVID-19 im Vergleich zu SARS und MERS weltweit*

→ B1, Kap. 3.2

3.2 Vermehrung der Coronaviren und Krankheitsverlauf

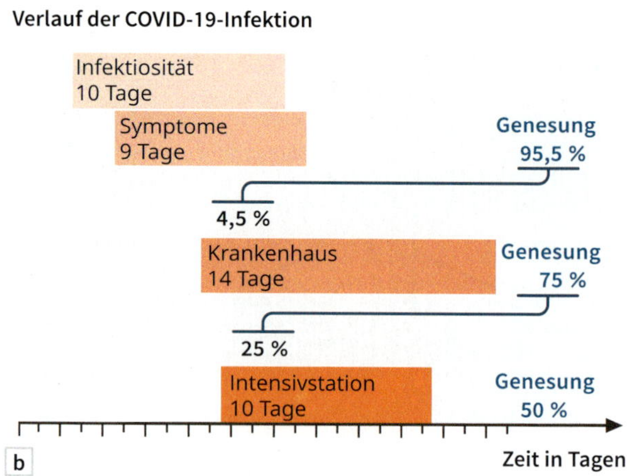

1 *(a) Lernende mit Mund-Nase-Bedeckung; b) Phasen der Erkrankung und die Wahrscheinlichkeit, in die nächste Phase überzutreten*

Die Coronaviren SARS-CoV-2 infizieren vor allem Zellen der unteren Atemwege. Zur Erkrankung kann es kommen, wenn eine dazu ausreichende Menge an Viren übertragen wird. Das Tragen von Mund-Nase-Bedeckungen und das regelmäßige Lüften sind daher wirksame Schutzmaßnahmen vor einer Infektion (Abb. 1a). Im Mittel dauert es fünf bis sechs Tage von der Ansteckung bis zu dem Zeitpunkt, an dem die ersten Symptome auftreten. Diese Inkubationszeit mit dem Coronavirus kann aber auch bis zu 14 Tage dauern (Abb. 1b). Auch wenn die Betroffenen sich gesund fühlen und noch keine Symptome aufgetreten sind, können sie schon ansteckend sein. Jeder Kontakt mit anderen Personen kann das Virus verbreiten und damit Menschen in Lebensgefahr bringen, insbesondere, wenn deren Immunsystem geschwächt ist, z. B. ältere Menschen oder Menschen mit Vorerkrankungen.
Epithelzellen der Lunge können sich in unterschiedliche Zelltypen differenzieren, unter anderem in Typ-I- und Typ-II-Lungenzellen (Abb. 3). Die Typ-II-Lungenzellen produzieren Proteine. Diese reduzieren die Oberflächenspannung der Lungenbläschen und verhindern damit, dass diese in sich zusammenfallen. Weiterhin geben sie einen Stoff ab, der den Gasaustausch fördert. Typ-I-Lungenzellen sind im Gegensatz dazu dünne, flache Zellen. Sie sind für den Gasaustausch zwischen Lungenbläschen und Blutgefäßen verantwortlich.

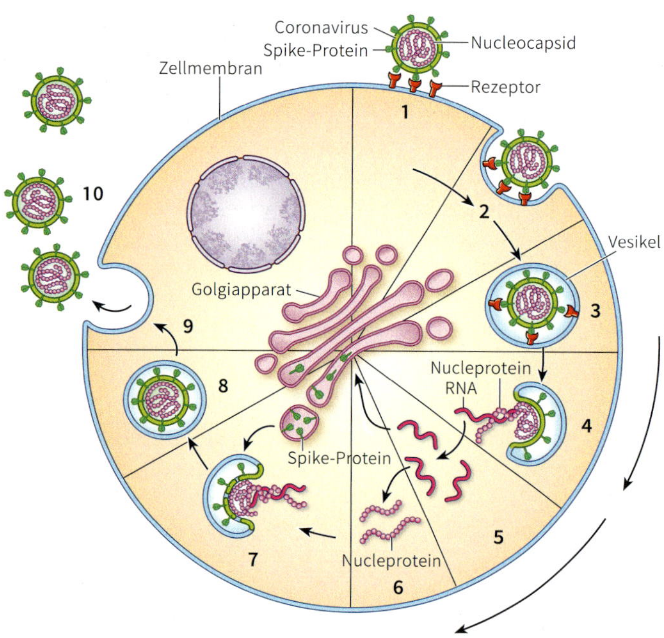

2 *Vermehrungszyklus des Coronavirus in einer Lungenzelle*

Sowohl die Lungenzellen als auch die Viren besitzen auf der Zellmembran unterschiedliche Oberflächenproteine. Bei einer Infektion bindet das Virus mit dem Spike-Protein an die Rezeptoren der Wirtszelle (Abb. 2). Die Zellmembran der Wirtszelle schnürt sich ein. Die Hüllmembran des Virus verschmilzt mit der umschließenden Membran. Das Capsid löst sich auf und die Erbinformation des Virus gelangt in die Lungenzellen. Diese produziert nun Virusbestandteile und Spike-Proteine, die in Golgivesikel eingebaut werden. Diese Golgivesikel bilden mit dem neu gebildeten Nuklecapsid den neuen Viruspartikel. Die Transportvesikel mit dem fertigen Virus werden zur Membran transportiert und das Virus mittels Exocytose freigesetzt. (Abb. 2).

→ B1, Kap. 3.1

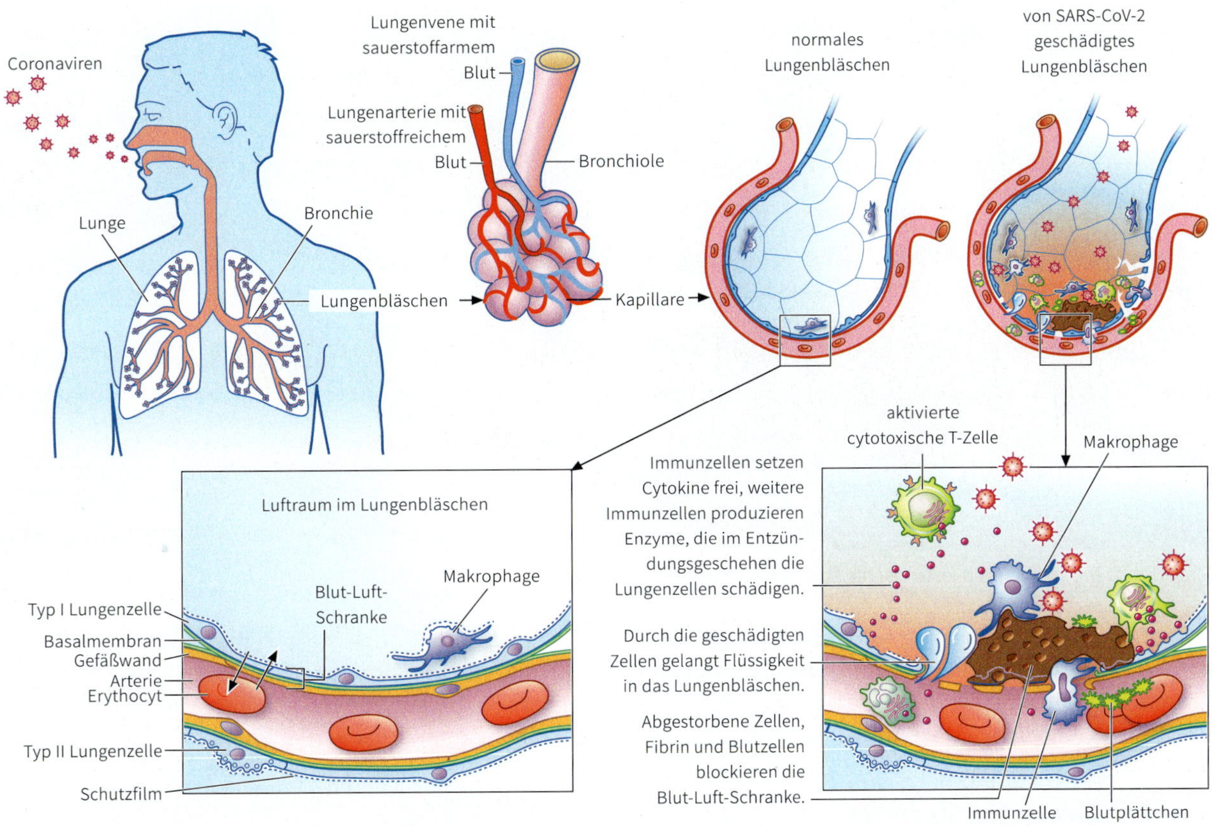

Zahlreiche Krankheitserreger, darunter auch das SARS-CoV-2-Virus, bindet an die Lungenzellen an. Durch die Vermehrung der Viren wird der Gasaustausch in der Lunge verschlechtert, da die befallenen Typ-II-Lungenzellen nur noch eine geringe Menge des Stoffes, der den Gasaustausch fördert, abgeben. Zum einen sterben die Lungenzellen durch die Virusvermehrung ab. Zum anderen reagiert das Immunsystem auf die Infektion. Nach erfolgter Infektion geben Zellen des Immunsystems im Bereich der Lungenbläschen verschiedene Botenstoffe, die Entzündungscytokine, ab. Die Cytokine locken weitere Zellen des Immunsystems an. Diese produzieren Enzyme, welche die Lungenzellen schädigen. Infolge der entstehenden Gewebeschäden dringt Flüssigkeit in die Lungenbläschen ein. Die abgestorbenen Zellen blockieren gemeinam mit dem Fibrinnetz und darin eingeschlossenen roten Blutzellen den Gasaustausch. Bei fortgeschrittenem Krankheitsverlauf sind zwar viele Viren unschädlich gemacht worden. Die Schäden durch die Immunreaktion überwiegen jedoch bei weitem. Die durch die Virusvermehrung und die Immunreaktion zerstörten Lungenzellen sind unwiederbringlich zerstört. Die Lungenbläschen können sich nur begrenzt regenerieren, da neue Lungenzellen nur aus den verbliebenen Typ-II-Lungenzellen durch Zellteilung entstehen können.

3 *Schädigung der Lungenzellen vom Typ I und II durch die Coronaviren*

1. Krankheitsverlauf bei Infektion mit SARS-CoV-2.

a) Beschreiben Sie den Bau eines normalen, nicht geschädigten Lungenbläschens. Gehen Sie dabei auch auf den Weg der Atemgase ein (Abb. 3).

b) Erläutern Sie den Vermehrungszyklus der Coronaviren anhand von Abbildung 2.

c) Erläutern Sie, wie es nach einer Infektion mit dem Corona-Virus SARS-CoV-2 zur Beeinträchtigung des Gasaustauschs in den Lungenbläschen kommt (Abb. 3).

d) Werten Sie das Diagramm in Abbildung 1b aus. Nehmen Sie dabei auch Bezug auf den Verlauf der Infektion mit COVID-19 (Abb. 3).

→ B1, Kap. 3.1

3.3 Verteidigungslinien des menschlichen Körpers

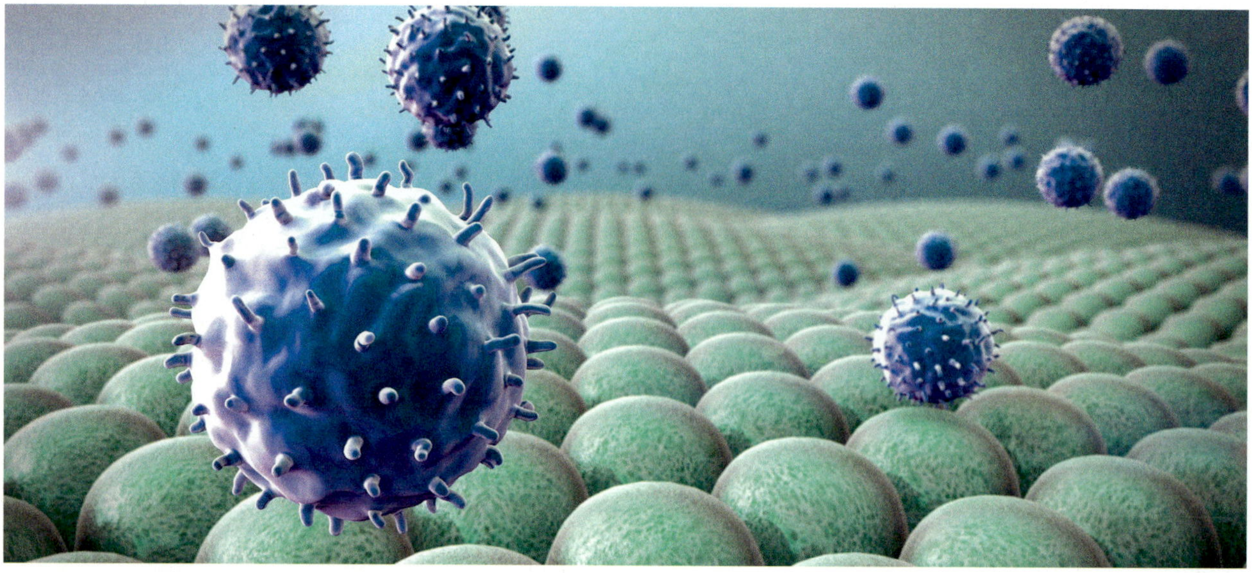

1 *Modellhafte Darstellung von Viren auf menschlicher Schleimhaut*

Obwohl die Menschen ständig von Krankheitserregern umgeben sind, werden die meisten Menschen nur selten krank. Das liegt daran, dass der menschliche Körper über drei verschiedene Abwehrmechanismen verfügt, die eng zusammenarbeiten.

Eine erste Barriere für Krankheitserreger stellt die menschliche Haut und Schleimhaut dar (Abb. 1). Die Oberfläche der Haut ist leicht sauer und zusätzlich von Bakterien besiedelt, welche die Abwehr unterstützen. Dieser Säureschutzmantel verhindert zum Beispiel ein Ansiedeln von Krankheitserregern. Die menschlichen Schleimhäute produzieren zähflüssige Sekrete, welche die Krankheitserreger einschließen. Der Schleim wird mit eingeschlossenen Erregern durch Flimmerhärchen nach außen befördert und abtransportiert. Zusätzlich produzieren die Schleimhäute Stoffe wie die Magensäure, die viele Krankheitserreger vernichten. Sind diese Barrieren intakt, ist der Körper wirkungsvoll gegen Krankheitserreger aus unserer Umwelt geschützt.

Überwinden Erreger diese erste Barriere, wird das Immunsystem aktiv. Das Immunsystem ist ein Netzwerk aus verschiedenen Organen, Zellen und Molekülen, das den Körper schützt. Die zweite Barriere, die **unspezifische Immunantwort**, beruht auf einem angeborenen Arsenal an Reaktionen. Dies erlaubt eine sehr schnelle und zumeist auch wirksame Bekämpfung von eingedrungenen Erregern.

Im Gewebe befinden sich weiße Blutkörperchen, die sogenannten **Leukocyten**, die eingedrungene Erreger erkennen. **Riesenfresszellen** oder **Makrophagen** nehmen Erreger auf und verdauen sie im Innern der Zelle. Dieser Prozess heißt **Phagocytose**. Gleichzeitig schütten verletzte Zellen und Fresszellen Signalstoffe wie **Cytokine** aus, die bewirken, dass sich Blutgefäße weiten und durchlässiger werden. Cytokine locken weitere Fresszellen aus dem Blut an. Schmerzen werden meist durch Schmerzbotenstoffe ausgelöst, die von Zellen des Immunsystems ausgeschüttet werden.

Eine weitere Instanz des angeborenen Immunsystems bilden **natürliche Killerzellen.** Diese erkennen von Viren befallene Zellen und Tumorzellen an deren veränderter Zelloberfläche. Treffen die Killerzellen auf derart veränderte Zellen, geben sie Stoffe ab, die den Zelltod, die **Apoptose**, auslösen. Die Abwehrzellen im menschlichen Körper stammen letztendlich von Zellen des Knochenmarks, den blutbildenden Stammzellen oder den Knochenmarkstammzellen, ab.

Meist reicht die unspezifische Immunantwort aus, um eine Infektion erfolgreich zu bekämpfen. Ist das nicht der Fall, werden Erreger noch effektiver mit einer **spezifischen Immunantwort** bekämpft, die sich gezielt gegen bestimmte Erreger richtet. Die spezifische Immunantwort bildet die dritte Barriere im menschlichen Körper gegen die Krankheitserreger.

→ Kap. 1.7, Kap. 1.14, B3, B5

Die T-Lymphocyten und B-Lymphocyten zählen zu den Leukocyten. Vorläuferzellen aus dem Knochenmark wandern zu der Thymusdrüse und reifen dort zu T-Lymphocyten heran. Nach der Reifung wandern sie in andere lymphatische Organe. T-Lymphocyten machen ungefähr zwischen 60 bis 80 Prozent der Lymphocyten im Blut aus.
B-Lymphocyten entwickeln sich ebenfalls aus Vorläuferzellen im Knochenmark. Im Gegensatz zu den T-Lymphocyten bleiben sie im Knochenmark und reifen dort zu B-Lymphocyten weiter. Sie gelangen dann über den Kreislauf zu anderen lymphatischen Organen und verweilen dort. Nur etwa 10 bis 15 Prozent der im Blut befindlichen Lymphocyten sind B-Lymphocyten.

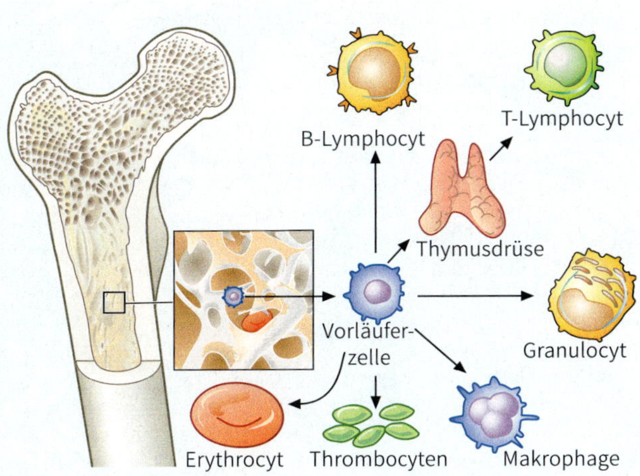

2 *Abstammung der Abwehrzellen und Zelldifferenzierung*

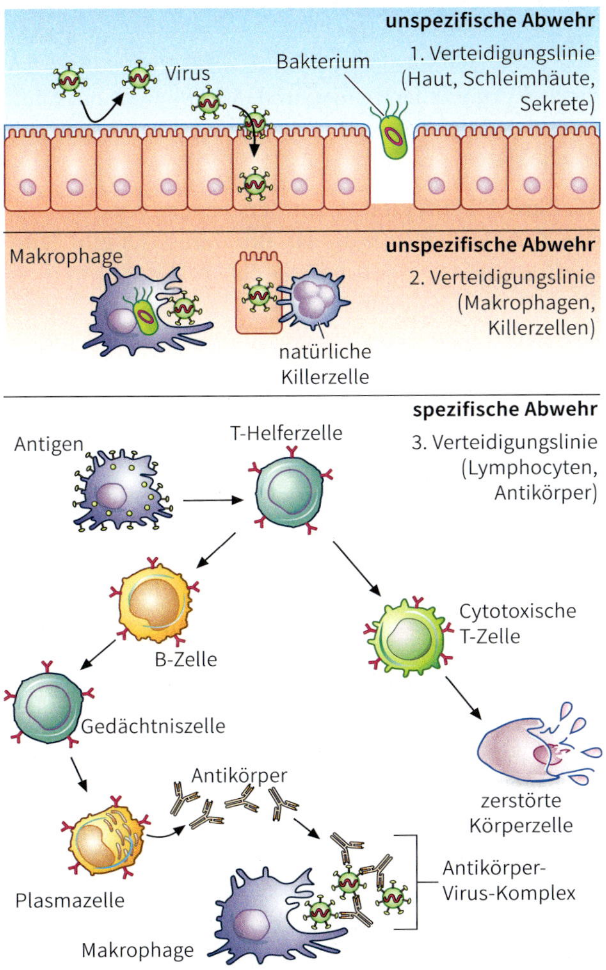

3 *Verteidigungslinien des menschlichen Körpers*

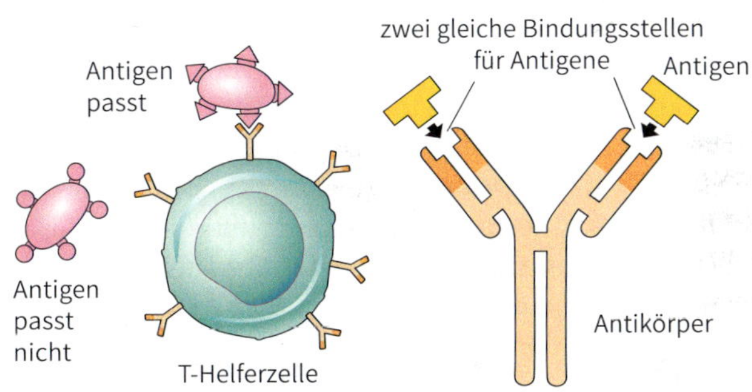

4 *Schlüssel-Schloss-Prinzip bei der Antigen-Antikörper-Bindung*

1. Verteidigungslinien des menschlichen Körpers. Beschreiben Sie anhand der Abbildung 2 die Abstammung der Abwehrzellen des menschlichen Körpers.

2. Verteidigungslinien des menschlichen Körpers.
a) Beschreiben Sie anhand der Abbildung 3 die Verteidigungslinien des Immunsystems und ihre Funktion.
b) Entwickeln Sie einen tabellarischen Überblick über die Leucocyten, die bei der unspezifischen und bei der spezifischen Immunantwort eine Rolle spielen.

3. Schlüssel-Schloss-Prinzip bei Antikörpern
a) Beschreiben Sie den Bau eines Antikörpers anhand von Abbildung 4.
b) Wenden Sie das Basiskonzept „Struktur und Funktion“ auf die Darstellungen in Abbildung 4 an. Gehen Sie dabei auch auf die Bedeutung der Tatsache ein, dass Antikörper zwei Bindungsstellen für Antigene haben und nicht nur eine (Abb. 3).

→ Kap. 1.7, Kap. 1.14, B3, B5

3.4 Die spezifische Immunabwehr

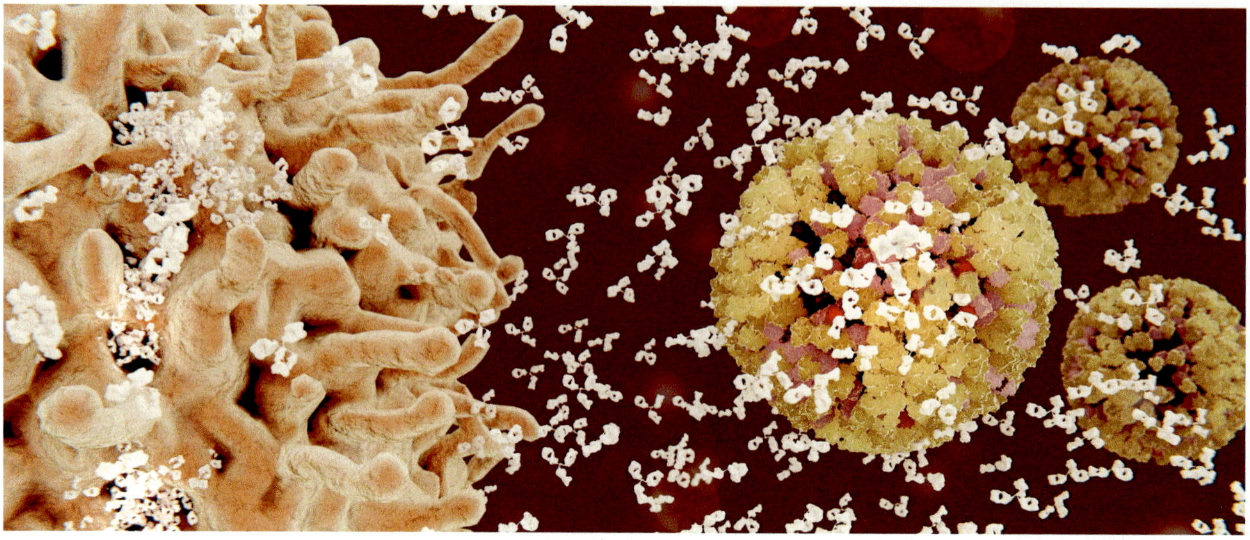

1 *B-Zelle (links), die Antikörper (weiß) gegen Viren (rechts) ausscheidet*

Jede körpereigene Zelle trägt auf ihrer Oberfläche bestimmte Proteine, die MHC-Moleküle. Alle Zellen oder Stoffe, die diese Proteine nicht auf ihrer Oberfläche tragen, werden als körperfremd erkannt und bekämpft. Dabei wird mithilfe der **Lymphocyten** die spezifische Immunantwort ausgelöst. Die Reifung der B-Lymphocyten oder **B-Zellen** erfolgt im Knochenmark, wohingegen T-Lymphocyten oder **T-Zellen** in der Thymusdrüse reifen. Bei der Reifung werden Rezeptoren in die Oberfläche der B- und T-Zellen eingebaut, die zu spezifischen molekularen Strukturen passen.

Erreger werden von Makrophagen anhand ihrer Membranproteine auf der Oberfläche erkannt. Die Erreger werden phagocytiert und Bruchstücke ihrer Membranproteine werden von den Makrophagen auf der eigenen Zelloberfläche präsentiert. Diese Bruchstücke und auch andere körperfremde Stoffe, die an spezifische Rezeptoren an der Oberfläche von B- oder T-Zellen nach dem Schlüssel-Schloss-Prinzip binden und somit die spezifische Immunantwort auslösen, werden als **Antigene** bezeichnet.

Solche Antigene können von einer Untergruppe der T-Zellen, den **T-Helferzellen**, erkannt werden. Sie besitzen verschiedene Rezeptoren und befinden sich im Blut und im Gewebe. Passt ein Antigen, vermehrt sich die entsprechende T-Helferzelle stark. Diese T-Helferzellen aktivieren eine weitere Untergruppe der T-Zellen, die **cytotoxischen T-Zellen**, welche an infizierte Körperzellen binden und die Apoptose einleiten. Dieses Vorgehen wird als **zelluläre Immunantwort** bezeichnet.

Weitere T-Helferzellen werden zudem benötigt, um die B-Zellen vollständig zu aktivieren. Es gibt Hunderttausende verschiedene B-Zellen, die sich in ihren Rezeptoren unterscheiden. Nur B-Zellen, die für das Erregerantigen passende Rezeptoren besitzen und in Kontakt mit dem Erregerantigen kommen, nehmen dieses auf und bauen es in ihre Oberfläche ein. Die T-Helferzellen erkennen das Antigen an der Oberfläche und aktivieren die B-Zellen vollständig. Die B-Zellen vermehren sich und differenzieren dabei zu **Plasmazellen**. Diese produzieren Proteine, die spezifisch gegen das Erregerantigen gerichtet sind, die sogenannten **Antikörper**. Antikörper binden an die Antigene der Erreger, die dann besonders leicht von Makrophagen aufgenommen und unschädlich gemacht werden können (Abb. 1). Dieses Vorgehen gegen Erreger wird als **humorale Immunantwort** (lat. *humor:* Flüssigkeit) bezeichnet, weil sie in den Körperflüssigkeiten wie Blut und Lymphe stattfindet.

Nach dem Erstkontakt mit einem Erreger oder körperfremden Stoff werden langlebige **Gedächtniszellen** gebildet. Diese T- und B-Gedächtniszellen bilden das immunologische Gedächtnis. Bei erneutem Kontakt mit dem gleichen Antigen wird so eine beschleunigte Immunantwort ermöglicht.

→ B1, B3, Kap. 3.3, Kap. 3.5, Kap. 3.6, Kap. 3.7

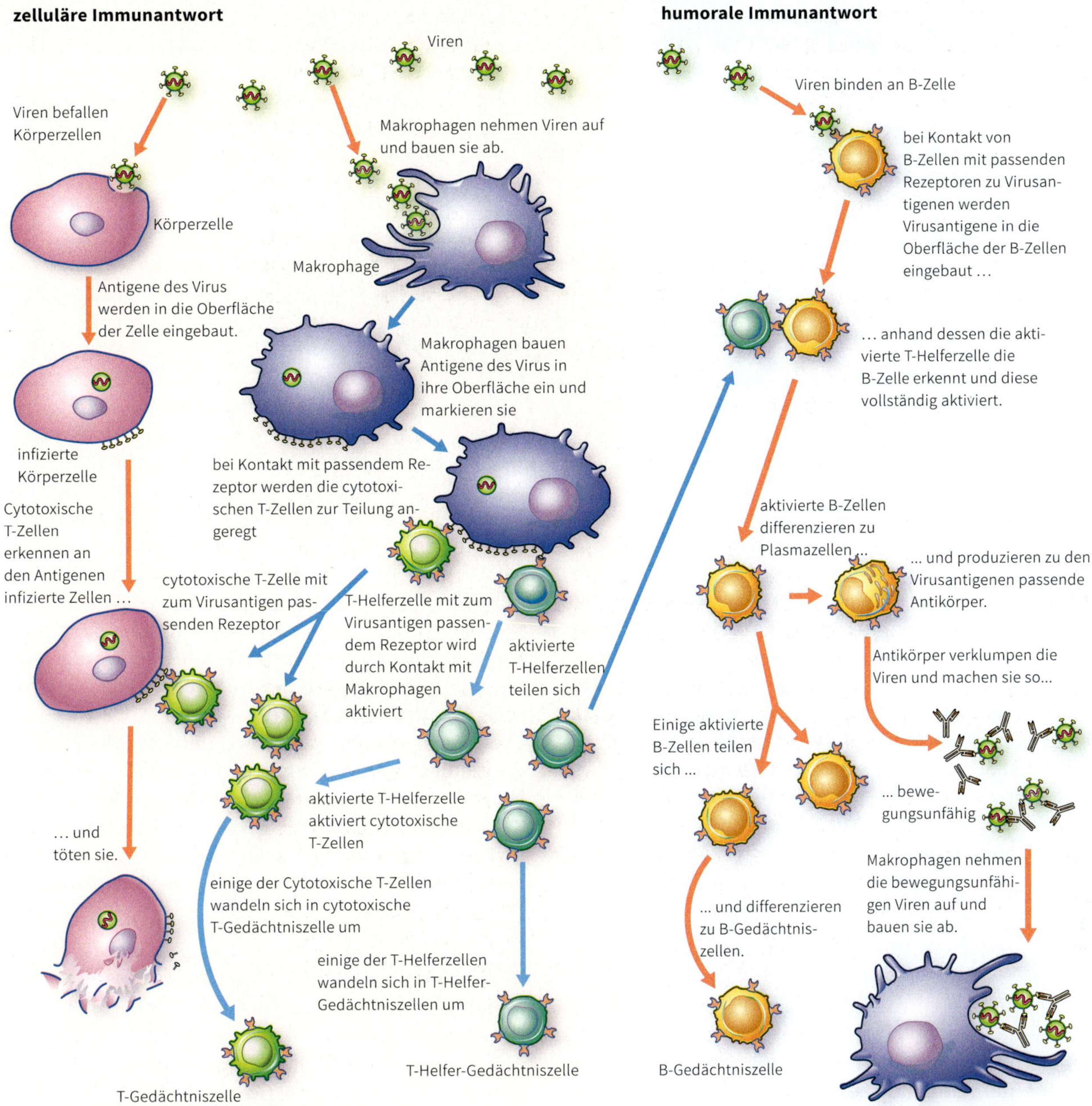

2 *Ablauf der spezifischen Immunabwehr*

1. Die spezifische Immunabwehr.

a) Entwickeln Sie ein Fließdiagramm zur spezifischen Immunabwehr anhand der Informationen und Abb. 2.

b) Erläutern Sie anhand des Fließdiagramms aus a) den Ablauf einer Immunreaktion. Gehen Sie dabei besonders auf das Schlüssel-Schloss- Prinzip ein.

2. Zelldifferenzierung bei der Immunabwehr

a) Beschreiben Sie die Zelldifferenzierung von B- und T-Lymphocyten anhand von Abb. 2 und der Informationen.

b) Erläutern Sie die zentrale Rolle der T-Helferzellen.

c) Beurteilen Sie die Aussage: „Bei einer Virusinfektion erfolgt nur die zelluläre Immunantwort."

→ B1, B3, Kap. 3.3, Kap. 3.5, Kap. 3.6, Kap. 3.7

3.5 Bei Immunreaktionen kommunizieren Zellen über Moleküle I

MHC-Molekül	Antigene	Schlüssel-Schloss-Prinzip der Antigen-Antikörper-Bindung	Co-Rezeptor des T-Zell-Rezeptors	Funktion
MHC I	Antigene aus dem Zellplasma	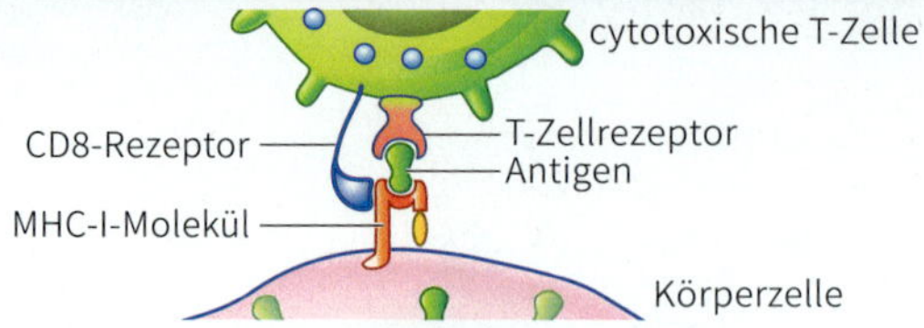	CD-8-Rezeptor	Zelltod (Apoptose)
MHC II	Antigene aus Vesikeln	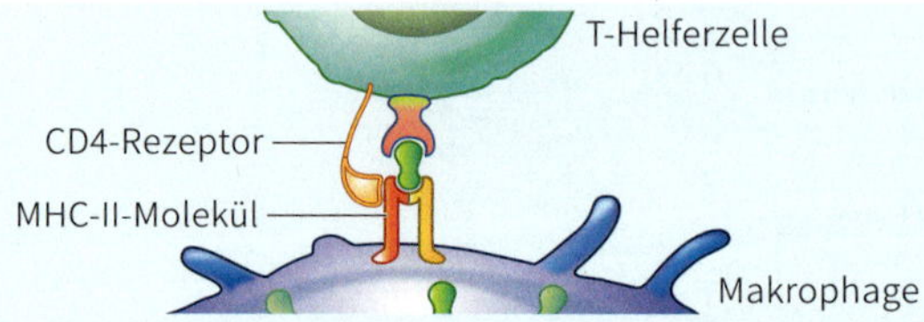	CD-4-Rezeptor	Aktivierung

1 *Kontakte zwischen Zellen bei der spezifischen Immunabwehr*

Körpereigene und körperfremde Moleküle können auf spezialisierte Proteinkomplexe übertragen und so für bestimmte Immunzellen sichtbar gemacht werden (Abb. 1). Bei einer Virus-Infektion werden Antigenbruchstücke sowohl von Makrophagen, als auch von infizierten Körperzellen präsentiert. Jeder Mensch besitzt auf den Oberflächen seiner Zellen bestimmte Membranproteine als individuelle Gewebemerkmale, die sogenannten **MHC-Moleküle**. Die Gene, die diese MHC-Moleküle codieren, werden als MHC-Komplex (engl. *Major Histocompatibility:* Hauptgewebekompatibilität) bezeichnet. Für jedes der MHC-Gene gibt es so viele unterschiedliche Genvarianten, dass es außer bei eineiigen Zwillingen praktisch unmöglich ist, dass zwei Menschen über identische MHC-Moleküle verfügen.

Die MHC-Moleküle weisen Zellen gegenüber Immunzellen als körpereigen aus. Körperzellen präsentieren auf den MHC-Moleküle Bruchstücke körpereigener Proteine wohingegen Zellen, die Krankheitserreger aufnehmen, Bruchstücke der Erreger auf ihren MHC-Molekülen präsentieren. Dazu werden im Inneren der Zellen die eingedrungenen Antigene abgebaut und bearbeitet. Die entstandenen kurzkettigen Bruchstücke werden an MHC-Moleküle gebunden und an die Zelloberfläche transportiert. Dort werden die Antigenbruchstücke, die sogenannten **Epitope**, den Immunzellen präsentiert. Die Antigenpräsentation erfolgt über unterschiedliche Mechanismen, die sich unter anderem in der Herkunft des Antigens, intra- oder extrazellulär, und der Identität des präsentierenden MHC-Komplexes unterscheiden.

Es gibt zwei Klassen von MHC-Molekülen. MHC-I-Moleküle befinden sich auf der Oberfläche von fast allen Zellen. Ihre Funktion ist es, das Immunsystem auf einen Fremdkörper im Zellinnern hinzuweisen. MHC-I-Moleküle binden nur Moleküle, die sich vorher in Zellplasma befunden haben. Dies können zum Beispiel Antigenbruchstücke sein, die von einer durch Viren befallenen Körperzelle produziert worden sind (Abb. 2 a). An diese MHC-I-Moleküle binden cytotoxische T-Zellen mit einem zusätzlichen **CD8-Rezeptor**. Dieser CD8-Rezeptor ist ein Erkennungsmolekül, das in die Zellmembran von cytotoxischen T-Zellen eingebaut ist. Präsentieren körpereigene Zellen ein Epitop, wird dieses von cytotoxischen T-Zellen mit Hilfe des CD8-Rezeptors erkannt. Die cytotoxischen T-Zellen lösen daraufhin bei der befallenen Zelle die Apoptose aus.

MHC-II-Moleküle befinden sich zusätzlich zu den MHC-I-Molekülen auf der Oberfläche von Zellen des Immunsystems. MHC-II-Moleküle binden dabei nur Moleküle aus Vesikeln. Dies können beispielsweise Bruchstücke von Krankheitserregern sein, die von Makrophagen durch Phagocytose aufgenommen und in der Folge abgebaut worden sind (Abb. 2 b). Diese MHC-II-Moleküle werden von den T-Helferzellen mit einem zusätzlichen **CD4-Rezeptor** erkannt. Der CD4-Rezeptor ist ebenfalls ein Erkennungsmolekül, das an der Oberfläche von Zellen des Immunsystems vorkommt. Präsentieren MHC-II-Moleküle extrazelluläre Antigene, werden diese von T-Helferzellen mit Hilfe des CD4-Rezeptor erkannt. Die T-Helferzellen starten daraufhin die spezifische Immunantwort.

→ B1, B3, Kap. 1.14, Kap. 3.3, Kap. 3.4, Kap. 3.6

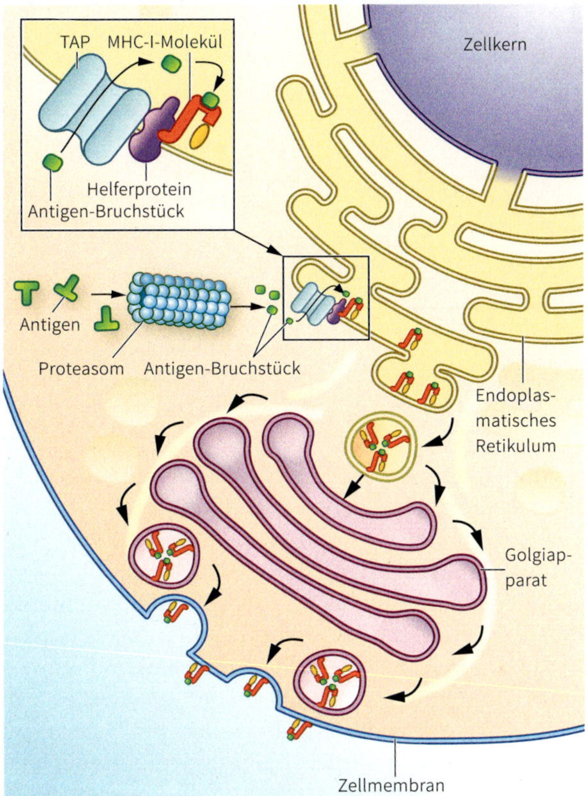

MHC-I-Moleküle dienen zur Präsentation intrazellulärer Antigene. Sie werden von allen kernhaltigen Zellen gebildet. Körperfremde Antigene werden im Proteasom in kleine Bruchstücke zerlegt. Diese haben bestimmte Eigenschaften und werden gezielt von dem Transportmolekül TAP (engl. *transporter associated with antigen processing*) in das Endoplasmatische Retikulum (ER) transportiert. Im Inneren des ERs wird mittels eines Helferproteins das MHC-I-Molekül in die örtliche Nähe des TAP gebracht. Hier wird das Antigenbruchstück an das MHC-I-Molekül gebunden. Erst dann wird das MHC-I-Molekül an die Zelloberfläche transportiert.

2 *Antigen-Präsentation durch MHC-I-Moleküle*

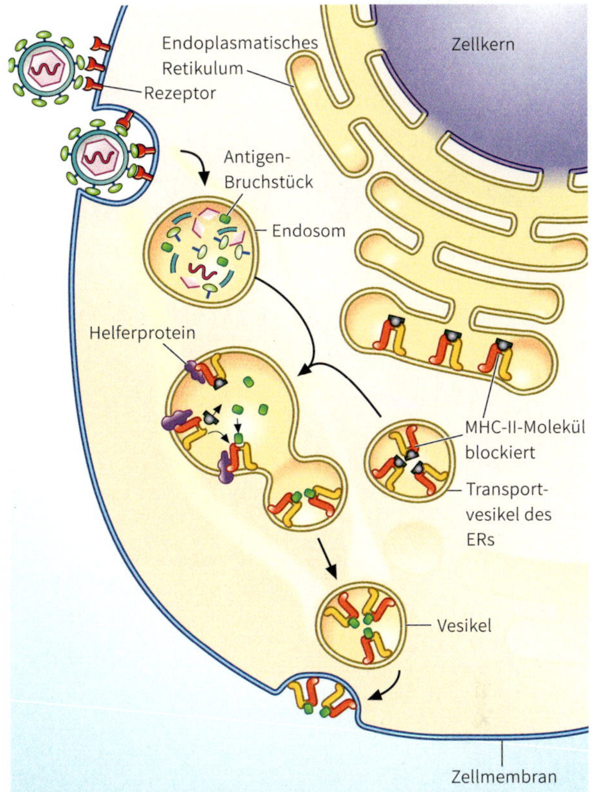

MHC-II-Moleküle dienen zur Präsentation extrazellulärer Antigene. Sie werden nur von bestimmten Zellen, wie beispielsweise Makrophagen, gebildet. Die Antigen-Bindungsstelle der MHC-II-Moleküle wird blockiert, solange sie sich im ER befinden. Erst die Verschmelzung des MHC-tragenden Vesikels mit einem Endosom und die Anwesenheit eines Helferproteins ermöglichen die Bindung eines Antigenbruchstücks extrazellulären Ursprungs. Anschließend wird das MHC-II-Molekül an die Zelloberfläche transportiert. Die Epitope entstehen dabei durch Phagocytose von beispielsweise Viren, die im Endosom zu Bruchstücken abgebaut werden.

3 *Antigen-Präsentation durch MHC-II-Moleküle*

1. Antigen-Präsentation durch MHC-Moleküle

a) Beschreiben Sie die jeweilige Antigen-Präsentation durch MHC-I- sowie durch MHC-II-Moleküle anhand der Abbildungen 1, 2 und 3.

b) Erläutern Sie die besondere Bedeutung des Membranflusses für die Antigen-Präsentation durch die MHC-Komplexe.

c) Vergleichen Sie die Wege der Antigen-Präsentation.

d) Erläutern Sie, weshalb ein nicht-infizierter, Antigen-präsentierender Makrophage nicht von einer cytotoxischen T-Zelle zerstört wird.

e) Stellen Sie den Vorgang des Membranflusses am Beispiel der Antigen-Präsentation durch MHC-II-Komplexe modellhaft dar.

→ B1, B3, Kap. 1.14, Kap. 3.3, Kap. 3.4, Kap. 3.6

3.6 Bei Immunreaktionen kommunizieren Zellen über Moleküle II

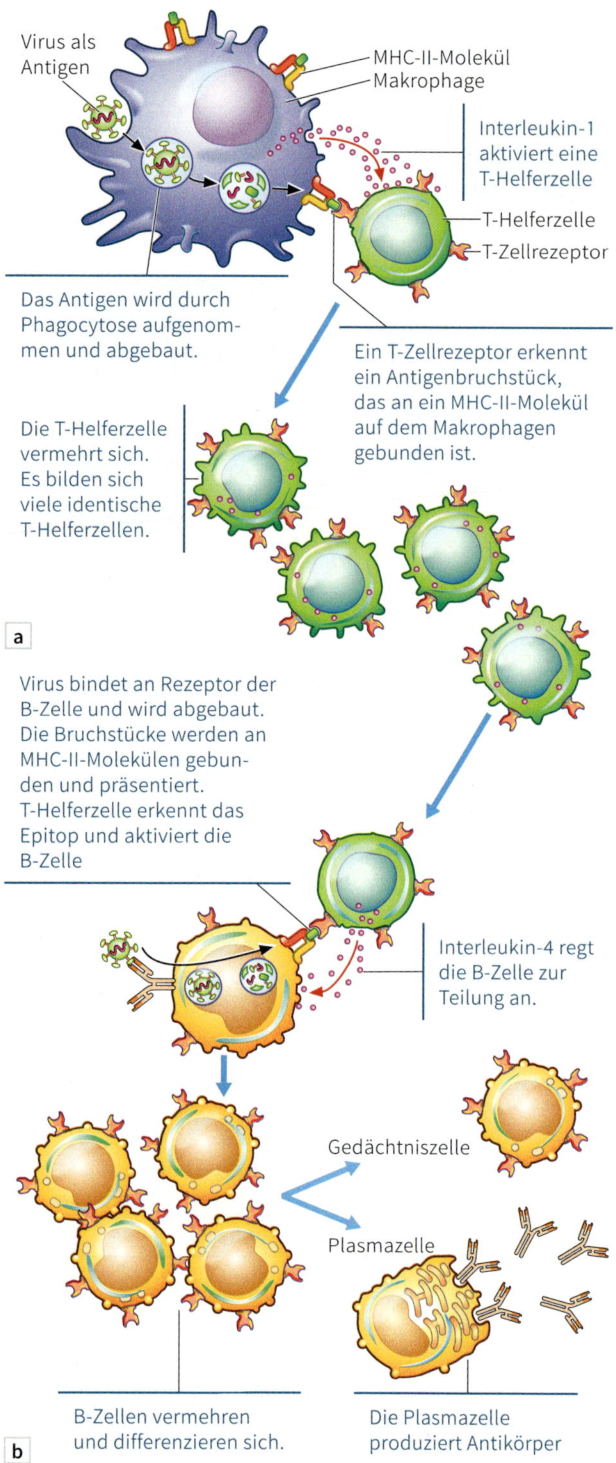

1 *Wirkung von Interleukinen: a) bei der Aktivierung einer T-Helferzelle durch eine Makrophage, b) bei der Aktivierung einer B-Zelle durch eine T-Helferzelle*

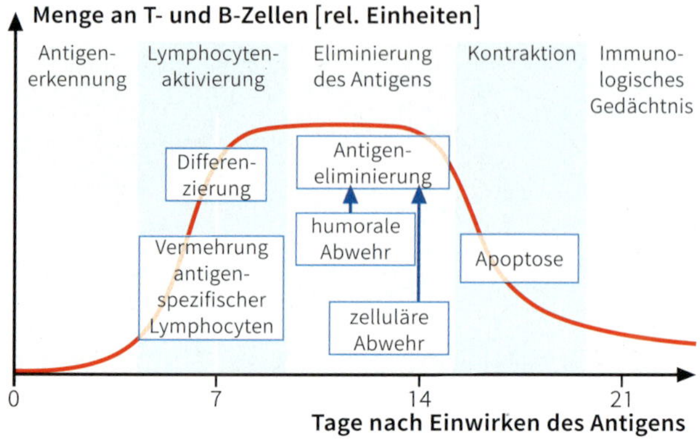

2 *Der Verlauf der spezifischen Immunreaktion anhand der Menge an T- und B-Zellen*

Bei der Kommunikation zwischen verschiedenen Immunzellen spielen neben den MHC-Molekülen noch eine weitere Klasse von Molekülen eine wichtige Rolle, die **Interleukine**. Interleukine sind Botenstoffe, die von Zellen des Immunsystems ausgeschüttet werden und beispielsweise andere Zellen des Immunsystems zur Vermehrung anregen (Abb. 1 a). **Interleukin-1** wird von Makrophagen bei der zellulären Immunabwehr ausgeschüttet und regt die T-Helferzellen zur Vermehrung an. **Interleukin-4** wird von aktvierten T-Helferzellen gebildet und regt bei der humoralen Immunabwehr aktivierte B-Zellen zur Vermehrung an (Abb. 1 b).

Im Laufe der zellulären Immunabwehr lösen cytotoxischen T-Zellen bei durch Krankheitserreger infizierten Körperzellen die Apoptose aus (Abb. 3). Hierbei geben die cytotoxischen T-Zellen in einem ersten Schritt Proteinmoleküle ab, die **Perforine**, welche die Zellmembran der infizierten Zellen durchlöchern. Es entstehen Poren in der Zellmembran. In einem zweiten Schritt werden von den cytotoxischen Zellen bestimmte Enzyme abgegeben, die **Granzyme**, die durch die entstandenen Poren in die infizierten Körperzellen eindringen und in der Folge zum Zelltod führen. Der gesamte Vorgang dauert etwa drei Zeitstunden.

Die MHC-Moleküle spielen auch in der Medizin eine wichtige Rollevor allem bei Organtransplantationen. Geeignete Spenderorgane zu finden ist oft schwierig, da in einigen Fällen das Spenderorgan abgestoßen wird. Daher ist eine möglichst große Übereinstimmung der MHC-Moleküle von Spender und Empfänger wichtig, damit das Immunsystem des Empfängers das Spenderorgan möglichst wenig angreift (Abb. 4).

→ B1, B3, Kap. 1.7, Kap. 3.3, Kap. 3.4, Kap. 3.5

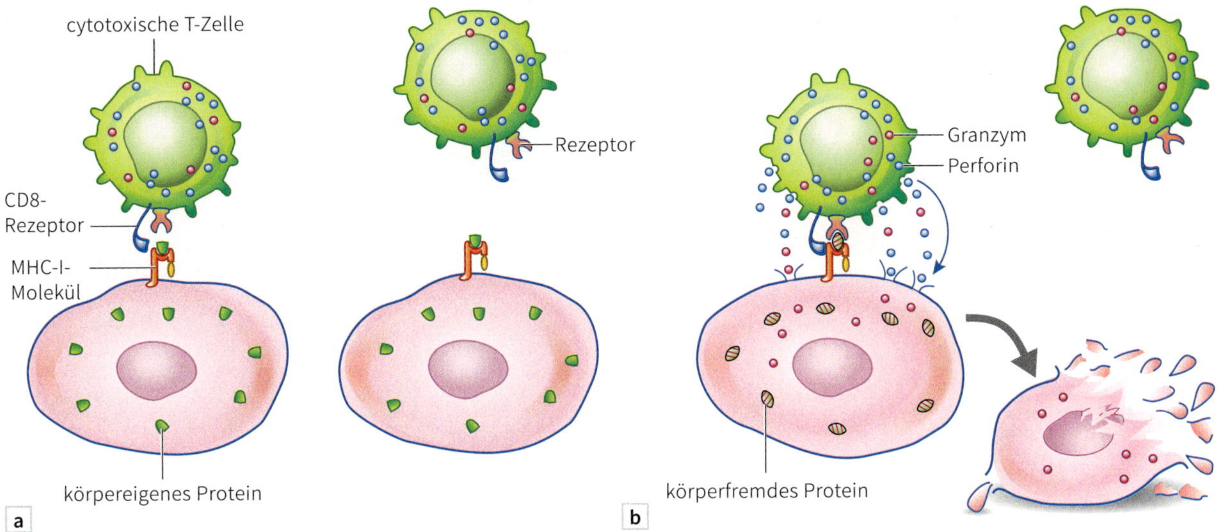

3 *Cytotoxische Zelle trifft auf normale (a) und infizierte (b) Körperzelle*

Die Nieren sind unser wichtigstes Ausscheidungsorgan. Sie ist in Deutschland infolge von Erkrankungen wie beispielsweise *Diabetes mellitus* und Bluthochdruck das am häufigsten transplantierte Organ. In Spenderdatenbanken wird deshalb nach Organspendenden mit möglichst vielen zellulären Übereinstimmungen zur wartenden Person gesucht. Dennoch müssen nach einer Transplantation lebenslang Medikamente verabreicht werden, um die Immunreaktion im Körper auf das fremde Organ zu unterdrücken. Die Person mit dem körperfremden Organ wird dadurch jedoch anfälliger für Infektionskrankheiten.

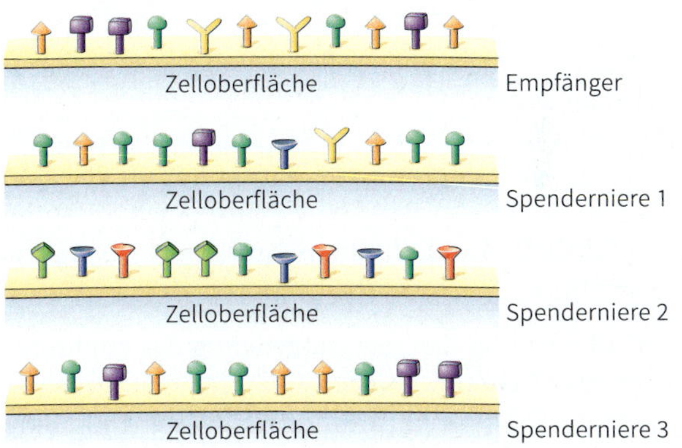

4 *MHC-Moleküle auf der Zelloberfläche von Nieren (modellhaft)*

1. Interleukine bei der zellulären Kommunikation

Abbildung 1 zeigt die Wirkung von Botenstoffen aus der Klasse der Interleukine im Rahmen der spezifischen Immunabwehr.

a) Beschreiben Sie die Wirkungsweise von Interleukin 1 und von Interleukin 4 im Kontext der zellulären und der humoralen Immunabwehr anhand von Abbildung 1.

b) Erläutern Sie die Bedeutung von Interleukin 4 für das Zusammenwirken von zellulärer und humoraler Immunabwehr (Abb. 1).

2. Mengen der B- und T-Zellen bei der Immunabwehr

a) Beschreiben Sie das Diagramm zu den unterschiedlichen Mengen der B- und T-Zellen in Abbildung 2.

b) Erklären Sie die in Abbildung 2 dargestellten unterschiedlichen Mengen der B- und T-Zellen im Verlauf der spezifischen Immunabwehr.

3. Cytotoxische T-Zellen

a) Erläutern Sie anhand von Abbildung 3 die Vorgänge, wenn eine cytotoxische T-Zelle auf eine normale und eine infizierte Körperzelle trifft.

b) Entwickeln Sie auf der Grundlage von Abbildung 3b eine Abfolge aus mindestens vier aufeinanderfolgenden Skizzen zum Ablauf des programmierten Zelltods.

4. Erkennen von „selbst" und „fremd". Begründen Sie, welche der drei Nieren aus der Schemazeichnung in Abbildung 4 für eine Organtransplantation am ehesten in Frage kommen.

→ B1, B3, Kap. 1.7, Kap. 3.3, Kap. 3.4, Kap. 3.5

3.7 Der Kontakt mit Antigenen führt zu Immunität

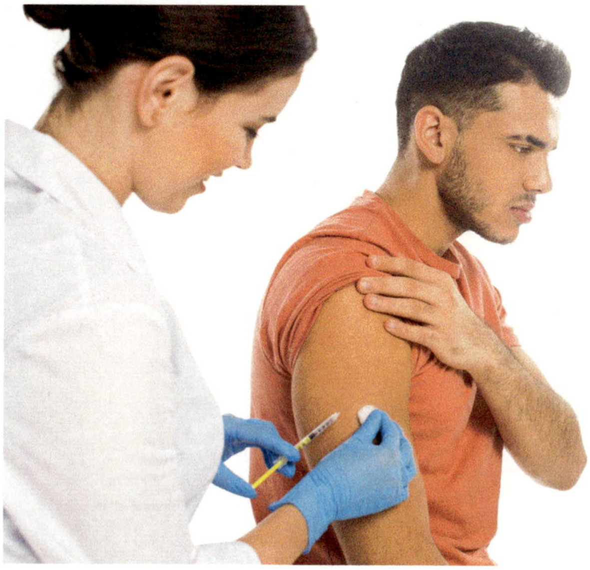

1 *Schutzimpfung durch eine Ärztin*

2 *Edward Jenner (1749–1823)*

Noch in den 1950er und 1960er Jahren gab es in Europa Pockenepidemien, denen jährlich tausende Menschen zum Opfer fielen. Durch ein konsequentes weltweites Impf- und Bekämpfungsprogramm konnte die Welt 1980 für „pockenfrei" erklärt werden. Auch die früher so gefährliche Kinderlähmung gilt heute als nahezu ausgerottet.

Zu verdanken ist dies der Entdeckung des englischen Landarztes Edward Jenner (1749–1823). Jenner ritzte einem Jungen mit einem Messer, das er mit Sekret eines an harmlosen Kuhpocken erkrankten Menschen „verunreinigt" hatte, in die Haut. Der Junge erkrankte später nicht an den echten Pocken. Jenner schlussfolgerte daraus, dass Menschen, die zuvor an den harmlosen Erregern der Kuhpocken erkrankt waren, gegen die gefährlichen echten Pocken immun waren. Jenners Untersuchungsergebnisse führten zur Entwicklung der medizinischen **Schutzimpfung**.

Die Antigene des Kuhpockenvirus sind ähnlich aufgebaut wie die Viren der echten Pocken beim Menschen. Gelangen Kuhpockenviren in den menschlichen Körper, beginnt der menschliche Körper mit der Erzeugung von passenden Antikörpern. Da die Erreger der Kuhpocken und die Erreger der echten Pocken ähnliche Antigene aufweisen, wirkt die Immunität gegen Kuhpockenviren auch gegen die Viren der echten Pocken beim Menschen. Der Körper entwickelt die Abwehr gegen die Infektion mit den Viren der echten Pocken selbst. Dies wird daher als **aktiven Immunisierung** bezeichnet. Im Jahr 1796 führte der englische Arzt Edward Jenner demnach die erste aktive Schutzimpfung durch.

Bei der aktiven Immunisierung werden dem Menschen entweder abgeschwächte Erreger als **Lebendimpfstoff** oder Bestandteile der Erreger als **Totimpfstoff** verabreicht. Diese Antigene lösen im Körper des Menschen eine Immunreaktion aus. Innerhalb von zwei bis vier Wochen bildet das Immunsystem aktiv Antikörper. Durch die Anregung der körpereigenen Abwehr kann es in den ersten Tagen nach der Impfung an der Einstichstelle zu Rötungen oder Schwellungen, selten auch zu leichtem Fieber kommen.

Bei einer Immunreaktion werden neben Antikörpern auch T- und B-Gedächtniszellen gebildet, die mehrere Jahre oder sogar lebenslänglich im Körper verbleiben, während Antikörper mit der Zeit abgebaut werden. Diese Gedächtniszellen können bei einer erneuten Infektion mit dem selben Erreger eine schnelle Immunantwort auslösen. Dabei vermehren sich die T- und B-Gedächtniszellen durch Zellteilung und differenzieren sich in B-Zellen, T-Helferzellen und cytotoxische T-Zellen. So erfolgt eine schnelle zelluläre und humorale Immunabwehr. Die Infektion wird somit wirkungsvoll und schnell bekämpft, eine Erkrankung unterbleibt. Es liegt nun eine Immunität gegen diesen Erreger vor.

→ Kap. 3.3, Kap. 3.4, Kap. 3.8, M10

Edward Jenner erfährt, dass Melkerinnen zwar oft an Kuhpocken erkranken, aber nur selten an Menschenpocken. Daher wagt er 1796 ein Experiment: Jenner möchte den achtjährigen James Phipps mit Menschenpocken infizieren, einer lebensbedrohlichen Krankheit. Jenner bestreicht die Wunde mit Eiter aus der Pustel eines Pockenkranken.
James überlebt das gewagte Experiment und wird nicht einmal krank. Bereits vor sechs Wochen ritzte Jenner die Haut des Jungen mit einem Messer ein und bestrich den Schnitt mit Eiter aus den Hautbläschen einer Frau, die an Kuhpocken erkrankt war. James bekam ebenfalls Kuhpocken. Nach zehn Tagen war er wieder gesund.

3 *Erste aktive Immunisierung durch Edward Jenner*

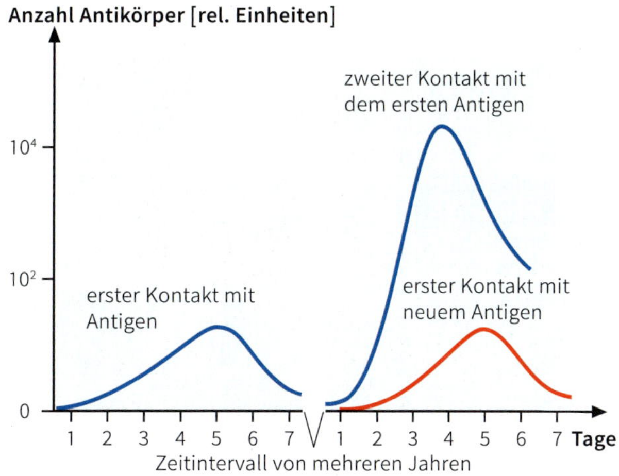

4 *Primäre und sekundäre Immunantwort*

1. Aktive Immunisierung durch Edward Jenner

a) Beschreiben Sie das Prinzip der Impfung von Edward Jenner (Abb. 3).

b) Begründen Sie, warum Jenners Experiment ein äußerst gewagtes Vorgehen war und heute verboten wäre.

2. Primäre und sekundäre Immunantwort. Die Reaktion des Immunsystems auf das erste Auftreten eines Erregers wird als primäre, die Reaktion auf das erneute Auftreten des gleichen Erregers als sekundäre Immunreaktion bezeichnet.

a) Beschreiben Sie das Diagramm in Abbildung 4.

b) Erläutern Sie die unterschiedlichen Verläufe der primären und sekundären Immunreaktion mithilfe der Abbildung 4.

c) Erklären Sie das Phänomen der erworbenen Immunität mithilfe der Abbildung 4.

3. Schutzimpfung. Die Schutzimpfung ist eine vorbeugende Maßnahme. Der Impfstoff löst dabei im Körper eine Immunreaktion aus. Als Impfstoff werden abgeschwächte oder abgetötete Erreger verwendet, wobei eine aktive Immunisierunge einen mehrjährigen, manchmal sogar lebenslangen Schutz vor der Erkrankung bieten kann.

a) Beschreiben Sie den Ablauf der aktiven Immunisierung anhand der grafischen Darstellung in Abbildung 5.

b) Erklären Sie den Unterschied zwischen einem Lebend- und einem Totimpfstoff.

c) Erläutern Sie, wie die blaue Kurve in Abbildung 4 bei einer aktiven Immunisierung und anschließendem Antigenkontakt aussehen müsste.

Ziel der aktiven Immunisierung ist der Aufbau eines langfristig wirksamen Schutzes. Dem Körper wird auf diese Weise eine Infektion vorgetäuscht. Er reagiert mit der Bildung von Antikörpern und Gedächtniszellen. Wenn zukünftig eine Ansteckung mit dem echten Erreger erfolgt, können die Gedächtniszellen schnell aktiv werden und die Erkrankung abwehren. Für den Aufbau des Impfschutzes sind häufig mehrere Teilimpfungen nötig. Dann ist von einer Grundimmunisierung die Rede. Die Impfzeitpunkte sind in einem Impfschema festgelegt. Bei einigen Impfungen hält der Schutz danach ein Leben lang, andere müssen in regelmäßigen Abständen aufgefrischt werden. Auffrischungsimpfungen sind zum Beispiel bei Kinderlähmung oder Keuchhusten notwendig.

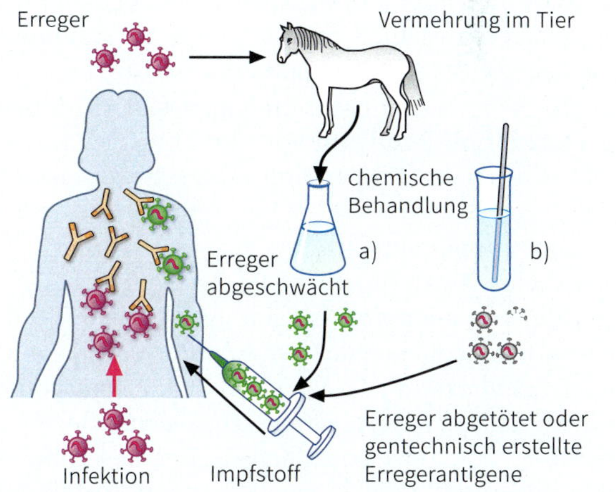

5 *Schutzimpfung – eine aktive Immunisierung*

→ Kap. 3.3, Kap. 3.4, Kap. 3.8, M10

3.8 Impfung gegen COVID-19

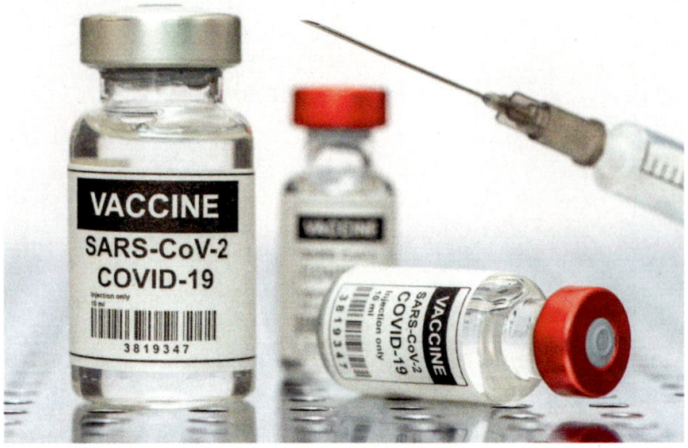

1 *Impfstoff gegen Covid-19 (anonymisiert)*

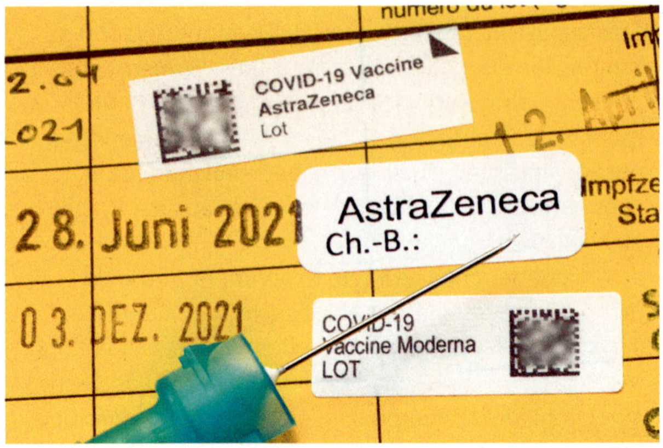

2 *Impfkarte mit dem Vermerk von drei Impfungen gegen Covid-19*

Die verfügbaren COVID-19-Impfstoffe schützen gut vor einer Ansteckung mit dem Coronavirus SARS-CoV-2 (Abb. 1). Sie sind hochwirksam gegen schwere Verläufe von COVID-19. Impft ein Arzt, notiert er dies im Impfausweis (Abb. 2). Die Impfung schützt nicht nur die geimpfte Person selbst, sondern reduziert erheblich das Risiko, das Coronavirus SARS-CoV-2 auf andere zu übertragen. Auf diese Weise werden auch Menschen geschützt, die derzeit nicht geimpft werden können, zum Beispiel Schwangere im ersten Drittel der Schwangerschaft. Die Impfung trägt daher maßgeblich zum Gemeinschaftsschutz bei.

Grundsätzlich werden unterschiedliche Typen von Impfstoffen gegen COVID-19 zur Vorbeugung einer Erkrankung unterschieden: DNA-Impfstoffe und RNA-Impfstoffe.

Bei den **DNA-Impfstoffen** arbeiten Virologen mithilfe eines abgeschwächten und sich nicht vermehrenden Erkältungsvirus von Schimpansen. In dieses wird die genetische Information zur Bildung des Spike-Proteins von SARS-CoV-2 in Form von DNA eingebaut. Diese DNA wird in den Körper eingeschleust, woraufhin in den Zellen das Protein gebildet wird. Dieses Protein löst eine Immunantwort aus, die vor der Infektionskrankheit schützt. Es sind in der Regel zwei Dosen im Abstand von mehreren Wochen erforderlich. Zu den häufigsten möglichen unerwünschten Wirkungen gehören Schmerzen an der Injektionsstelle, Kopfschmerzen, Müdigkeit, Muskelschmerzen, Gelenkschmerzen, Fieber, Schüttelfrost und Übelkeit. Bei dieser aktiven Immunisierung werden dem Menschen Bestandteile des Erregers als Totimpfstoff verabreicht.

RNA-Impfstoffe enthalten die Erbsubstanz der Viren, die Virus-RNA, mit der Erbinformation von Antigenen. Sie werden unter anderem für die Vorbeugung viraler Infektionskrankheiten wie COVID-19 eingesetzt. Im Unterschied zu den klassischen Impfstoffen enthalten sie keine Proteine, sondern Nukleinsäuren. Die Antigene werden nach der Verabreichung vom Körper selbst gebildet. Das Immunsystem erkennt die Antigene und beginnt mit der Bildung spezifischer Antikörper.

Weitere Möglichkeiten der Immunisierung sind die direkte Verabreichung einer sehr hohen Konzentration von Virusproteinen oder die Verabreichung eines Impfstoffs mit Viren, die praktisch nur aus einer Hülle mit Proteinen bestehen, aber keine Virus-RNA enthalten.

Sollte es zu einer Erkrankung mit COVID-19 kommen, können leichte Erkrankungen zu Hause in Isolation wie eine Erkältung oder Grippe behandelt werden, zum Beispiel mit fiebersenkenden Arzneimitteln und Schmerzmitteln. Hustenreizlindernde Arzneimittel können gegen Husten und abschwellende Nasensprays gegen Schnupfen eingesetzt werden.

Bei einem schweren Verlauf mit Komplikationen ist eine intensivmedizinische Betreuung im einem Krankenhaus erforderlich, welche unter anderem eine Beatmung mit Sauerstoff und eine Flüssigkeitszufuhr über einen Tropf umfasst.

Zur begleitenden Behandlung von Virusinfektionen können unterstützend bestimmte Medikamente eingesetzt werden, welche selektiv mit Strukturen der Erreger interagieren und so die Virusvermehrung einschränken (Abb. 4).

→ Kap. 1.5, Kap. 3.1, Kap. 3.2, Kap. 3.7, M10

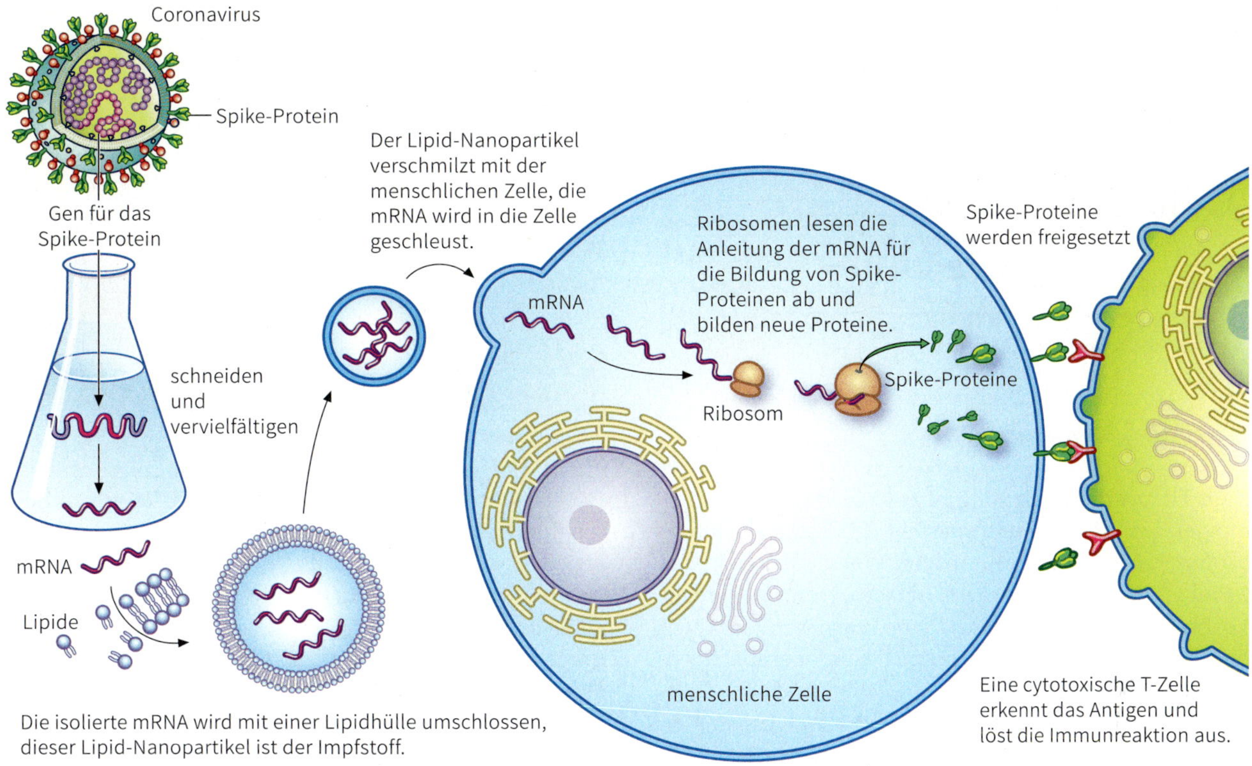

3 *Herstellung und Wirkung eines RNA-Wirkstoffs in Antigen-präsentierenden Zellen*

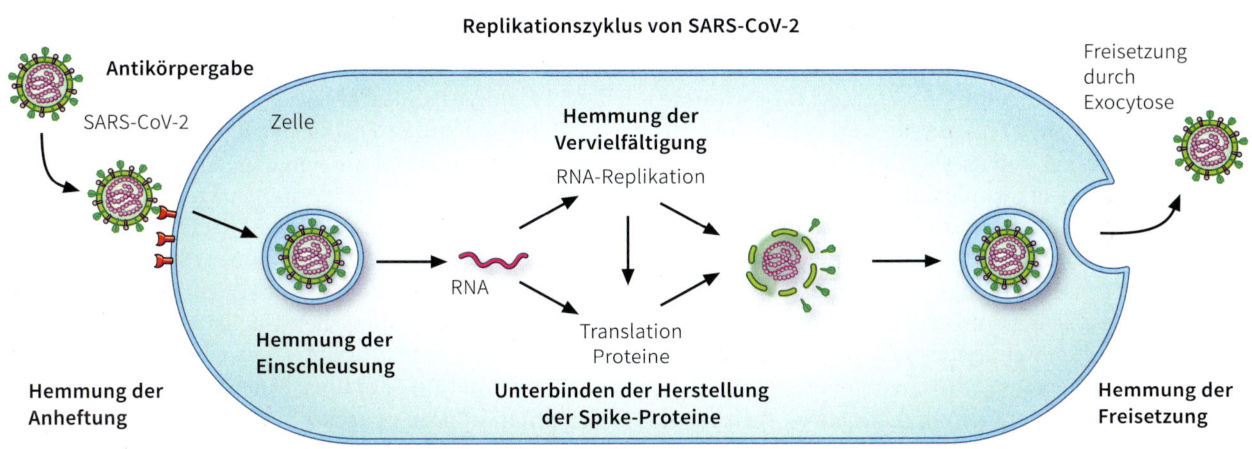

4 *Wirkungsweise von Medikamenten gegen Infektion mit SARS-CoV-2*

1. Herstellung und Wirkung eines RNA-Impfstoffs.

a) Beschreiben Sie das Prinzip der Herstellung eines RNA-Impfstoffs (Abb. 3).

b) Erläutern Sie die Wirkung eines RNA-Impfstoffs in Antigen-präsentierenden Zellen (Abb. 3).

2. Wirkung von antiviralen Medikamenten. Begleitend zu einer Virusinfektion können antivirale Medikamente eingesetzt werden. Erläutern Sie die unterschiedlichen Möglichkeiten, wie die antiviralen Medikamente die Virusvermehrung schwächen können. (Abb. 4).

→ Kap. 1.5, Kap. 3.1, Kap. 3.2, Kap. 3.7, M10

Methode M10 Ethisches Bewerten: Impfpflicht

1 *Fehlende Freiheit durch Impfung ?*

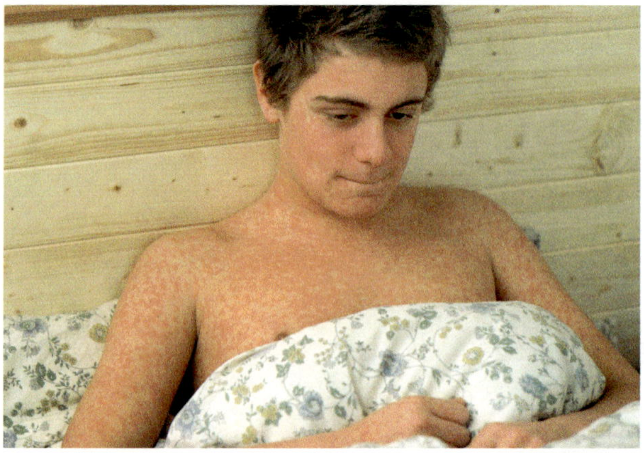

2 *Rote Masern bei einem Teenager*

Zum Thema "Impfpflicht" gibt es viele Fragen und Meinungen (Abb. 1). Im Zentrum steht dabei stets die Frage, ob der Staat das Individuum zum Wohle aller zu etwas zwingen darf oder ob dessen Selbstbestimmungsrecht Vorrang hat. Diese grundsätzliche Frage wird uns auch über die Corona-Pandemie hinaus weiter beschäftigen, ganz unabhängig von einer möglichen nächsten Pandemie. Durch das Internet hat jeder Mensch Zugang zu vielen Informationen, die für oder gegen eine Impfung sprechen. Mit all diesen Informationen umzugehen kann anstrengend und überfordernd sein. Welche Möglichkeiten gibt es bei dieser Informationsflut, um sich eine eigene Meinung zu bilden?

Kinderärzte impfen routinemäßig gegen bestimmte Krankheiten, da sie so hochansteckend sind, dass die meisten Menschen bereits als Kind daran erkranken. Sie werden daher als **Kinderkrankheiten** bezeichnet. Diese Impfungen dürfen nur erfolgen, wenn die Eltern einverstanden sind. Gegen viele Kinderkrankheiten, zum Beispiel Masern, Mumps, Röteln und Windpocken, stehen wirksame Impfungen zur Verfügung. Trotzdem kommt es immer wieder zu Ausbrüchen, da die Impfquote nicht hoch genug ist. Die meisten Kinderkrankheiten werden durch Viren ausgelöst, daher sind Antibiotika unwirksam. Es können nur die Krankheitsbeschwerden gelindert werden. Viele Kinderkrankheiten verlaufen häufig harmlos, eine Erkrankung bedeutet jedoch immer ein Risiko. Kinderkrankheiten können zu schweren Organschäden führen. Diese können sogar lebensgefährlich sind. Ärzte raten daher zur Impfung, da die Wahrscheinlichkeit zu erkranken, durch die Impfung deutlich gesenkt werden kann.

Die Masern gehören zu den ansteckendsten Krankheiten überhaupt (Abb. 2). Masern können auch eine Lungen- oder Gehirnentzündung hervorrufen und lebensbedrohlich sein. In Deutschland gilt seit dem 1. März 2020 eine Impfpflicht gegen Masern. Das Gesetz sieht unter anderem vor, dass alle Kinder ab dem vollendeten ersten Lebensjahr beim Eintritt in die Schule oder den Kindergarten die von der Ständigen Impfkommission empfohlenen Masern-Impfungen vorweisen müssen. Gleiches gilt für Personen, die in Gemeinschaftseinrichtungen oder medizinischen Einrichtungen tätig sind, wie Lehrkräfte oder medizinisches Personal, soweit diese Personen nach 1970 geboren sind.

In der Corona-Pandemie machen Falschmeldungen und Gerüchte die Runde. Die Motive hinter der Verbreitung von Fehlinformationen zielen in den meisten Fällen darauf ab, Angst und Unsicherheit zu wecken. Menschen können dadurch die tatsächliche Gefahr, die von den Corona-Viren ausgeht, nicht mehr richtig einschätzen und lassen sich leichter verunsichern. Daher muss bei vermeintlich "sensationellen Nachrichten" sehr genau auf die Quelle der Information geachtet werden. Wird eine Information nur über ein bestimmtes Medium verbreitet, könnte es sich um eine Falschinformation handeln. Ist die Nachricht auch in großen und seriösen Medien zu finden, kann man davon ausgehen, dass die Wahrheit verbreitet wird. Auf den Internetseiten folgender Anbieter findet man verlässliche Informationen zur Corona-Pandemie: Bundesgesundheitsministerium, Robert Koch-Institut, Bundeszentrale für gesundheitliche Aufklärung (BzgA), Deutsche Bundesregierung, Bundesministerium: "Zusammen gegen Corona".

→ Kap. 3.1, Kap. 3.2, Kap. 3.7, Kap. 3.8

1. Schritt: Erläutern des Dilemmas. Die sachlichen Grundlagen werden geklärt und der Konflikt wird mit eigenen Worten wiedergegeben.
2. Schritt: Aufzählen möglicher Handlungsmöglichkeiten oder Handlungsoptionen, die zur Lösung des Konflikts führen könnten.
3. Schritt: Auflisten von Pro- und Kontra-Argumenten zu den einzelnen Handlungsoptionen.
4. Schritt: Aufzählen ethischer Werte, die hinter den Argumenten stehen oder die Handlungsoptionen berühren.
5. Schritt: Fällen eines persönlichen und begründeten Urteils und Diskussion andersartiger Urteile. Alle Erkenntnisse aus den vorherigen Schritten werden einbezogen.
6. Schritt: Aufzählen von Konsequenzen, die das eigene Urteil und andere Urteile nach sich ziehen. Damit ist ein Perspektivwechsel verbunden.

3 *Sechs-Schritt-Methode zur ethischen Bewertung*

1. Aussagen beurteilen. Beurteilen Sie die folgenden Aussagen verschiedener Personen aus dem Internet:
1. "Impfungen verursachen die Erkrankungen, gegen die sie schützen sollen."
2. "Die meisten Krankheiten, gegen die geimpft wird, treten in Deutschland gar nicht mehr auf."
3. "Die Nebenwirkungen und Risiken von Impfungen sind unkalkulierbar."
4. "Eine sogenannte Herdenimmunität erreicht man, wenn die durch die Impfung erzeugte oder durch die Infektion erworbene Immunität gegen einen Krankheitserreger innerhalb der Bevölkerung so verbreitet ist, dass auch nicht immune Personen geschützt sind, weil der Erreger sich nicht ausbreiten kann."
5. "Wir Eltern haben als Kinder diese Infektionskrankheiten auch durchgemacht und gut überstanden".

2. Impfpflicht gegen COVID-19: Ja oder Nein? Führen Sie unter Bezug auf die Sechs-Schritt-Methode zur ethischen Bewertung eine Recherche mit abschließender Urteilsbildung hinsichtlich der Frage durch, ob es a) eine Impfpflicht für alle Personen oder b) eine Impfpflicht nur für Pflegekräfte in Kliniken und Altenheimen geben sollte. Bilden Sie dabei vier deskriptive und vier normative Aussagen. Gehen Sie bei der Bearbeitung dieser Aufgabe auch auf die Abbildungen 1 und 4 ein und nutzen Sie das Internet für die Recherche.

Werte sind Zustände und/oder Ziele, die gesellschaftlich und individuell von Bedeutung sind. Dabei können verschiedene Menschen unterschiedliche Wertvorstellungen haben. Einige Beispiele für Werte sind Frieden, Menschenwürde, Gesundheit, Schutz des Lebens, Gerechtigkeit, Freiheit, Vertrauen, Wahrheit, Toleranz, Meinungsfreiheit, Zuverlässigkeit, Solidarität, Macht, Hilfsbereitschaft, Sicherheit, Selbstbestimmtheit. Manche Werte können in einem Konkurrenzverhältnis zueinander stehen, zum Beispiel Gesundheit und Freiheit.
Normen sind Handlungsorientierungen, die zu bestimmten Handlungen auffordern (Du sollst helfen!) oder sie verbieten (Du sollst nicht lügen!). Normen sind häufig in Form von Regeln und Gesetzen festgehalten.
Bewerten bezeichnet einen Prozess, bei dem Sachinformationen mit Werten und Normen in einer nachvollziehbaren Weise verknüpft werden, um Entscheidungen zu treffen oder vorzubereiten.
Deskriptive Aussagen sind rein beschreibende, wertfreie Aussagen. Sie können verifiziert oder falsifiziert werden. Beispiel: Beim Klonen von Menschen wird ein genetisch gleicher Mensch hergestellt.
Normative Aussagen haben wertenden oder vorschreibenden Charakter. Normative Aussagen bezeichnen einen Soll-Zustand und nicht einen Ist-Zustand. Sie sind weder verifizierbar noch falsifizierbar. Beispiel: Das Klonen von Menschen sollte verboten sein.
Moral beinhaltet individuelle oder kollektive Vorstellungen und Überzeugungen, nach denen Menschen ihre Handlungen als moralisch gut oder schlecht bewerten. Als moralischer Maßstab dienen dabei oftmals gesellschaftlich anerkannte Werte.
Ethik ist das Nachdenken über moralische Vorstellungen und fragt auch nach Gründen, warum eine Handlung moralisch gut oder schlecht sein soll. So wird zum Beispiel eine Lüge als moralisch schlecht bewertet, weil sie unter anderem gegen den gesellschaftlich anerkannten Wert der Wahrheit verstößt.
Dilemma: Ein Dilemma beschreibt eine Situation ähnlich einer Zwickmühle, in der sich zwei oder mehr Handlungsmöglichkeiten so entgegenstehen, dass jede Entscheidung zu einem unerwünschten Resultat führt: „Egal was man macht, man macht etwas falsch". In Hinblick auf Wertvorstellungen ist von einem Dilemma die Rede, wenn jede denkbare Entscheidung zur Verletzung eines Wertes führt.

4 *Begriffserläuterungen*

→ Kap. 3.1, Kap. 3.2, Kap. 3.7, Kap. 3.8

Wiederholen · Üben · Festigen

Dieser Abschnitt bietet Hilfestellungen zur eigentätigen oder arbeitsteiligen Organisation Ihrer Wiederholungen im Inhaltsfeld "Zelluläre und molekulare Vorgänge der Immunabwehr", zum Beispiel in regelmäßigen zeitlichen Abständen, vor Klausuren oder umfassender vor der Abiturprüfung. Die inhaltlichen Schwerpunkte und alle inhaltsbezogenen Kompetenzen aus dem Bereich "Zelluläre und molekulare Vorgänge der Immunabwehr" des Kerncurriculums sind nachfolgend angegeben. Die Nummerierung der Kompetenzen soll der besseren Verständigung dienen und gibt weder eine Rangfolge noch eine zeitliche Abfolge vor. Oftmals können die angestrebten Kompetenzen mehreren inhaltlichen Schwerpunkten zugeordnet werden. In der Tabelle sind jeweils Kernabschnitte aus diesem Buch zur Wiederholung genannt.

Nr.	Kompetenz laut Kerncurriculum Die Schülerinnen und Schüler...	Kompetenzbereich	W-Ü-F-Aufgaben	Abschnitte in diesem Buch
1	erläutern Phagocytose von Viren und Antigenpräsentation auf MHC-II-Komplexen von Makrophagen sowie die nachfolgende Produktion spezifischer Antikörper in Plasmazellen nach B-Zellaktivierung durch T-Helferzellen als Immunantwort auf eine virale Infektion.	Sachkompetenz	1a, 1b, 2a, 2b, 2c, 3a, 3b, 3c, 4, 5a, 5b, 5c, 5d	B1, B3, B5, 3.1, 3.3, 3.4, 3.5, 3.6, 3.7
2	stellen den Vorgang des Membranflusses modellhaft dar.	Erkenntnisgewinnungskompetenz	1a, 1b, 2b, 3c, 5c, 5d	B3, 1.14, 3.2, 3.5
3	stellen die zellulären und molekularen Vorgänge der Immunabwehr bei einer Virusinfektion unter Berücksichtigung des Schlüssel-Schloss-Prinzips grafisch dar.	Kommunikationskompetenz	3a, 3c, 4, 5c, 5d	B1, B3, 3.3, 3.4, 3.5, 3.6, 3.7
4	erläutern Antigenpräsentation auf MHC-I-Komplexen einer Wirtszelle und nachfolgende Apoptose durch Enzyme aus cytotoxischen T-Zellen als Immunanwort auf eine virale Infektion.	Sachkompetenz	1a, 1b, 5a, 5b, 5c, 5d	B1, 1.7, 3.4, 3.5, 3.6
5	beschreiben Zelldifferenzierung am Beispiel von B- und T-Lymphocyten.	Sachkompetenz	1a, 1b, 3a, 3c, 4, 5c	B1, B3, B5, 1.6, 3.4, 3.5, 3.6
6	erläutern die Informationsspeicherung bei der Bildung von B-Gedächtniszellen nach erfolgter Immunreaktion sowie deren Funktion bei erneuten Infektionen.	Sachkompetenz	1a, 1b, 3a, 3c, 4, 5c, 6a, 6b, 6c	B3, B5, 3.3, 3.4, 3.5, 3.6, 3.7
7	leiten das Phänomen der erworbenen Immunität aus Daten zur Antikörperkonzentration bei primärer und sekundärer Immunantwort im Blut ab.	Erkenntnisgewinnungskompetenz	1a, 1b, 3b, 3c, 4, 6a, 6b, 6c, 6d	B5, M10, 3.7, 3.8
8	beurteilen impfkritische Aussagen und argumentieren dabei wissenschaftlich.	Kommunikationskompetenz	1a, 1b, 6a, 6b, 6c, 6d, 6e	M10, 3.7, 3.8
9	bewerten eine Impfpflicht als präventive Maßnahme unter Berücksichtigung deskriptiver und normativer Aussagen, bilden sich kriteriengeleitet Meinungen, treffen Entscheidungen und reflektieren Entscheidungsprozesse.	Bewertungskompetenz	1a, 1b, 6a, 6b, 6c, 6d, 6e	M10, 3.7, 3.8

1. Schlüsselbegriffe zum Thema Immunabwehr

a) Erläutern Sie die in Abb. 1 genannten Begriffe.

b) Erstellen Sie unter Bezug auf Abbildung 1 eine Concept-Map zum Thema „Vorgänge bei der Immunabwehr".

2. Vermehrungszyklus der Corona-Viren SARS-CoV-2.

a) Beschreiben Sie den Bau eines Corona-Virus.

b) Erläutern Sie die Vermehrung der Corona-Viren.

c) Begründen Sie, weshalb Viren nicht zu den Lebewesen gezählt werden.

3. Spezifische Immunabwehr.

a) Stellen Sie in Form einer Tabelle den Ursprung und die Funktion der an der spezifischen Immunabwehr beteiligten Zellen dar.

b) Erläutern Sie, wie das Immunsystem zwischen Selbst und Fremd unterscheidet.

c) Stellen Sie die zellulären und molekularen Vorgänge der spezifischen Immunabwehr bei einer Virusinfektion unter Berücksichtigung des Schlüssel-Schloss-Prinzips grafisch dar.

→ M7

Virus, Capsid, Spike-Protein, Tröpfcheninfektion, Kontaktinfektion, Vermehrungszyklus, unspezifische Immunabwehr, spezifische Immunabwehr, B-Zelle, T-Zelle, Makrophagen, Phagocytose, natürliche Killerzelle, cytotoxische T-Zelle, aktive Immunisierung, T-Helferzelle, B-Plasmazelle, Antigen, Antikörper, Antigen-Antikörper-Reaktion, humorale Immunantwort, Antikörpervielfalt, MHC-Komplex, SARS-CoV-2, MHC-I-Moleküle, MHC-II-Moleküle, COVID-19, Interleukine, DNA-Impfstoff, RNA-Impfstoff, Totimpfstoff, Lebendimpfstoff, Gedächtniszellen, Knochenmark, Thymusdrüse, Apoptose.

1 *Begriffskasten „Vorgänge bei der Immunabwehr"*

4. Auswahl von passenden B-Zellen zur Vermehrung. Beschreiben Sie den in Abbildung 2 dargestellten Ablauf. Verfassen Sie jeweils einen erklärenden Kommentar für die Felder 1 bis 5.

5. Kommunikation über Moleküle.

a) Beschreiben Sie die Funktion von MHC-Komplexen.

b) Erklären Sie die unterschiedliche Funktion von MHC-I- und MHC-II-Molekülen.

c) Erläutern Sie die Phagocytose von Viren sowie die nachfolgende Produktion spezifischer Antikörper in Plasmazellen nach B-Zellaktivierung durch T-Helferzellen.

d) Erläutern Sie die Antigenpräsentation auf MHC-I-Komplexen einer Wirtszelle und die Apoptose.

6. Bedeutung der Masernimpfung. Die Eliminierung der Masern wird von der WHO angestrebt. Sie ist auch in Deutschland seit vielen Jahren erklärtes Ziel des Bundes und der Länder. Eine Immunität von mehr als 95% in der Bevölkerung gilt als Voraussetzung für eine schnelle Unterbrechung von Infektionsketten. Dazu gehört ein hoher Anteil an zeitgerecht geimpften Kindern.

a) Beschreiben Sie das Diagramm in Abbildung 3.

b) Werten Sie das Diagramm in Abbildung 3 im Hinblick auf die Eliminierung der Masern aus.

c) Formulieren Sie Hypothesen zu den Ursachen, warum die Eliminierung der Masern noch nicht erreicht ist.

d) Entwickeln Sie vier Argumente, die aus medizinischen oder gesellschaftlichen Gründen für die Masernimpfung sprechen.

e) Beurteilen Sie folgende impfkritische Aussagen: (1) Impfungen schützen nicht langfristig und müssen ständig wiederholt werden. (2) Viele Impfungen und Mehrfachimpfstoffe überlasten das Immunsystem des Kindes.

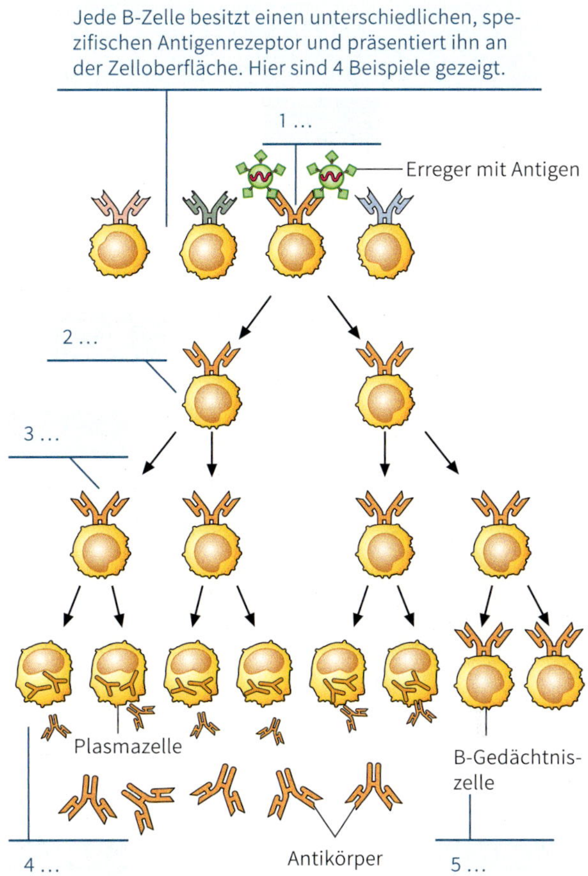

2 *Auswahl von zum Antigen passenden B-Zellen zur Vermehrung*

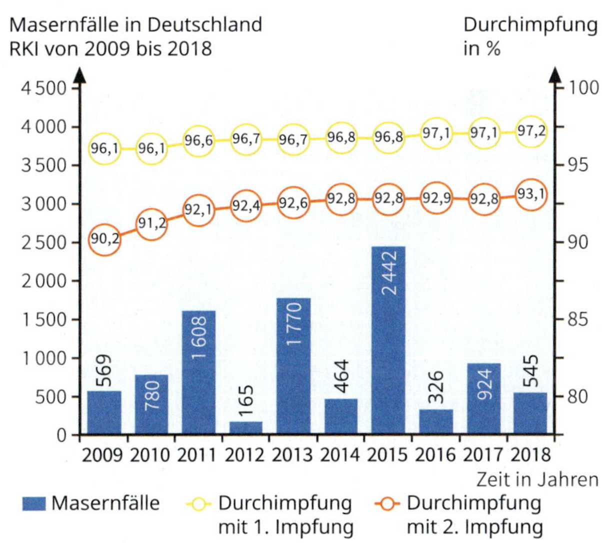

3 *Masernfälle und Durchimpfung in Deutschland*

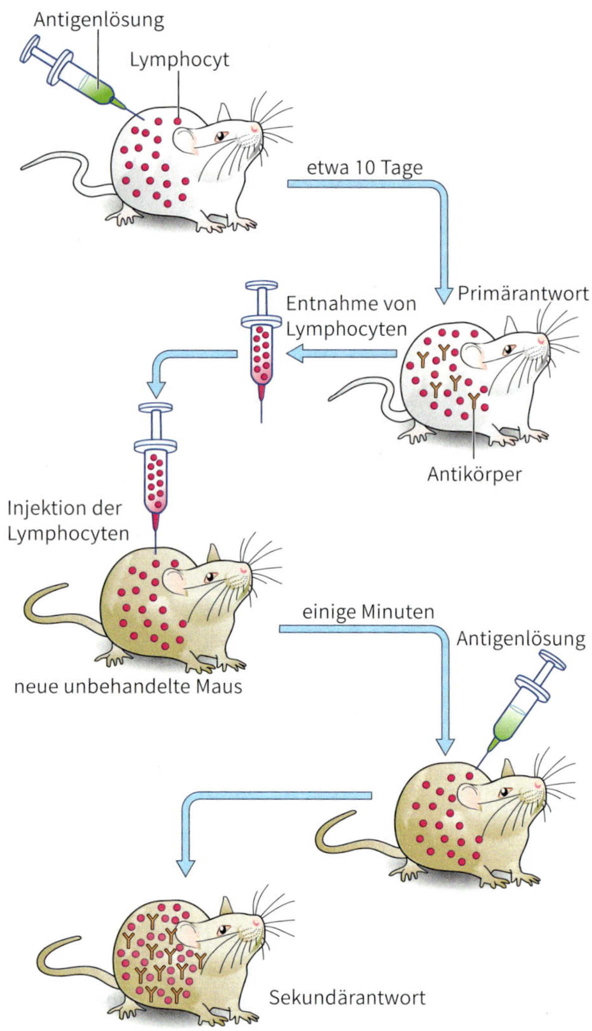

1 *Nachweis des Immungedächtnisses*

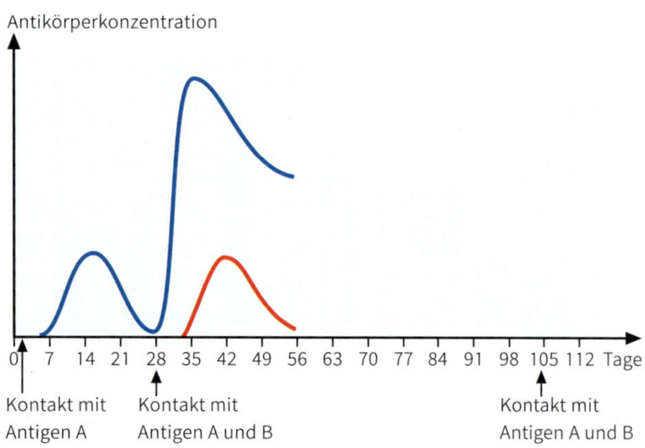

2 *Zeitlicher Verlauf der Konzentration von Antigenen*

1. Nachweis des Immungedächtnisses. Früher war man der Ansicht, dass Immunität aufgrund von überschüssigen Antikörpern infolge der Ersterkrankung entsteht. Man beobachtete, dass die Immunreaktion bei erneuter Infektion viel schneller und effektiver abläuft, als nach der Erstinfektion.

a) Beschreiben Sie das Experiment in Abbildung 1.

b) Erklären Sie das Versuchsergebnis (Abb. 1).

2. Zeitlicher Verlauf der Antikörperkonzentration.

a) Stellen Sie die ablaufenden Prozesse, nachdem ein bestimmtes Virus-Antigen an einen passenden B-Zell-Rezeptor gebunden hat, in Form eines Fließschemas dar.

b) Erklären Sie anhand der Abbildung 2, was man unter dem immunologischen Gedächtnis versteht.

c) Ergänzen Sie die Kurvenverläufe in Abbildung 2. Erläutern Sie die jeweiligen Kurvenverläufe.

3. Immunantwort nach Impfung mit RNA-Impfstoff . Durch die Corona-Pandemie musste sehr schnell ein Impfstoff entwickelt werden. Für manche Impstoffe wendete man ein neuartiges Verfahren an. Es beruht darauf, dass die mRNA für das Spike-Protein des Coronavirus in menschliche Zellen transferiert wird. Zuvor wird die mRNA von einer Lipidschicht umgeben.

a) Beschreiben Sie die Wirkung des RNA-Impfstoffs in den Antigen-präsentierenden Zellen (Abb. 3).

b) Erläutern Sie den weiteren Verlauf der Immunreaktion, der nach der Präsentation des Antigens stattfindet.

c) Entwickeln Sie eine Hypothese, weshalb gerade RNA-Impfstoffe schneller als klassische Impfstoffe an sich verändernde Viren angepasst werden können.

4. Immunisierung

a) Beschreiben Sie die Verfahren bei der aktiven und der passiven Immunisierung anhand der Abbildung 4.

b) Erklären Sie, in welchen Fällen eine passive oder aktive Immunisierung sinnvoll ist.

c) Beurteilen Sie, ob Patienten nach einer aktiven oder passiven Immunisierung zukünftig vor der entsprechenden Infektionskrankheit geschützt sind.

d) Erläutern Sie das Phänomen „Herdenimmunität" im Zusammenhang mit Impfungen.

e) „Impfen, individuelles Recht des Einzelnen oder gesellschaftliche Verantwortung ?" Erläutern Sie, welche Gedanken in einem Artikel unter dieser Überschrift formuliert sein könnten und nehmen Sie Stellung zu der Problematik.

→ M8

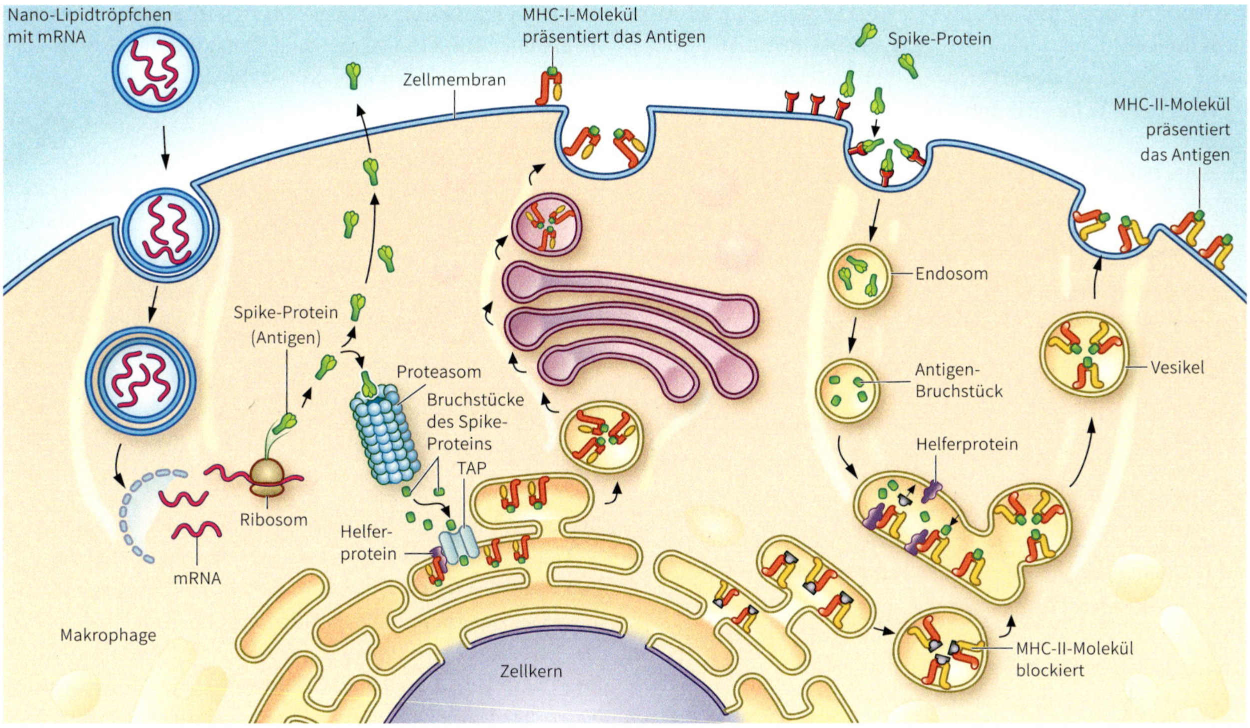

3 *Wirkung eines RNA-Impfstoffs in Antigen-präsentierenden Zellen*

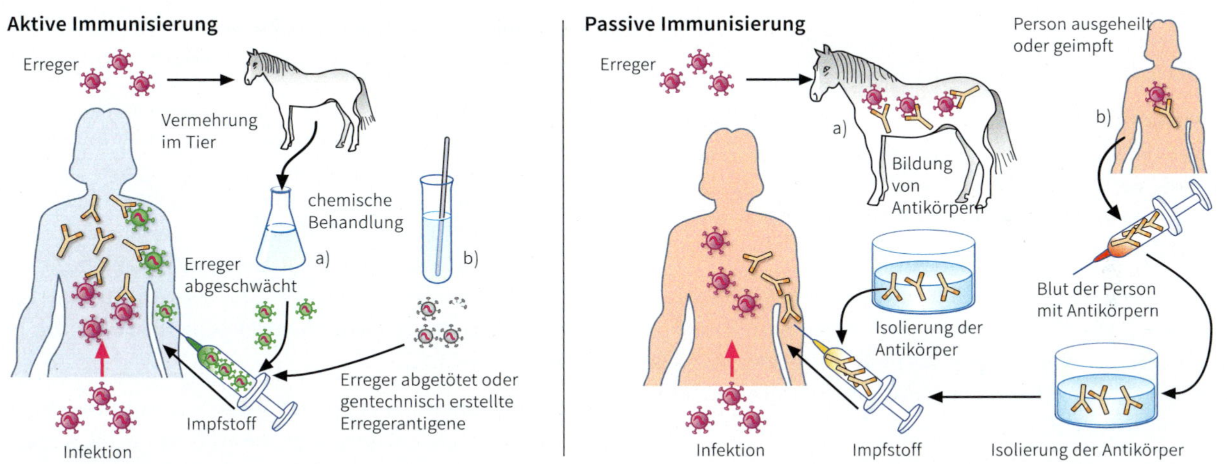

Impfungen sind heute die wirksamsten Präventionsmaßnahmen gegen Infektionskrankheiten. Die Bedeutung der Impfungen wird von einigen Teilen der Bevölkerung kritisch beurteilt. Impfgegner betonen Risiken der Impfungen.

Lassen sich weniger Personen impfen, hat das auch Folgen für Ungeimpfte, wie zum Beispiel für Säuglinge, die wegen ihres Alters noch nicht geimpft werden können. Ist ein hoher Anteil der Bevölkerung geimpft, können sich Erreger kaum verbreiten. Dadurch sind auch Ungeimpfte geschützt. Dieses Phänomen wird als „Herdenimmunität“ bezeichnet. Ab einer Impfrate von etwa 95 Prozent wird davon ausgegangen, dass Krankheitserreger völlig eliminiert werden können.

4 *Aktive und passive Immunisierung*

Glossar

Aktiver Transport liegt dann vor, wenn ein Stoff unter Energieaufwand, also mit Aufwand an ATP, durch eine selektiv permeable Membran transportiert wird. Aktiver Transport erfolgt durch bestimmte Membranproteine und kann gegen das Konzentrationsgefälle erfolgen. Auf diese Weise wird eine Anreicherung von Molekülen oder Ionen in bestimmten Kompartimenten ermöglicht.

Aktivierungsenergie heißt der Energiebetrag, der notwendig ist, um sonst nur langsam oder gar nicht ablaufende chemische Reaktionen in Gang zu bringen.

Aminosäuresequenz heißt die genetisch festgelegte Abfolge der verschiedenen Aminosäuren in einem Protein. Die Aminosäuresequenz wird auch als Primärstruktur eines Proteins bezeichnet. Sie bedingt maßgeblich die dreidimensionale räumliche Struktur eines Proteins und damit seine Funktion.

Allosterische Effekte können regulatorisch wirksame Moleküle auf bestimmte Enzyme ausüben. Diese allosterischen Enzyme besitzen an anderer Stelle als ihrem aktiven Zentrum (griech. *allosterie:* am anderen Ort) eine Bindungsstelle (allosterisches Zentrum) für regulatorisch wirksame Moleküle. Bei der allosterischen Hemmung verändert die reversible Bindung eines Hemmstoffs die Raumstruktur des Enzyms bzw. seines aktiven Zentrums so, dass es kein Substrat mehr binden kann. Bei der allosterischen Aktivierung verändert die reversible Bindung des Aktivators die Raumstruktur des Enzyms bzw. seines aktiven Zentrums so, dass es Substrat binden kann.

Angepasstheiten sind vorteilhafte Merkmale, mit denen Lebewesen an ihre Umwelt angepasst sind. Angepasstheiten sind im Laufe der Evolution durch natürliche Auslese entstanden. Sie sind genetisch bedingt und tragen zum Fortpflanzungserfolg (reproduktive Fitness) bei.

Antigene sind alle Substanzen, die an spezifische Antigenrezeptoren an der Oberfläche von T- und B-Lymphocyten nach dem Schlüssel-Schloss-Prinzip binden und in der Folge eine spezifische humorale und/oder zelluläre Immunantwort hervorrufen. (siehe auch Immunabwehr)

Antigenrezeptoren: siehe Immunabwehr

Antikörper sind von differenzierten B-Lymphocyten (Plasmazellen) gebildete und freigesetzte Proteine von Y-förmiger Gestalt mit zwei Bindungsstellen für ein spezifisches Antigen (siehe auch Schlüssel-Schloss-Prinzip).

ATP-ADP-System: ATP (Adenosintriphosphat) speichert chemische Energie und ist der wichtigste Überträger für Energie im Zellstoffwechsel aller Lebewesen. Die Hydrolyse von ATP zu ADP und P ist eine exergone, Energie freisetzende Reaktion, die Bildung von ATP aus ADP und einem Phosphatrest ist eine endergone, Energie benötigende Reaktion.

Bakterien (Einzahl: Bakterium) sind mikroskopisch kleine, einzellige Lebewesen. Sie haben eine kugelige, spiralige oder stäbchenförmige Form. Bakterien gehören zur Gruppe der Prokaryoten. Sie haben keinen Zellkern und keine Zellorganellen wie Eukaryoten. Manche Bakterien sind Krankheitserreger. Die weitaus meisten von ihnen sind wichtige Glieder im Naturhaushalt, zum Beispiel bei der Zersetzung von toten Lebewesen.

Biokatalysatoren: siehe Enzyme

Biologische Evidenzen sind empirisch, also durch experimentelle Daten sowie durch andere Befunde belegte biologische Sachverhalte.

Biomembran ist die Bezeichnung für die aus Membranlipiden und Membranproteinen bestehende Abgrenzung von Zellen und Zellorganellen (Kompartimentierung). Membranlipide bilden in wässriger Umgebung aufgrund ihrer lipophilen und hydrophilen Bereiche eine Phospholipid-Doppelschicht, in der die hydrophilen Bereiche nach außen und ins Zellinnere weisen. Biomembranen bilden eine Abgrenzung zwischen zwei wässrigen Kompartimenten. Membranproteine sind in die Phospholipid-Doppelschicht mosaikartig und beweglich eingelagert (Flüssig-Mosaik-Modell). Membranproteine sind für die Funktionen einer Biomembran von großer Bedeutung, unter anderem für die selektive Permeabilität.

Chloroplasten finden sich in grünen Pflanzenzellen. Sie sind von einer Doppelmembran umgeben. Die innere Membran weist zahlreiche Einstülpungen auf, sodass eine große innere Oberfläche entsteht. Chloroplasten enthalten Ribosomen sowie DNA. In den Chloroplasten findet die Fotosynthese statt, bei der Lichtenergie der Sonne in chemisch gebundene Energie in Form von Glucose umgewandelt wird. Dabei wird Sauerstoff frei. Chloroplasten können sich, unabhängig von der Teilung der Zelle, vervielfältigen.

Chromosomen sind in den Zellkernen eukaryotischer Zellen enthaltene fadenförmige Gebilde, die als Träger der Erbanlagen (Gene) eine große Rolle bei der Vererbung spielen. Homologe Chromosomen sind die einander entsprechenden Chromosomen väterlicher und mütterlicher Herkunft. Die DNA-Doppelhelix bildet die Grundstruktur eines Chromosoms. Ein einzelnes Chromosom enthält ein langes, stark aufgeknäueltes DNA-Molekül, ein Doppelchromosom zwei identische DNA-Moleküle.

Concept-Map: Eine Concept-Map ist eine Begriffslandkarte, in der Beziehungen zwischen den Begriffen dargestellt werden, z. B. durch Beschriftung der verbindenden Pfeile.

Deontologische Argumentationsansätze innerhalb der Ethik stützen sich häufig auf kategorische, also unumstößlich erachtete Wahrheiten, höchste Prinzipien und absolut gesetzte Werte und Normen (z. B.: Menschen dürfen nicht in die Schöpfung eingreifen). Dabei wird eine Handlung unabhängig von ihren Konsequenzen beurteilt (siehe auch ethische Analyse).

Deskriptive Aussagen sind rein beschreibende, wertfreie Aussagen.

Differenzielle Genaktivität bedeutet, dass in Zellen mit gleichem Genom verschiedene Gene aktiv sind. Differenzielle Genaktivität steht in engem Zusammenhang mit der Entwicklung spezialisierter Zellen, der Zelldifferenzierung.

Diffusion erfolgt aufgrund der ungerichteten Eigenbewegung von Molekülen (Brownsche Molekularbewegung) in einem Gas oder in einer Flüssigkeit. Bei ungleichmäßiger Verteilung bewegen sich in der Bilanz mehr Moleküle vom Bereich höherer in den Bereich niedrigerer Konzentration als umgekehrt. Dadurch erfolgt netto ein Stofftransport entlang des Konzentrationsgefälles bis hin zur gleichmäßigen Verteilung bzw. bis zum Konzentrationsausgleich. Die Diffusionsgeschwindigkeit ist von der Temperatur abhängig.

DNA ist die Abkürzung für Desoxyribonucleinsäure („A" für acid, engl. Säure). Die DNA ist ein langes, spiralig aufgebautes Kettenmolekül (Doppelhelix-Struktur) aus vielen Bausteinen, den Nukleotiden. Jedes Nukleotid besteht aus einer Phosphatgruppe, dem Zucker Desoxyribose und einer Base. Es gibt in der DNA vier verschiedene Basen (Guanin, Cytosin, Adenin, Thymin), von denen jeweils zwei zueinander passen (komplementäre Basenpaarung, A und T, C und G). Die Nukleotide sind paarweise angeordnet, sodass zwei komplementäre Basen sich in der Doppelhelix gegenüberstehen.

endergone Reaktion: siehe exergone Reaktion.

Endoplasmatisches Retikulum: Das Endolasmatische Retikulum (ER) gehört zum Membransystem von Pflanzen- und Tierzellen. Beim ER handelt es sich um ein ausgedehntes Membransystem. Man unterscheidet das glatte und das raue ER. Beim rauen ER befinden sich Ribosomen an der Membran. Die Hauptaufgabe des rauen ERs ist die Proteinbiosynthese. Das glatte ER wirkt an einer Vielzahl von Stoffwechselvorgängen mit. Außerdem ist es an der Beseitigung von Giftstoffen und Stoffwechselprodukten beteiligt.

Endosymbiontentheorie: Unter Endosymbiose versteht man, dass ein Wirtsorganismus einen anderen Organismus aufnimmt. Dieser Endosymbiont lebt im Wirtsorganismus weiter. Endosymbiont und Wirt haben gegenseitigen Nutzen voneinander. Nach der Endosymbiontentheorie entstanden in der Frühzeit der Evolution der Eukaryoten durch Endosymbiose von atmenden Prokaryoten die Mitochondrien und durch Endosymbiose von Fotosynthese treibenden Prokaryoten die Chloroplasten (siehe auch Chloroplasten, Mitochondrien).

Endosymbiose: Unter Endosymbiose versteht man, dass ein Wirtsorganismus einen anderen Organismus aufnimmt. Dieser Endosymbiont lebt im Wirtsorganismus weiter. Endosymbiont und Wirt haben gegenseitigen Nutzen voneinander.

Endocytose: s. Golgi-Apparat

Enzyme sind in allen lebenden Zellen gebildete Proteine, die als Biokatalysatoren die Gesamtheit der chemischen Umsetzungen steuern. Enzyme erniedrigen die Aktivierungsenergie, sodass chemische Reaktionen schon bei normalen Temperaturen schnell ablaufen. Jedes Enzym hat eine bestimmte räumliche Struktur, die vor allem von der Abfolge der Aminosäuren im Protein abhängt. Enzyme setzen Substrate zu Produkten um. Jedes Enzym wirkt nur auf ein ganz bestimmtes Substrat (Substratspezifität) und führt nur eine spezielle chemische Reaktion durch (Wirkungsspezifität). Grundlage für die Substratspezifität ist das Schlüssel-Schloss-Prinzip zwischen Enzym und Substrat. Der pH-Wert und die Temperatur können die räumliche Struktur eines Enzyms verändern und damit die Enzymaktivität beeinflussen.

Ethik ist das Nachdenken über Moral und gesellschaftliche Werte. Ethik fragt nach Gründen, warum eine Handlung gut oder schlecht, richtig oder falsch ist.

Ethische Analyse: Eine ethische Analyse ist ein Verfahren zur moralischen Urteilsfindung. Ein Beispiel hierfür ist das Verfahren „Sechs Schritte moralischer Urteilsfindung": 1. Definieren des geschilderten Dilemmas; 2. Aufzählen möglicher Handlungsoptionen; 3. Aufzählen ethischer Werte, welche die Handlungsoption impliziert; 4. Unterscheiden zwischen konsequenzialistischer und deontologischer Argumentationsweise; 5. Begründete Urteilsfällung und Diskussion andersartiger Urteile; 6. Aufzählen von Konsequenzen, die das eigene und andere Urteile nach sich ziehen.

Eukaryoten sind Lebewesen mit Zellen, die einen Zellkern und Zellorganellen enthalten. In den membranumgrenzten Zellorganellen (auch Kompartimente genannt) können jeweils bestimmte Stoffwechselvorgänge räumlich getrennt ablaufen, ohne sich zu stören. Zu den Eukaryoten zählen alle Einzeller mit Zellkern sowie Pilze, Pflanzen, Tiere und der Mensch.

Exergone Reaktionen sind Energie freisetzende Reaktionen. Häufig ist eine exergone Reaktion mit einer Energie benötigenden (endergonen) Reaktion gekoppelt. Ein Beispiel für diese Kopplung ist das ATP-ADP-System (siehe ATP-ADP-System).

Exocytose: s. Golgi-Apparat

finale Begründungen: Hierbei wird ein Verhalten oder ein Phänomen von der beabsichtigten Wirkung her begründet. Diese Form ist nur korrekt, wenn es sich um die Erklärung einsichtigen Verhaltens handelt, welches ein Bewusstsein voraussetzt.

Gen bezeichnet einen Abschnitt auf der DNA, der die Information für die Bildung eines Proteins enthält. Proteine sind an der Ausbildung von Merkmalen beteiligt.

Genexpression ist der Vorgang, bei dem genetische Information umgesetzt und in der Zelle ein Genprodukt hergestellt wird. Bei den proteincodierenden Genen ist das Genprodukt ein Protein. Entsprechend gehören die Schritte der Proteinbiosynthese (Transkription, Translation) zur Genexpression.

Gewebe: Darunter versteht man einen Verband ähnlich gebauter Zellen mit gleichartiger Funktion.

Golgi-Apparat: Der Golgi-Apparat gehört zum Membransystem von Tier- und Pflanzenzellen. Er besteht aus Membranstapeln. Vom Golgi-Apparat können sich membranumgrenzte Vesikel, die bestimmte Stoffe enthalten, abschnüren und zur Zellmembran wandern. Wenn dort die Vesikelmembran mit der Zellmembran verschmilzt, wird der Inhalt des Vesikels aus der Zelle geschleust. Diesen Vorgang nennt man Exocytose. Umgekehrt können durch Abschnürungen der Zellmembran Vesikel gebildet werden, mit denen Stoffe in die Zelle aufgenommen werden (Endocytose).

Homöostase: So bezeichnet man die Fähigkeit, unabhängig von den Schwankungen der Umwelt im Inneren von Zellen, Organen und Organismen annähernd gleich bleibende Bedingungen zu erhalten. Homöostase setzt Regelungsvorgänge voraus. Zellen, Organe und Organismen sind biologische Systeme, die über die Fähigkeit zur Regulation innerer Bedingungen verfügen. Zum Beispiel können viele Tiere den pH-Wert, den Salzgehalt und den Wassergehalt sowie den Gehalt an Glucose im Körper regulieren. Gleichwarme Tiere regulieren ihre Körpertemperatur. Durch die Fähigkeit zur Regulation werden Lebewesen unabhängiger von ungünstigen Außenbedingungen, zum Beispiel Hitze oder Kälte. (siehe auch Glucose-Homöostase)

Hormone sind Botenstoffe, die in Hormondrüsen gebildet, an das Blut abgegeben und mit ihm im Körper verteilt werden. Hormone wirken schon in kleinsten Mengen. Jedes Hormon kann nur auf solche Zielzellen wirken, die nach dem Schlüssel-Schloss-Prinzip passende Rezeptoren besitzen. Unter Hierarchie des hormonellen Systems versteht man, dass es über- und untergeordnete Hormondrüsen gibt. Hormonsystem und Nervensystem arbeiten eng zusammen.

Immunabwehr, spezifische Immunabwehr: Die spezifische Immunantwort auf eingedrungene Krankheitserreger erfolgt einerseits durch B-Lymphocyten, die zur Bildung von Antikörpern in der Lage sind. Weil die Antikörper als lösliche Proteine im Blutplasma und in der Lymphflüssigkeit zirkulieren, bezeichnet man diese Form der spezifischen Immunabwehr als humorale Immunantwort (lat. *humor*, Flüssigkeit). Die zelluläre spezifische Immunantwort erfolgt durch T-Killerzellen, die an infizierte Körperzellen binden und ihr Absterben einleiten. Wesentlich für die Spezifität der Immunabwehr sind Antigenrezeptoren. Das sind Proteine an der Oberfläche von T-Helferzellen, T-Killerzellen und von B-Lymphocyten, die es diesen Zellen ermöglichen, Antigene nach dem Schlüssel-Schloss-Prinzip spezifisch zu erkennen und darauf zu reagieren. (siehe auch Antigen, Antikörper, Antigenpräsentation, immunologisches Gedächtnis).

Immunität: Durch das Immunsystem vermittelter Schutz vor Infektionskrankheiten. Durch Impfung oder Krankheit kann eine Immunität erreicht werden.

Immunsystem (körpereigene Abwehr): Das Immunsystem erkennt Krankheitserreger, die in den Körper eingedrungen sind und bekämpft sie. Zum Immunsystem gehören unter anderem das blutbildende Knochenmark, Mandeln, Milz und Lymphknoten. Die weißen Blutzellen bekämpfen Krankheitserreger.

Impfung: Herbeiführen eines Schutzes vor Infektionskrankheiten. Beim Impfen werden die aktive und die passive Immunisierung unterschieden. Bei der aktiven Immunisierung bildet der Körper nach der Impfung selbst Antikörper. Bei der passiven Immunisierung werden Antikörper in den Körper gespritzt.

Infektionskrankheiten: Krankheiten, die durch das Eindringen bestimmter Bakterien, Viren, Pilze und einiger anderer Mikroorganismen in den Körpern hervorgerufen werden.

Inkubationszeit: Die Zeit, die von der Infektion bis zum Ausbruch der Krankheit verstreicht. Sie ist bei jeder Krankheit unterschiedlich.

Klon ist die Bezeichnung für Zellen oder Lebewesen, die genetisch identisch sind. Natürliche Klone sind zum Beispiel eineiige Zwillinge beim Menschen, durch ungeschlechtliche Fortpflanzung entstandene Ableger von Pflanzen oder Zellen einer Bakterienkolonie. Künstliche Klone können durch Zellteilungen im Reagenzglas oder durch Übertragung von Zellkernen (Kerntransfer) erzeugt werden.

Kompartimentierung bezeichnet den Sachverhalt, dass ein biologisches System in voneinander abgegrenzte Räume unterteilt ist, in denen gleichzeitig verschiedene biologische Vorgänge stattfinden können. Eukaryotische Zellen besitzen zahlreiche membranumgrenzte Kompartimente.

Kompetitive Hemmung ist eine Form reversibler Enzymhemmung. Kompetitive Hemmung liegt dann vor, wenn das Substrat einer enzymatischen Reaktion und ein Hemmstoff um das aktive Zentrum des Enzyms konkurrieren, wobei der Hemmstoff nicht umgesetzt wird. Hohe Substratkonzentrationen verringern die Wahrscheinlichkeit, dass der Hemmstoff das aktive Zentrum besetzt. Häufig zeigen der kompetitive Hemmstoff und das Substrat strukturelle Ähnlichkeit.

Komplementäre Basenpaare: Unter einem Basenpaar versteht man zwei sich ergänzende, zueinander komplementäre Basen der DNA oder RNA. Jede Base eines DNA-Moleküls kann aufgrund ihrer molekularen Struktur nur mit jeweils einer bestimmten anderen Base über Wasserstoffbrücken eine Bindung eingehen: Adenin mit Thymin (A-T) und Guanin mit Cytosin (G-C). In RNA wird statt Thymin Uracil (U) eingebaut. DNA-Basenpaarung ist ein Beispiel für das Schlüssel-Schloss-Prinzip. DNA-Basenpaarung spielt bei der identischen Verdopplung der DNA (Replikation) und bei der Transkription im Rahmen der Proteinbiosynthese eine große Rolle.

Konsequenzialistische Argumentationsansätze innerhalb der Ethik (siehe ethische Analyse) beurteilen die Konsequenzen und Folgen einer Handlung. Es wird nach der Verantwortung für die Folgen des Handelns gefragt: Wie gut oder erstrebenswert sind die Konsequenzen einer Handlung, welche Vor- und Nachteile, welche Chancen und Risiken bergen sie?

Lipide sind eine vielfältige Gruppe unterschiedlich aufgebauter Naturstoffe. Alle Lipide sind hydrophob, das heißt wassermeidend. Man kann auch sagen, sie sind lipophil, das heißt fettliebend. Lipide lassen sich nicht in Wasser lösen, und auf Lipidschichten bildet Wasser Tropfen, da es die Lipidoberfläche nicht benetzen kann. Im engeren Sinne versteht man unter Lipiden Fette. Fettmoleküle entstehen, wenn ein Glycerinmolekül mit drei Fettsäuremolekülen durch eine Veresterung verknüpft wird. Fettsäuremoleküle sind Carbonsäuremoleküle mit langen Kohlenwasserstoffresten.

Lymphozyten: Untergruppe der weißen Blutkörperchen, die an der Immunabwehr maßgeblich beteiligt sind. Es wird zwischen T- und B-Lymphozyten unterschieden.

Meiose ist der Vorgang der Bildung von Geschlechtszellen (Spermazellen, Eizellen) mit einfachem (haploidem) Chromosomensatz. Die Meiose führt zur Rekombination (Neukombination) der Erbanlagen, sodass alle entstehenden Geschlechtszellen untereinander nicht erbgleich, sondern genetisch verschieden sind. Die Meiose trägt ganz wesentlich zur genetischen Variabilität bei, die für Lebewesen mit sexueller Fortpflanzung typisch ist.

Membranproteine sind neben den Membranlipiden wesentliche Bestandteile von Biomembranen. Membranproteine sind in der Phopholipid-Doppelschicht der Zellmembran mosaikartig verteilt. Verschiedene Membranproteine erfüllen eine Reihe von Funktionen. Carrierproteine transportieren aktiv oder passiv Moleküle durch Membranen. Sie sind unter anderem am Transport von Glucose beteiligt. Tunnelproteine bilden Kanäle in der Membran, die geöffnet oder geschlossen werden können. (siehe auch Biomembran)

Mitochondrien sind von einer Doppelmembran umgebene Organellen, in denen wichtige Schritte der Zellatmung stattfinden. Mitochondrien werden daher bildhaft auch als "Kraftwerke der Zelle" bezeichnet. Die äußere Membran besitzt eine glatte Oberfläche, während die innere Membran zahlreiche Einfaltungen, die Cristae, zeigt. Dadurch wird der Innenraum des Mitochondriums stark vergrößert. Die innere Membran umschließt die Mitochondrienmatrix. Sie enthält DNA und Ribosomen. Die Mitochondrien werden nicht von der Zelle gebildet, sondern vervielfältigen sich durch Teilung selbstständig.

Mitose heißt der Vorgang, bei dem im Verlauf der Zellteilung (Zellzyklus, Zellverdopplung) aus einer Zelle zwei Zellen entstehen, die untereinander und im Vergleich zur Zelle, aus der sie hervorgingen, erbgleich sind. Bei der Mitose werden zuvor identisch verdoppelte Chromosomen auf zwei Tochterzellen verteilt. Durch Mitose erhalten alle Körperzellen die gleiche genetische Information wie die befruchtete Eizelle (Zygote).

mRNA: siehe Proteinbiosynthese

Mutationen sind bleibende Veränderungen der genetischen Information. Mutationen können durch Fehler bei den molekularen Vorgängen in einer Zelle, zum Beispiel bei der DNA-Verdopplung, entstehen. Auch bestimmte physikalische oder chemische Einflüsse, die man mutagene Faktoren nennt, können Mutationen auslösen. Die meisten Mutationen sind schädlich für Lebewesen, manche Mutationen bringen jedoch auch Vorteile mit sich. Solche Mutationen sind die Grundlage für die Vielfalt der Lebewesen auf der Erde.

Natrium-Kalium-Ionenpumpen befinden sich unter anderem in der Membran von Nervenzellen und pumpen, mit ATP als Energiequelle, beständig Na^+-Ionen aus der Zelle und K^+-Ionen in die Zelle. Die Natrium-Kalium-Ionenpumpen halten die für das Ruhepotenzial und für Aktionspotenziale wichtige Ungleichverteilung der Ionen aufrecht.

Normative Aussagen sind solche, die Verhaltensweisen gebieten oder als gerechtfertigt deklarieren, also wertenden oder vorschreibenden Charakter haben.

Normen sind Handlungsorientierungen, die zu bestimmten Handlungen auffordern (Du sollst helfen!) oder diese verbieten (Du sollst nicht lügen!). Normen haben eine bestimmte Verbindlichkeit und sind daher häufig in Form von Regeln und Gesetzen festgehalten.

Oberflächenvergrößerung: Lebewesen nehmen Stoffe aus der Umgebung auf. Je größer die Oberfläche ist, an der die Stoffaufnahme stattfindet, desto größer kann die Menge an Stoffen sein, die über diese Oberfläche aufgenommen wird. Manche Strukturen von Lebewesen, wie zum Beispiel die Wurzelhaare bei Pflanzen oder die Lungenbläschen der Lunge bilden eine riesige Oberfläche.

Organellen: siehe Zellorganellen

Osmose: Damit wird die Diffusion des Lösungsmittels Wasser entlang seines eigenen Konzentrationsgefälles durch eine selektiv permeable Membran bezeichnet, die zwei Kompartimente unterschiedlicher Konzentration an gelösten Teilchen trennt. Wasser diffundiert vom Bereich niedriger Konzentration gelöster Teilchen (hypotoner Bereich) durch die selektiv permeable Membran in den Bereich höherer Konzentration gelöster Teilchen (hypertoner Bereich). Eine Voraussetzung für Osmose ist, dass die Membran für Wasser vollständig und für die gelösten Teilchen nicht durchlässig ist.

Passiver Transport liegt dann vor, wenn ein Stoff durch eine selektiv permeable Membran ohne Energieaufwand, also ohne Aufwand an ATP, transportiert wird. Diffusion ist eine Form des passiven Transports. (siehe auch Diffusion)

Phospholipide: Bei den Molekülen der Phospholipide ist gegenüber den Fetten ein unpolarer Fettsäurerest durch eine polare Phosphorsäuregruppe ersetzt. Phospholipidmoleküle enthalten einen polaren und einen unpolaren Molekülteil. Das bestimmt ihr Verhalten in wässrigen Lösungen. Die polaren Molekülteile richten sich zu ebenfalls polaren Wassermolekülen aus. Die unpolaren Molekülteile ordnen sich so an, dass sie keinen Kontakt mit Wassermolekülen haben und sich zwischen ihnen van-der-Waals-Kräfte ausbilden können.

Plasmodesmen: Bei den Plasmodesmen handelt es sich um von der Zellmembran umhüllte Cytoplasmastränge zwischen verschiedenen Zellen. Auf diese Weise werden Verbindungen zwischen Zellen hergestellt. Die Zellen einer Pflanze bilden dadurch eine Einheit. Durch die Plasmodesmen kann Stoffaustausch zwischen benachbarten Zellen erfolgen.

Prokaryoten sind Lebewesen, deren Zellen im Gegensatz zu den Eukaryoten keinen Zellkern und keine Zellorganellen enthalten. Bakterien sind Prokaryoten.

Proteinbiosynthese heißt der Prozess in Zellen, bei dem auf der Grundlage genetischer Information der DNA an den Ribosomen ein Protein aus Aminosäuren gebildet wird. Die Proteinbiosynthese besteht aus den Teilschritten Transkription und Translation.

Proteine sind Moleküle, die aus wenigen bis zu mehreren tausend Aminosäuren aufgebaut sind. Die in der DNA genetisch festgelegte Abfolge der Aminosäuren bedingt die räumliche Struktur eines Proteins und damit auch seine Aufgabe in einer Zelle. Jeder Organismus enthält viele tausend verschiedene Proteine mit jeweils unterschiedlicher Größe, Form und Aufgabe. Struktur-Proteine, Enzyme, Transport-Proteine, bewegliche Proteine, Abwehr-Proteine und Rezeptor-Proteine sind Beispiele dafür. Proteine sind als molekulare Werkzeuge oder als Baumaterial maßgeblich an der Ausbildung erblicher Merkmale beteiligt.

Rekombination (Neukombination) bedeutet, dass bei der Bildung der Geschlechtszellen durch Meiose und bei der Befruchtung Gene in neuer Kombination im Vergleich zu den Eltern auftreten.

Replikation: siehe semikonservative Verdopplung

Reproduktion ist ein Fachbegriff für Fortpflanzung.

Rezeptor-Proteine befinden sich in der Zellmembran und setzen von außen kommende chemische Signale, zum Beispiel von Hormonen, in Signale innerhalb einer Zelle um.

Ribosomen sind Zellorganellen ohne Membran. Sie befinden sich im Cytoplasma oder auf dem ER. Sie bestehen in erster Linie aus Proteinen und sind maßgeblich an der Produktion von Proteinen in einer Zelle beteiligt. Ein Ribosom besteht aus einer kleinen und einer großen Untereinheit, die zunächst getrennt im Zellplasma vorliegen. Erst mit Beginn der Proteinbiosynthese schließen sich die beiden Untereinheiten zu einem funktionsfähigen Ribosom zusammen.

Rückkopplung ist die (Rück-)Wirkung einer veränderlichen Größe auf sich selbst. Eine Rückkopplung heißt positiv, wenn die Wirkungsbeziehung gleichsinnig ist (je mehr ... desto mehr ...). Bei negativer Rückkopplung besteht eine gegensinnige Beziehung (je mehr ... desto weniger, je weniger ... desto mehr).

Schlüssel-Schloss-Prinzip meint allgemein, dass zwei Strukturen zueinander wie Schlüssel und Schloss passen. Substrat und aktives Zentrum eines Enzyms, Hormone und ihre Rezeptoren sowie komplementäre Basen der DNA sind Beispiele für das Schlüssel-Schloss-Prinzip.

Selektive Permeabilität bezeichnet die Eigenschaft von Biomembranen, nur bestimmte Moleküle durch die Membran hindurch zu lassen.

Signaltransduktion bezeichnet den Vorgang, bei dem ein extrazelluläres Signal durch einen spezifischen Rezeptor (meistens ein Protein in der Zellmembran) aufgenommen und in ein intrazelluläres Signal umgewandelt wird, das in der Folge zu einer spezifischen Zellantwort führt. Die Zellantwort auf ein äußeres Signal kann in Veränderungen des Stofftransports, in veränderter Aktivität von Enzymen oder in veränderter Genaktivität bestehen. Alle lebenden Zellen nehmen beständig Signale aus ihrer Umwelt auf. Eine Zelle kann nur auf solche extrazellulären Signale reagieren, für die sie passende Rezeptoren besitzt. Die Fähigkeit zur Signaltransduktion ist eine Eigenschaft aller lebenden Zellen.

Stammzellen haben die Fähigkeit, sich in Kultur unbegrenzt zu teilen und zu verschiedenen Zelltypen mit speziellen Aufgaben heranzureifen.

System: Ein System besteht aus mehreren Teilen. Zwischen den Teilen eines Systems gibt es Beziehungen und Wechselwirkungen. Meistens arbeiten die Teile eines Systems zusammen. Biologische Systeme können unterschiedlich groß sein: Die ganze Erde, ein bestimmter Lebensraum, ein Lebewesen mit seinen Organen oder ein Organ eines Lebewesens sind Systeme.

Systemebenen dienen dazu, biologische Sachverhalte nach verschiedenen Ebenen der biologischen Organisation zu ordnen. Die Systemebene der Moleküle, der Zellorganellen, der Zellen, der Gewebe und Organe, der Organismen, der Populationen, der Lebensgemeinschaften, der Ökosysteme und die Biosphäre gehören zu den Ebenen biologischer Organisation.

Vakuolen sind typisch für Pflanzenzellen. Sie sind von einer Membran umgeben und spielen für den Wasserhaushalt der Zelle eine wichtige Rolle. In dem enthaltenen Wasser können Stoffe, z. B. Farbstoffe, gelöst und gespeichert werden.

Virus: Viren sind so klein, dass sie meist nur durch ein Elektronenmikroskop sichtbar sind. Viren vermehren sich mithilfe von Wirtszellen, die dadurch geschädigt werden. Viren sind häufig Krankheitserreger.

Wechselzahl: Sie gibt an, wie viele Substratmoleküle ein Enzymmolekül pro Sekunde umsetzt.

Zellatmung heißt der Abbau energiereicher organischer Stoffe, zum Beispiel Glucose, zu den energiearmen Stoffen Kohlenstoffdioxid und Wasser in den Zellen. Dabei wird Sauerstoff benötigt. Energie aus der Zellatmung ist Grundlage aller Lebensvorgänge von Pflanzen, Tieren, Menschen und anderen Lebewesen. Bei der Zellatmung wird ein beträchtlicher Teil chemischer Energie in Wärme gewandelt.

Zelldifferenzierung heißt der Vorgang, bei dem Zellen zu spezialisierten Zellen mit besonderer Struktur und Funktion werden. Muskelzellen, Nervenzellen, weiße Blutzellen und Leberzellen sind Beispiele für spezialisierte Zellen. Zelldifferenzierung kommt nur bei Vielzellern vor. Bei ihnen findet zwischen den spezialisierten Zellen Arbeitsteilung statt.

Zellen sind die kleinsten lebens- und vermehrungsfähigen Einheiten. Alle Zellen gehen durch Teilung aus anderen Zellen hervor, verfügen über Erbinformation in Form von DNA und benötigen Energie für ihre Lebensprozesse. Zellen sind von einer Membran umgeben, durch die Stoffe aufgenommen und abgegeben werden. Pflanzenzellen haben eine Zellwand aus Zellulose. Grüne Pflanzenzellen enthalten Chloroplasten, in denen Fotosynthese stattfindet.

Zellkern: Er ist ein Organell eukaryotischer Zellen, der von einer Doppelmembran, der Kernmembran, umgeben ist. Die Kernmembran ist von vielen kleinen Öffnungen, den Kernmembranporen, durchsetzt. Im Inneren des Zellkerns befindet sich die genetische Information in Form von DNA-Molekülen (Chromosomen).

Zellorganellen sind durch Membranen abgetrennte Reaktionsräume in Zellen. Durch diese Aufteilung wird gewährleistet, dass verschiedene Stoffwechselvorgänge gleichzeitig nebeneinander in einer Zelle ablaufen können und sich nicht gegenseitig stören, z. B. Zellkern, Mitochondrien und Chloroplasten.

Zellplasma: Das Zellplasma (Cytoplasma) ist die Grundsubstanz der Zelle. Es besteht aus der wässrigen Zellflüssigkeit mit vielen gelösten Stoffen und dem festeren Zellskelett (Cytoskelett). Im Zellplasma finden grundlegende chemische Vorgänge statt. Das Cytoskelett stabilisiert die Zelle und hat große Bedeutung für Transportvorgänge innerhalb einer Zelle.

Zellwand: Pflanzliche Zellen haben eine Zellwand. Sie besteht aus Cellulose und schützt die Pflanzenzelle. Sie verleiht der Pflanzenzelle ihre Stabilität.

Zygote ist die befruchtete Eizelle.

Stichwortverzeichnis

Bildquellenverzeichnis

|Alamy Stock Photo, Abingdon/Oxfordshire: Bihlmayer, Michael 130.1; Buzun, Maximilian 52.1; Cattlin, Nigel 76.2; deWitt, Kathy 62.1; Meera, Mirian M. 50.1; Simkhada, Sagar 44.1; Stark, Friedrich 128.2; Wavebreakmedia Ltd UC32 102.1; Zoonar GmbH/Hemmer, Joerg 65.3. |Alamy Stock Photo (RMB), Abingdon/Oxfordshire: Classic Image 126.2; Greenhill, Sally and Richard 130.2. |Astrofoto, Sörth: NASA 16.9, 82.3. |Ecke, Julius, München: 13.1, 14.1, 15.1, 15.2, 17.1, 17.2, 21.1, 22.2, 23.1, 23.2, 25.1, 26.2, 27.2, 28.1, 28.2, 28.3, 28.4, 29.1, 29.3, 29.4, 29.5, 30.1, 31.4, 31.5, 31.6, 31.10, 31.11, 31.12, 33.1, 33.2, 33.4, 33.5, 33.6, 33.8, 33.9, 34.1, 34.2, 35.1, 35.2, 35.3, 35.4, 37.2, 37.3, 37.5, 37.6, 38.2, 38.3, 39.1, 39.2, 39.3, 39.4, 40.1, 40.2, 40.3, 41.1, 41.2, 41.3, 41.4, 42.1, 42.2, 43.1, 44.2, 46.1, 46.2, 47.1, 47.2, 49.1, 49.2, 51.4, 51.5, 51.6, 54.1, 55.1, 55.2, 55.3, 56.1, 56.2, 57.1, 58.1, 59.1, 60.1, 60.2, 60.3, 60.4, 63.4, 63.5, 63.6, 63.7, 63.8, 64.2, 64.3, 65.1, 65.4, 65.5, 65.6, 71.1, 71.2, 71.3, 72.1, 72.2, 73.1, 73.2, 75.1, 77.1, 77.2, 77.3, 77.4, 77.5, 77.6, 77.7, 78.1, 79.1, 79.2, 79.4, 79.5, 79.6, 79.7, 79.8, 79.9, 80.1, 80.2, 81.1, 81.2, 81.3, 81.4, 82.1, 82.2, 83.1, 83.2, 83.3, 83.4, 83.5, 83.6, 83.7, 83.8, 83.9, 85.1, 89.1, 89.2, 90.1, 90.2, 90.3, 91.1, 91.2, 91.3, 91.4, 92.2, 92.3, 93.1, 93.2, 94.1, 94.2, 94.3, 94.4, 94.5, 94.6, 94.7, 94.8, 94.9, 94.10, 95.1, 95.2, 95.3, 95.6, 96.1, 96.2, 97.1, 97.2, 97.3, 97.4, 99.1, 99.3, 100.2, 101.1, 102.2, 102.3, 102.4, 103.4, 104.2, 105.1, 105.3, 106.1, 106.2, 106.3, 106.4, 106.5, 107.1, 107.2, 107.3, 107.4, 109.1, 109.2, 109.3, 110.1, 110.2, 110.3, 110.5, 111.1, 111.2, 114.2, 115.1, 115.2, 116.3, 117.1, 119.1, 119.2, 119.3, 119.4, 121.1, 122.1, 122.2, 123.1, 123.2, 124.1, 124.2, 125.1, 125.2, 127.1, 127.2, 129.1, 129.2, 133.1, 134.1, 134.2, 135.1, 135.2. |eye of science (RV), Reutlingen: 63.1, 63.2, 63.3. |fotolia.com, New York: hotsshotsworldwide 85.2; mgkuijpers 85.5; Uwe 88.1. |Gall, Eike, Enkirch: 69.1. |iStockphoto.com, Calgary: alanphillips 20.2; Gewoldi Titel; Henrik_L Titel; t_kimura 37.1; teddiviscious 16.11; Toth, Benjamin Titel. |juniors@wildlife Bildagentur GmbH, Hamburg: Minden Pictures 32.1; Usher, R. 16.10, 32.2. |Kraft, Oliver, Rottweil: 29.6, 53.1, 53.2, 116.2, 133.2. |mauritius images GmbH, Mittenwald: Alamy 37.4; Hiroshi Higuchi 16.4; pepperprint 79.3; Photo Researchers 103.1; Westend61/Schewig, Dieter 68.1. |OKAPIA KG - Michael Grzimek & Co., Frankfurt/M.: Ca.Biological/Phototake 20.3; Dr.med.J.P.Mueller 33.10; Frank Sommariva / imageBROKER 65.2; imageBROKER/Schreiter, Ottfried 36.1; imageBROKER/Simoni, Marco 12.1; NAS/Don W. Fawcett 26.1; NAS/K.R. Porter 21.2, 27.4, 76.3; Richard Thom 93.3; Roland Birke 64.1; Ruckszio, Manfred 84.1; Science Source 21.3. |PantherMedia GmbH (panthermedia.net), München: Mainka, Markus 88.2. |Picture-Alliance GmbH, Frankfurt a.M.: dpa/Bockwoldt, Daniel 116.1. |Ratermann, Martin, Vechta: 95.5, 103.5, 103.6, 104.3, 105.2, 110.4. |Schlierf, Birgit und Olaf, Lachendorf: 6.1, 6.2, 6.3, 6.4, 6.5, 6.6, 6.7, 6.8, 6.9, 6.10, 95.4, 99.2, 100.1, 101.2. |Schuster, Nils, Braunschweig: 109.4. |Science Photo Library, München: 3.1, 31.8; Biophoto Associates 4.1, 18.1, 61.1; Dennis Kunkel Microscopy 26.3, 27.5; DENNIS KUNKEL MICROSCOPY 31.2, 31.7; Dr. Christopher B. Jackson/IKELOS GmbH 31.9; Dr. Flegler, Stanley / Visual Un 72.3; Eagle, Ralph 31.3; Evans/SPL 16.1; Fawcett, Don W. 27.1; Furness, Dr. David 16.2, 20.4; Gaertner, Juan 5.1, 86.1, 120.1; Gschmeissner, Steve 31.1, 33.3, 33.7, 76.1; Kinsman, Ted 93.4; Kulyk, Mehau 5.2, 112.1; Laguna Design 92.1; Lounatmaa, Dr. Kari 46.5; Lounatmaa/SPL 26.4; Power And Syred 16.3, 46.4; PROFESSOR T. NAGURO 24.1; Professors P. Motta & T. Naguro 27.3; ROGELIO MORENO 46.3; Royal Institution of Great Britain 20.1; Science Source / Nano Creative 22.1; SPL/Andrew Syred 20.5; Wolfgang Baumeister/SPL 103.2. |Shutterstock.com, New York: CorneliaP 103.3; donatas1205 88.4; Ercken, Dirk 85.3; nnattalli 98.1; reptiles4all 85.4; roberaten 29.2; Schaefer, Menno 38.1. |stock.adobe.com, Dublin: Dobas, Marcin 36.2; franconiaphoto 16.6, 16.7; grusgrus01 48.1; LIGHTFIELD STUDIOS 126.1; lucaar 88.3; M. Dörr & M. Frommherz 104.1; taa22 114.1; The Picture Pantry 34.3; tomeyk 16.8; ugreen 118.1; Wolfilser 16.5, 128.1. |Tegen, Hans, Hambühren: 51.1, 51.2, 51.3. |vario images, Bonn: 16.12.